International Carbon Market in the Paris Agreement:
Theory Mechanism and China's Perspective

甘肃省教育厅"双一流"科研重点项目（项目编号GSSYLXM-07）研究成果

甘肃政法大学双一流建设学术文库

《巴黎协定》国际碳市场
理论、机制与中国视角

党庶枫／著

——北京——

图书在版编目（CIP）数据

《巴黎协定》国际碳市场：理论、机制与中国视角／党庶枫著． -- 北京：法律出版社，2025． --（甘肃政法大学双一流建设学术文库）． -- ISBN 978 - 7 - 5244 - 0279 - 4

Ⅰ．X511

中国国家版本馆 CIP 数据核字第 2025Q4J153 号

《巴黎协定》国际碳市场：理论、机制与中国视角
《BALI XIEDING》GUOJI TAN SHICHANG: LILUN、JIZHI YU ZHONGGUO SHIJIAO

党庶枫 著

策划编辑 肖　越
责任编辑 肖　越
装帧设计 汪奇峰

出版发行 法律出版社	开本 710 毫米×1000 毫米　1/16
编辑统筹 法商出版分社	印张 16.5　　字数 246 千
责任校对 张翼羽	版本 2025 年 7 月第 1 版
责任印制 胡晓雅	印次 2025 年 7 月第 1 次印刷
经　　销 新华书店	印刷 北京建宏印刷有限公司

地址：北京市丰台区莲花池西里 7 号（100073）
网址：www.lawpress.com.cn　　　　　　　销售电话：010 - 83938349
投稿邮箱：info@lawpress.com.cn　　　　　客服电话：010 - 83938350
举报盗版邮箱：jbwq@lawpress.com.cn　　　咨询电话：010 - 63939796
版权所有·侵权必究

书号：ISBN 978 - 7 - 5244 - 0279 - 4　　　　　　定价：66.00 元

凡购买本社图书，如有印装错误，我社负责退换。电话：010 - 83938349

序　言

碳市场机制是减缓气候变化的重要手段。基于"交易可以以最小成本实现经济负外部性的内部化"的理论主张，并以美国二氧化硫排污权交易机制的成功实践为借鉴，《京都议定书》创建了首个国际碳市场。过去20年间，《京都议定书》国际碳市场机制在各个领域都有视角多元、内容丰富的研究。2015年《巴黎协定》采用国家自主贡献的承诺方式，引发了国际碳市场机制的根本变化，出现了许多新的法律问题。本书作者研究和写作的动机便是基于《巴黎协定》如何规定国际碳市场机制这一最初的疑问。

截至目前，学界对于《巴黎协定》国际碳市场机制的研究仍然处于起步阶段，系统性的专著研究仍付诸阙如。本书是国内《巴黎协定》国际碳市场机制系统性研究的重要著作。作者围绕《巴黎协定》国际碳市场机制的理论争议、实践困境、谈判争论，机制的结构、模式和特征，以及具体的制度进行了深入的讨论，并对《巴黎协定》国际碳市场机制带来的影响进行了客观的分析，最终提出中国面对《巴黎协定》国际碳市场机制的战略选择和制度完善的思考建议。

本书是一本研究应对气候变化国际法律的力作，具有以下特色：

第一，本书在国际碳市场的理论争议中采用了批判性的视角。首先，作者对碳排放权的理论前提提出了怀疑，认为大气资源的产权化路径存在悖论。其次，作者揭示了发达国家通过开展国际碳交易将减排成本转移给了发展中国家,加深了国际气候治理体制的不公平。最后,作者在生态伦理的视角下,指出碳市场根本上割裂了人与自然的联系,加剧了人与自然的冲突。

第二,本书对《巴黎协定》国际碳市场机制的谈判争论进行了系统梳理和分析。作者通过归纳谈判各方的不同立场和主张,并分析背后的原因,较为清晰地概括出气候谈判中缔约方围绕国际碳市场机制所形成的利益格局。此外,作者通过分析非国家行为体在气候谈判外对国际碳市场机制的推动,揭示了非国家行为体对国际气候治理的影响和渗透。

第三,本书结合《巴黎协定》文本和2021年格拉斯哥气候大会、2022年沙姆沙伊赫气候大会、2024年巴库气候大会通过的实施细则研究了国际碳市场机制的具体制度。就减缓成果国际转让机制而言,作者分析了环境完整性的基本原则,并概括出准入制度、治理制度、核算制度、透明度制度四项核心制度。总体而言,该机制赋予缔约方较大的灵活性,同时通过程序规则和技术标准强化对参与方的监管。就可持续发展机制而言,作者分析了治理模式、额外性评估、收益分成、全球排放的全面减缓、相应调整、CDM跨期结转以及环境与社会保障等问题。可持续发展机制采用"中心主义"的治理模式,侧重于实质监管,保障全面减缓,并相应地关照了发展中国家的利益,促进气候治理体制的公平性。

第四,本书归纳出国际碳市场机制的特征,并对国际碳市场未来的发展趋势和总体影响作了有启发意义的思考。《巴黎协定》减排义务模式的变化,导致量化减排目标的缺位,国际层面的总量管制不复存在,继而,国际排放交易机制难以为继,取而代之的减缓成果国际转让机制在监管和治理方面赋予缔约方很大的自主权,不仅会促进国家和区域碳市场的连接,也会增加碳市场之间的竞争。可持续发展机制将部门减排政策纳入其中,极大地丰富了参与方合作的形式,这种变化有助于激励缔约方广泛参与减排,但对全球实质减缓带来了很大的风险。

第五,本书结合《巴黎协定》国际碳市场的新变化,讨论了中国面对的挑战和机遇以及应对策略。首要的问题便是中国是否选择参与新的国际碳市场机制。作者认为参与国际碳市场机制会给中国带来推动国内低碳政策和行动、保障碳市场的经济利益、引领全球气候治理的机遇。但不可否认,国内碳市场的制度竞争力也可能成为中国参与国际碳市场机制的短板。因此，就应对策略而言，作者提出，一方面要完善国内碳市场机制，强化法律监管和透明度建设，提升执法水平。另一方面，对外合作"四步走"：一是积极参与能力建设的功能性合作；二是探索碳市场连接的制度性合作；三是参与可持续发展机制，形成碳市场的间接连接；四是探索碳市场的双边甚至多边连接。

总体而言，本书关于《巴黎协定》国际碳市场机制的讨论较为全面，论述深入具体，研究充分扎实，是一本比较优秀的学术著作。当然，作为前沿性研究，本书在实践发展的观照方面还存在提升的空间。该书的作者党庶枫博士是我指导的 2018 届重庆大学法学院国际法学专业的博士研究生，攻博期间致力于气候变化国际法的研究，在博士论文基础上经过整理和修订完成了本书。

在本书即将出版之际，作为党庶枫的博士生导师，我祝愿他能在学术研究的路上不懈努力，继续探索，取得更多的优秀学术成果。

是为序。

曾文革

2025 年 1 月 30 日

自 序

本书是在我博士毕业论文的基础上,结合我对近几年《巴黎协定》国际碳市场机制的谈判进展和成果的持续关注,经过深入思考和反复修改而成。

"人为气候变暖",即人类的温室气体排放活动导致全球平均气温上升,在21世纪自然科学界对此形成主流认识的基础上,引发了社会科学界的进一步讨论和思考。沿着传统环境污染防治的思路,控制人类温室气体排放,成为应对人为气候变暖的主要措施之一。环境产权理论下,通过在大气环境容量上设定财产权,既赋予政府干预温室气体排放的管制权,又拟制出控排企业可自由交易的碳排放权。生态现代化理论视角下的碳市场机制以"管制型市场机制"取代"命令—控制"手段应对气候变化,被视为实现经济结构"绿化"的有效工具。

20世纪90年代,在《联合国气候变化框架公约》和《京都议定书》迅速搭建的国际气候治理体系下,发达国家和发展中国家围绕减缓的"区别责任"逐渐形成对立与僵化的局势。在美国的推动下,国际碳市场机制应运而生,缓和了发达国家和发展中国家之间的冲突,激励了国家的减排行动。"京都三机制"奠定了国际碳市场的雏形,继而催生了碳市场机制在国家和区域层面的渐次诞生。碳市场使大气容量这一全人类共用物成为一种"商品"和"资产",因此备受环境伦理学学者的质疑。而且,整个《京都议定书》时期,国际碳市场机制的实践困境与不足也引发了更多争议。然而,碳市场因创造了新的利益链条而备受商业主体的青睐,也因开辟了利益和话语权博弈空间使部分政治家蠢蠢欲动。

随着《京都议定书》第一承诺期的到期,2012 年通过的《多哈修正案》于 2020 年 12 月 31 日生效,一个月后,第二承诺期也已届满,"京都三机制"建立的国际碳市场颓势难挡。2015 年巴黎气候大会顺利通过了《巴黎协定》,确立了国家履行减排义务的"国家自主贡献"模式。《巴黎协定》通过的当年恰逢我博士一年级,在通读了《巴黎协定》文本后我心中产生的一个疑问便是,在"京都三机制"之后,《巴黎协定》如何规定新的国际碳市场机制。带着这个疑问,我围绕《巴黎协定》第 6 条第 2 款、第 3 款的规定,思考和分析了一系列问题,包括《巴黎协定》国际碳市场机制的内涵、结构和特征;国际减排义务模式的变化及其对国际碳市场机制的影响;谈判各方对《巴黎协定》国际碳市场机制的立场;《巴黎协定》国际碳市场机制对全球气候治理的影响;中国面对《巴黎协定》国际碳市场机制应如何选择和参与等问题。这一连串的疑问以及随后的思考和研究形成了我后来的博士毕业论文。在我 2018 年毕业以后的两年里,《巴黎协定》国际碳市场机制的规则手册谈判进展非常缓慢,特别是受全球疫情的影响,《联合国气候变化框架公约》第 26 次缔约方大会(COP26)延期。直到 2021 年,COP26 才正式通过了《巴黎协定》国际碳市场机制的规则手册。

国际碳市场机制是国际气候谈判中"最难啃的骨头",尤其是《巴黎协定》所有机制中最后议定的一项。"京都三机制"在实践中已经引发很大的争议,但是在 2015 年巴黎气候大会之前,市场机制的支持者们仍然极力鼓吹和倡导国际碳市场机制。在欧盟、美国、新西兰等已经建立国内碳市场的国家和地区的积极推动下,以及无数的非国家行为体的影响下,《巴黎协定》最终以"减缓成果国际转让机制"与"可持续发展机制"建立了新的国际碳市场机制。前者允许缔约方将"国际转让减缓成果"(ITMOs)作为统一的核算方法相互之间开展国际碳交易,后者是与清洁发展机制一脉相承的核证减排机制。《巴黎协定》建立了"自下而上"的减排义务模式,取代了《京都议定书》所确立的"双轨制"减排义务模式,"个体行动义务"取代"集体结果义务",碳排放的"总量管制"在国际层面不复存在,进而影响了国际碳市场机制的结构。为消除"项目"模式的核证减排机制的弊端,"部门"模式的核证减排机制应运而生,核证减排机制的具体规则和程序由此发生了变化。新的国际碳市场机制的根本目的是激励更为广泛的减缓行动，进而推动全球低碳发展战略，但是，在减缓的有效性方面，可持续发展机制仍然存在无效减缓的隐患。减缓成果国际转让机制架起了国家和区域碳市场机制连接的规则桥梁，或将开启国家对国际碳市场的争夺战，这也为主权货币借助国际碳市场"区域化"甚而"国际化"创造机遇。

2021年正式启动的中国国家碳市场恰逢国际碳市场机制变革。对中国而言，推广碳市场机制有助于推动国内低碳转型，实现"双碳"目标。此外，积极参与国际碳市场机制有助于争取规则话语权，进而保障中国在国际碳市场中的经济利益，积极参与国际合作与国际制度的构建也有利于塑造中国在全球气候治理中的引领者角色。《巴黎协定》时代，中国面临是否以及如何参与新的国际碳市场机制的战略选择和制度挑战。为此，中国应积极寻求功能性合作，强化碳市场机制的能力建设，同时，中国应主动探索制度性合作，循序渐进地对接国际碳市场机制，进而建立碳市场的双边和多边连接。此外，中国需要完善国内碳市场机制的法律制度，消除国家碳市场机制因总量管制疲软、权力不当干预、信息不良披露与监管执法不力而存在的运行风险。如此，通过国内制度的完善以及国际合作的深化，双管齐下，为中国步入国际碳市场做好准备。

2024年在阿塞拜疆首都巴库举行的第29届联合国气候变化大会落幕，会议通过了《巴黎协定》第6条第2款、第4款的进一步的指导意见，标志着《巴黎协定》国际碳市场机制的规则、程序历经9年时间基本建成。但是，相关问题的研究才刚刚开始，本书的完成是我对这一前沿问题的持续追踪和思考。本书的写作得益于我的博士生导师曾文革教授的悉心指导，曾老师勤于治学，他的勤奋深深地感染和鼓舞着我，他的教诲也让我一生受用。本书在写作过程中还受到家人的支持和鼓励，他们的默默付出让我更加心无旁骛。本书的顺利出版还要感谢编辑老师的耐心指导和校对，是他们的辛苦和包容成全了这本小书。

受限于学术水平，本书难免存在疏漏和不成熟的见解，还恳请读者批评指正！

党庶枫
2024年10月28日

英文缩写对照表

英文简称	英文全称	中文名称
AAUs	Assigned Amount Units	(《京都议定书》下的)分配数量单位
AOSIS	Alliance of Small Island States	小岛屿国家联盟
AWG-LCA	Ad Hoc Working Group on Long-term Cooperative Action under the Convention	《公约》之下的长期合作行动问题特设工作组
AWG-KP	Ad Hoc Working Group on Further Commitments for Annex I Parties under the Kyoto Protocol	附件一缔约方在《京都议定书》之下的进一步承诺问题特设工作组
CDM	Clean Development Mechanism	清洁发展机制
CERs	Certified Emission Reductions	核证减排量
CMA	Conference of the Parties Serving as the Meeting of the Parties to the Paris Agreement	作为《巴黎协定》缔约方会议的《公约》缔约方会议
CORSIA	Carbon Offsetting and Reduction Scheme for International Aviation	国际航空碳抵消和减排计划
EIG	Environmental Integrity Group	环境完整性集团
ERUs	Emission Reduction Units	减排单位
FVA	Framework for Various Approaches	各种方针框架
IPCC	Intergovernmental Panel on Climate Change	联合国政府间气候变化专门委员会
ITMOs	Internationally Transferred Mitigation Outcomes	国际转让减缓成果

续表

英文简称	英文全称	中文名称
LDCs	Least Developed Countries	最不发达国家
LMDC	Like Minded Developing Countries	立场相近发展中国家
MOs	Mitigation Outcomes	减缓成果
NAMAs	Nationally Appropriate Mitigation Actions	国家适当减缓行动
NMM	New Market Mechanism	新市场机制
OECD	Organization for Economic Cooperation and Development	经济合作与发展组织
OMGE	Overall Mitigation in Global Emissions	全球排放的全面减缓
OPEC	Organization of the Petroleum Exporting Countries	石油输出国组织
QELROs	Qualified Emission Limitation and Reduction Objectives	（《京都议定书》下的）限制和减少排放数量目标
CfRN	Coalition for Rainforest Nations	雨林国家联盟
SBSTA	Subsidiary Body for Scientific and Technological Advice	（《联合国气候变化框架公约》缔约方会议）附属科学和技术咨询机构
SDM	Sustainable Development Mechanism	可持续发展机制
UNEP	United Nations Environment Programme	联合国环境规划署
UNFCCC	United Nations Framework Convention on Climate Change	联合国气候变化框架公约

目录
CONTENTS

第一章 导 论 001
　第一节 问题的源起、研究对象和意义 001
　　一、问题的源起 001
　　二、研究对象 004
　　三、研究意义 004
　第二节 研究现状 006
　　一、国内研究现状 006
　　二、国外研究现状 009
　　三、研究现状述评 014
　第三节 研究方法与创新点 015
　　一、研究方法 015
　　二、创新之处 016

第二章 碳市场的理论渊源 017
　第一节 环境产权理论与碳排放权 017
　　一、环境产权理论 017
　　二、碳排放负外部性与碳排放权 028
　第二节 生态现代化理论与碳市场 044
　　一、环境问题的社会学讨论 045
　　二、生态现代化理论的环境变革 050
　　三、生态现代化理论对碳市场的证成 057

第三章　国际碳市场机制的源起与争议　064
第一节　源起于减排义务的国际碳市场机制　064
　　一、减排议题与谈判难题　065
　　二、减排义务的谈判争议与国际碳市场机制的形成　067
第二节　国际碳市场机制的争议与困境　079
　　一、国际碳市场机制的理论争议　079
　　二、《京都议定书》国际碳市场机制的困境　088

第四章　《巴黎协定》减排义务模式转变与新国际碳市场机制诞生　097
第一节　《巴黎协定》减排义务模式之变　097
　　一、减排义务模式转变之缘由　098
　　二、《巴黎协定》的国家自主贡献　109
第二节　《巴黎协定》国际碳市场机制的缘起与诞生　119
　　一、《巴黎协定》国际碳市场机制的缘起　119
　　二、《巴黎协定》国际碳市场机制存废之争　128
　　三、《巴黎协定》国际碳市场机制的形态与结构之争　139

第五章　《巴黎协定》国际碳市场机制的内容与影响　148
第一节　《巴黎协定》国际碳市场机制的内容　148
　　一、减缓成果国际转让机制　150
　　二、可持续发展机制　169
第二节　《巴黎协定》国际碳市场机制的趋向与影响　191
　　一、《巴黎协定》国际碳市场机制的新趋向　191
　　二、《巴黎协定》国际碳市场机制的影响　199

第六章　《巴黎协定》国际碳市场机制对中国碳市场的意义、挑战与应对　211
第一节　中国参与《巴黎协定》国际碳市场机制的意义与挑战　212
　　一、中国参与《巴黎协定》国际碳市场机制的战略意义　212
　　二、中国参与《巴黎协定》国际碳市场机制的挑战　221

第二节 应对《巴黎协定》国际碳市场机制挑战的思路　　224
　一、《巴黎协定》挑战下国内碳市场机制的运行风险与制度保障　　224
　二、应对《巴黎协定》国际碳市场机制挑战的国际合作思路　　234

后　记　　245

第一章 导 论

第一节 问题的源起、研究对象和意义

一、问题的源起

碳排放交易市场(以下简称碳市场),是以碳排放权或碳排放信用为交易对象的市场,排放主体将其盈余的碳排放权或减排项目产生的碳排放信用转让给其他排放主体以抵消排放量。由于二氧化碳是温室气体中的主要气体成分,故而,学理上将温室气体排放交易笼统地称为碳排放交易。碳排放权是大气容量产权化的法律拟制,主要指的是大气容量的使用权。被产权化后的大气容量,由全人类共用物转化为国家所有的自然资源。政府为保护和管理大气容量而产生碳排放的管制权,排放主体在管制的范围内享有排放权。通过明确环境物品的产权可实现温室气体排放外部性的内部化,形成对温室气体排放的约束,从而减缓气候变暖的进程。碳市场机制最早的制度实践就是《京都议定书》的国际碳市场机制,包括国际排放交易机制、清洁发展机制及联合履约机制,被称作"京都三机制"。在"京都三机制"的影响下,欧盟碳排放交易体系、美国区域温室气体倡议等区域和国家碳市场机制逐渐诞生。碳市场机制在全球气候治理体系中应运而生,目的在于对缔约方约束和控制碳排放形成有效的激励,克服国际气候治理中缔约方"搭便车"的困境。与此同

时,碳市场亦旨在降低缔约方的减排成本,为缔约方,特别是发达国家提供低成本减排的便利。然而,"京都三机制"的制度实践却效果不佳,国际排放交易机制因美国、加拿大的退约而名存实亡。清洁发展机制及联合履约机制深陷"负减排"和"可持续发展"争议与困境之中。2009年在哥本哈根举行的联合国气候变化大会(以下简称气候大会)设想在国际层面建立一个跨经济各部门的碳市场机制,取代表现不理想的"京都三机制"。继而,2011年德班气候大会提出"新市场机制",拟作为新的国际碳市场机制。随着《京都议定书》时代的结束,世界各国将目光聚焦于2015年巴黎气候大会,期待签署一项有法律约束力的国际气候协定,开启全球气候治理的新时代。在新气候协定的谈判过程中,国际碳市场机制成为一个焦点和争议点。新气候协定是否要保留市场机制,创设何种模式的国际碳市场机制,缔约方各执一词。国际碳市场的理论争议和实践不足,引发新国际碳市场机制的存废之争。

2015年12月12日,196个缔约方一致通过《巴黎协定》,其成为《联合国气候变化框架公约》体系下,继《京都议定书》后第二个有法律约束力的国际气候协定。《巴黎协定》革新了缔约方的减排义务模式,以"国家自主贡献"替代《京都议定书》下"强制/自愿"的"双轨制"模式,开启了国家自主承诺、自愿贡献的国际气候合作时代。国家自主贡献义务模式下,《巴黎协定》搭建了新的国际碳市场机制框架。相比"京都三机制",《巴黎协定》国际碳市场机制既有保留,又有创新。首先,《巴黎协定》建立了核证减排机制,允许缔约方域内实体通过项目合作转让碳信用,在一定程度上保留了《京都议定书》下清洁发展机制与联合履约机制的模式。其次,"减缓成果国际转让机制"是国家间交易减排量的机制,但其与《京都议定书》国际排放交易机制的模式与形态不尽相同,减缓成果国际转让机制通过建立统一的核算体系和标准,为区域和国家碳市场机制的连接搭建了规则桥梁。再次,因减排义务模式的变化,新的国际碳市场机制并未依据减排义务类型的不同而对发达国家和发展中国家区分适用,而是对所有缔约方开放。最后,相比之下,《巴黎协定》明确将环境完整性确立为国际碳市场机制的一项基本原则,更加强调有效减缓。

《巴黎协定》谈判中,缔约方对国际碳市场机制的治理模式、基准线类型、监督机制等事项争议颇大。国际碳市场机制要能有效地约束和控制排放,必然要最大限度地激励缔约方参与,这就要求国际碳市场机制的规则和模式设计尽可能地尊重缔约各方的意志,考虑不同国家的国情,方便缔约方灵活参与。国际气候谈判中,发达国家企图左右规则与制度安排,发展中国家基于利益需求形成不同的谈判集团争取规则话语权,欠发达国家及受气候变化影响的脆弱国家在气候谈判中力争民族生存和国家安全的保障。如此,国际气候谈判中,国家利益复杂交织,如何协调国家意志是国际碳市场机制模式和规则设计的难点所在。此外,国家自主贡献也构成了国际碳市场机制设计的又一难点。缔约方提交的国家自主贡献所包含的减排目标各不相同,有温室气体排放的量化减排目标,有森林蓄积量的目标,有可再生能源利用率的目标,也有减排政策等非量化目标。因此,如何设计国际碳市场的转让与核算规则,使减排目标不同的缔约方之间开展减排量的转让和交易就是一项难题。同时,保障环境完整性,促进有效减缓,即促进真实、可测量、额外的减排,是碳市场的根本原则与目的。新的国际碳市场机制在规则、程序和模式的设计上既要足够灵活以激励缔约方积极参与,又要强化环境完整性的保障,避免负减排和碳泄漏的风险。所以,在国家自主贡献下,"灵活参与"和"有效减缓"的平衡是新国际碳市场机制设计的难点所在,亦是《巴黎协定》国际碳市场机制的可行性与有效性的关键。

《巴黎协定》国际碳市场机制的研究亦建立在中国启动国家碳市场机制的背景下。清洁发展机制创建伊始,中国便参与其中,后《京都议定书》时代,中国又自发创建了温室气体自愿减排交易机制,2013年中国建立了北京、深圳等7个碳交易试点区,直至2017年年底,中国正式创建覆盖发电行业的全国统一碳市场,对国内发电行业设立碳排放的总量管制目标,开展碳排放交易。2024年1月,全国温室气体自愿减排交易市场正式启动,鼓励全社会广泛参与,二者共同构成了国家碳市场的体系。国家碳市场是中国积极寻求碳排放约束,扭转经济发展依赖高碳排放的重大举措,也是中国踊跃参与国际气候治理,展现减缓气候变化大国责任的有力明证。新的国际碳市场机制的创建必然涉及我国如何参与和回应的问题,包括国内碳市场的制度完善,参与国际碳市场机制的策略,以及区域和国家碳市场机制连接等问题。因此,在这一背景下,探究国际碳市场机制的新发展,并思考和分析中国碳市场机制所面临的战略和制度挑战以及相应的应对思路和策略就显得尤为必要,是中国参与国际气候治理制度建设的重要课题之一。

二、研究对象

本书的研究对象是《巴黎协定》国际碳市场机制,这是一项致力于减缓气候变化的国际合作机制,本书讨论了这一机制的理论基础和争议,梳理了其在国际谈判中的缔约方争议,分析了这一机制的模式、规则和程序,并对这一机制的影响和未来发展进行思考,做出判断。因此,本书研究的内容包括《巴黎协定》国际碳市场机制的理论和实践两方面问题。本书落脚于《巴黎协定》国际碳市场机制对我国的国家碳市场的挑战以及我国的参与思路和策略,故而,我国的国家碳市场也是本书的研究对象,本书主要对国家碳市场连接国际碳市场的战略选择和制度建设两方面问题进行分析和探究。

在理论研究方面,本书主要在两个层面探讨国际碳市场机制的理论基础,包括运用环境产权理论分析碳排放权的内涵和属性、运用生态现代化理论分析碳市场机制的构成。同时,本书对碳市场机制也进行了理论反思,探讨其目的的正当性。在规范和实践层面,研究的展开主要以《巴黎协定》第6条为核心,围绕《巴黎协定》条款、缔约方会议决议、缔约方提案来分析国际碳市场机制的一般问题,包括基本概念、性质、结构、特征等,以及机制的运行风险和保障等问题。

围绕研究对象,本书提出并分析了以下问题:第一,碳市场机制的理论基础,包括环境产权理论和生态现代化理论。第二,《京都议定书》以来国际碳市场机制的理论批判和实践不足。第三,《巴黎协定》谈判前后缔约方关于国际碳市场机制的争议。第四,《巴黎协定》国际碳市场机制下的各项具体制度,即减缓成果国际转让机制下的准入制度、监管制度、核算制度、透明度制度;可持续发展机制下的治理制度、额外性评估制度、收益分成制度、注销制度、跨期结转制度、环境与社会保障制度。第五,《巴黎协定》国际碳市场机制对全球气候治理的利弊影响。第六,《巴黎协定》国际碳市场机制对中国国家碳市场的挑战以及中国参与的思路和策略。

三、研究意义

(一)理论意义

本书写作的首要学术意义在于通过分析碳排放权的法律属性、碳市场机制的性质和作用、目的和价值,进一步充实碳市场机制理论基础的研究。具体而言,第一,碳排放权的属性在学术界至今仍旧众说纷纭,本书尝试运用环境产权理论分析碳排放权的属性,以类型化的方法梳理和分析环境的公共产权、公有产权、私有产权和混合产权,进而对碳排放权的属性进行界定。第二,本书在碳市场机制的理论分析上引入了生态现代化理论,借助生态现代化的核心主张分析碳市场机制的理论构成。第三,《巴黎协定》国际碳市场机制之所以在谈判当中争议很大,根本原因在于碳市场机制存在理论不足和实践困境。本书通过梳理碳市场机制存在的理论争议和实践问题,反思碳市场机制目的和价值的正当性。

本书的第二项学术价值在于通过分析联合国气候大会的谈判文献和资料,剖析《巴黎协定》国际碳市场机制的缔约方立场和谈判争议。谈判的各方立场和争议是理解国际碳市场机制的制度现状和问题的密钥,也有助于对国际碳市场机制的发展作出预测。

本书的第三项学术价值就是运用规范性方法分析《巴黎协定》国际碳市场机制的具体制度和规则。对于一项新的国际合作机制,了解其规则和程序,掌握参与合作机制的条件与风险,才可以对国家是否以及如何参与作出准确的判断。

(二)实践意义

《巴黎协定》国际碳市场机制创建之后,我国该如何选择和应对,围绕这一问题的一系列思考和讨论就是本书写作的主要实践意义。具体而言,第一,中国是否应该参与《巴黎协定》国际碳市场机制。对此,本书从对内、对外两个维度进行了思考和分析:一方面,本书从国内低碳经济转型和碳交易的经济利益保障的角度出发,分析了运用市场机制以及参与国际碳市场机制的意义。另一方面,本书从我国在《巴黎协定》时代全球气候治理体系中的身份定位和角色塑造的角度出发,为我国如何做出战略选择提供了一种思考的路径。第二,中国参与《巴黎协定》国际碳市场机制面临的挑战。本书从战略和制度两个层面分析,以期为我国参与《巴黎协定》国际碳市场机制在可行性方面提供参考。第三,我国应对《巴黎协定》国际碳市场机制挑战的思路。本书从国内制度完善与国际合作路径两个方面作出思考和分析,试图对我国参与《巴黎协定》国际碳市场机制的方案和措施提出相应建议。

第二节 研究现状

一、国内研究现状

国际碳市场机制的研究极为丰富,1997年《京都议定书》通过以来,国内学界围绕《京都议定书》国际碳市场机制较为全面地讨论了国际碳市场机制的理论和实践问题,包括国际碳市场机制的理论基础、碳排放权的法律属性、国际碳市场机制的制度成效、国际碳市场机制的争议和批判等问题。与我国相关的研究也较为多见,主要讨论的是中国对国际碳市场机制的参与。

随着《京都议定书》第二承诺期的到期,学界对国际碳市场机制的关注度锐减。但在2015年《巴黎协定》通过后,新的国际碳市场机制诞生,随着谈判的进行,《巴黎协定》国际碳市场机制的相关研究逐渐展开,主要研究的问题包括《巴黎协定》国际碳市场机制的模式、特征,该机制的具体制度和规则,该机制对中国的影响以及中国的参与路径。具体而言,国内研究主要围绕如下几方面展开。

(一)国际碳市场机制的理论基础

学界关于国际碳市场机制的理论基础的讨论根源于气候变化经济学的相关研究成果。从经济学的角度来分析,温室气体排放被认为是一个负外部性问题,并且产生了最大的市场失灵。[1] 没有政府和市场的激励和影响,私人不会主动减少排放。而且,相比其他负外部性问题,由于大气的流动性,气候变化的负外部性还具有全球性特征,从而产生国际公平的问题。[2] 主流的经济学观点认为,解决负外部性的方法主要是行政管制手段或基于市场的政策工具,后者因为实施的经济成本较低,并且可以激励减排的技术创新从而被经济学家推崇。基于市场的政策工具主要包括通过税收政策或交易机制将负外部性内部

---

[1] 参见[英]尼古拉斯·斯特恩:《气候变化经济学》(上),季大方译,载《经济社会体制比较》2009年第6期。

[2] 参见谢怀筑、于李娜:《气候变化的经济学:一个文献综述》,载《山东大学学报(哲学社会科学版)》2010年第2期。

化,两种方案应用于减排问题上分别是碳税和碳排放权交易机制。[1] 碳排放权交易机制在理论上源于美国著名经济学家罗纳德·科斯提出的"科斯定理",即产权明晰且交易成本为零的情况下,市场可以自行实现社会资源的最优配置。具体到碳排放权交易机制,明确产权则是将温室气体排放的负外部性追溯至排放主体,并实现对其温室气体排放的量化,进而形成了碳排放权交易机制的基础。[2] 基于市场的政策工具的早期实践就是《京都议定书》国际碳市场机制,《京都议定书》为缔约方提出了量化的减排义务,但各国技术发展和工业化程度不等的情况下,减排行动存在诸多限制。因此,《京都议定书》采用基于市场的政策工具而非行政管制手段为各国履行减排义务提供了弹性的空间。[3]

(二)国际碳市场机制的争议

国际碳市场机制在近二十年的实践中争议不断,主要是在伦理和制度两个层面深受批判和质疑。有学者提出气候变化的根本问题在于财富积累的资本主义生产方式,而非市场机制的缺位。碳市场机制反而是资本主义"剥夺性积累"的延伸,即通过将公共领域转变为资本逐利的场所,以环境破坏和底层人民福利受损的代价服务于集中掌握政治经济权力的少数人利益。而国际碳市场机制以跨国气候治理为由,从不发达国家获利,向不发达国家排污,造成了发达国家对不发达国家的"碳殖民主义"。[4] 除了道德伦理的批判之外,国际碳市场机制还存在难以解决的制度困境,国际碳市场机制企图以产权工具解决大气环境问题,但大气环境是动态发展的,产权制度是静态的,以静态的产权制度处理动态的大气环境问题,所确认和保护的财产权欠缺稳定性和持续性,并使政府面临财产分配和征收合法性的质疑。[5] 科斯定理表明,碳排放的初始分配不影响碳权的最终市场配置。但发展中国家技术水平低、碳效率低,碳排放权将会集中在碳生产率高的少数发达国家,使发展中国家缺乏碳配额,基本需求品

---

[1] 参见陈迎:《气候变化的经济分析》,载《世界经济》2000年第1期。
[2] 参见郝颖、刘刚、张超:《国外碳交易机制研究进展》,载《国外社会科学》2022年第5期。
[3] 参见叶俊荣:《气候变迁的全球治理:行政法的新图像》,载《台湾国际法季刊》2013年第2期。
[4] 参见谢富胜、程瀚等:《全球气候治理的政治经济学分析》,载《中国社会科学》2014年第11期。
[5] 参见张磊:《温室气体排放权的财产权属性和制度化困境——对哈丁"公地悲剧"理论的反思》,载《法制与社会发展》2014年第1期。

依赖进口而价格高企,加剧发展中国家的贫困。① 国际碳市场机制在实践中存在诸多制度漏洞,如有学者提出国际碳市场机制存在碳排放权权属不明、规范软法性、碳认证标准不一、碳市场协议模板中权利义务不对等的制度矛盾与问题。② 从实施效果来看,"京都三机制"也非常局限,国际排放贸易机制并未在《京都议定书》附件 B 国家之间开展,联合履约机制的实施效果也非常有限,③清洁发展机制在地理分配上严重不均衡、减排项目缺乏"额外性"、促进技术转移困难。④

(三)《巴黎协定》国际碳市场机制研究

国内有关《巴黎协定》国际碳市场机制的研究最早可追溯至 2016 年,最初的研究较为宏观地探讨《巴黎协定》国际碳市场机制的形式和特点等问题。诸如有学者主张《巴黎协定》并没有建立碳排放交易的条款,只是将国家间的转让明确为"自愿"合作机制,对市场构建没有专门的规定。整体来看,《巴黎协定》似乎更加青睐非市场方法,相比《京都议定书》,国际碳市场机制明显在《巴黎协定》中"淡出"。⑤ 相反,更多的学者认为《巴黎协定》在第 6 条第 2 款和第 4 款明确了国际碳市场机制,但其形式和特点不同于"京都三机制"。《巴黎协定》鼓励缔约方以外的其他主体参与国际碳市场机制,机制本身体现出激励性、透明性、非对抗性、非惩罚性的特点。⑥《巴黎协定》国际碳市场机制的基本形式包括国际转让减缓成果(ITMOs)的合作方法和可持续发展机制,前者是"自下而上"的分散管理模式,后者是缔约方会议"自上而下"的集中管理模式。⑦ 随着《巴黎协定》国际碳市场机制的具体规则和程序于 2021 年格拉斯哥

---

① 参见潘家华:《碳排放交易体系的构建、挑战与市场拓展》,载《中国人口·资源与环境》2016 年第 8 期。

② 参见黄小喜:《国际碳交易法律问题研究》,知识产权出版社 2012 年版,第 206—208 页。

③ 参见潘家华:《碳排放交易体系的构建、挑战与市场拓展》,载《中国人口·资源与环境》2016 年第 8 期。

④ 参见彭峰:《后哥本哈根时代:〈京都议定书〉之清洁发展机制的实施及转型》,载《中国政法大学学报》2010 年第 5 期。

⑤ 参见潘家华:《碳排放交易体系的构建、挑战与市场拓展》,载《中国人口·资源与环境》2016 年第 8 期。

⑥ 参见巢清尘等:《〈巴黎协定〉——全球气候治理的新起点》,载《气候变化研究进展》2016 年第 5 期。

⑦ 参见高帅、李梦宇等:《〈巴黎协定〉下的国际碳市场机制——基本形式和前景展望》,载《气候变化研究进展》2019 年第 3 期。

气候大会上通过并确立以后,国内研究逐步深入到微观制度的分析。例如,有学者概括了格拉斯哥气候大会确立的《巴黎协定》国际碳市场机制的主要规则和程序,包括避免重复计算减排量、强制注销减排信用、减排收益分成、确保额外性和基准线设定、核证减排量的结转等;[①]也有学者提出,已确立的《巴黎协定》国际碳市场机制的法律规则较为空洞,在基准线设定、额外性证明、方法学申请和批准等方面的规则、程序和模板均未明确,已确立的核算规则指引性不足,难以维持国际碳市场的链接。[②]《巴黎协定》国际碳市场机制是涵盖一切碳合作方法的市场机制,这一包容性的市场机制存在诸多风险,如自愿碳市场的减排指标产生的双重核算风险、发达国家国家自主贡献以外的减缓成果纳入碳市场机制的合法性问题,解决这些问题不仅需要整体把握缔约方的减排承诺与全球排放管控,而且需要加强国际碳市场机制的强制性科学核算与"自上而下"的监管。[③]

二、国外研究现状

国外学界对于国际碳市场机制的关注度更高,研究的视野也更加多元。在国际碳市场机制的理论基础和批判方面,国外学者从经济学、社会学、政治学、法学等不同视角进行分析和讨论。主要讨论的问题包括为什么要创建国际碳市场机制,以及创建何种国际碳市场机制。

(一)国际碳市场机制的理论研究

1968年美国经济学家戴尔斯将产权理论适用于污染控制的问题上,首次提出了"排污权交易"的概念,即通过排放许可证的形式确立一种排放污染物的权利,排放主体按照规则交易排放许可证,形成一个排污权交易市场。假定排放主体能够衡量购买排污权和减少排放的成本差异,进而作出经济理性的决策,如此,环境资源得到最优配置,减排成本也相应地降低。[④] 除了环境产权理

[①] 参见孙永平、张欣宇:《全球气候治理的自愿合作机制及中国参与策略——以〈巴黎协定〉第六条为例》,载《天津社会科学》2022年第4期。

[②] 参见江莉、曾文革:《碳市场链接的国际法律空洞化问题与中国对策》,载《中国人口·资源与环境》2022年第6期。

[③] 参见季华:《〈巴黎协定〉国际碳市场法律机制的内涵、路径与应对》,载《江汉学术》2023年第4期。

[④] See J. H. Dales, *Pollution, Property and Prices*, Toronto University Press, 1968, p.93-97.

论,20世纪80年代柏林自由大学环境政策中心主任马丁·耶内克提出的生态现代化理论也倡导基于市场的环境政策工具。生态现代化理论主张借助"现代化"的市场、技术和资本三股力量推动"现代化"的"生态化"。具体而言,基于市场的政策工具在解决环境问题上更具政治可行性,并能够撬动资本为技术创新服务,通过技术创新建立一种环境友好型的经济,实现经济与环境的融合。① 这一方案类似于英国著名社会学家安东尼·吉登斯提出的"经济敛合",即低碳技术、商业运作方式与经济竞争性的重叠,对抑制全球变暖的努力有根本影响。②

基于市场的政策工具一开始被应用于二氧化硫排放的控制上,在20世纪90年代美国二氧化硫排污权交易机制取得理想效果之后,不少学者提出建立碳排放权交易机制来控制温室气体的排放,并在全球范围内建立国际碳排放权交易市场。如英国经济学家尼古拉斯·斯特恩提出,到2020年要建立一个全球范围的涵盖经济各部门的总量管制与交易机制,为所有国家设定总量目标和减排义务,并开展跨国的碳排放权交易。③ 哈佛大学肯尼迪政府学院罗伯特·史蒂文斯教授认为可以通过双边协议的形式连接已有的各国国内碳市场和区域碳市场,一方面对国内和区域碳市场起到补充作用,另一方面,也可以将已经连接的碳市场进一步通过国际条约确立为"自上而下"的国际碳市场。④ 美国气候与能源解决方案中心主任内森尼尔·基欧汉教授主张应效仿《关税及贸易总协定》统一各国关税和贸易规则的方式,创建一种所谓的"碳市场俱乐部",在"俱乐部"内部建立碳市场统一的规则和标准以及减排量指标的互认制度,邀请各国及各区域碳市场加入,以促进国际碳市场的形成。⑤

---

① 参见[德]马丁·耶内克、克劳斯·雅各布主编:《全球视野下的环境管治:生态与政治现代化的新方法》,李慧明、李昕蕾译,山东大学出版社2012年版,第10页。

② 参见[英]安东尼·吉登斯:《气候变化的政治》,曹荣湘译,社会科学文献出版社2009年版,第10页。

③ See Nicholas Stern, *Key Elements of A Global Deal on Climate Change*, The London School of Economics and Political Science(Jun. 1 ,2008) , https://www. lse. ac. uk/granthaminstitute/publication/key-elements-of-a-global-deal-on-climate-change/.

④ See Judson Jaffe, Matthew Ranson & Robert N. Stavins, *Linking Tradable Permit Systems*:*A Key Element of Emerging International Climate Policy Architecture*, Ecology Law Quarterly, Vol. 36:4, p. 789 – 808(2009)。

⑤ See Nathaniel O. Keohane & Annie Petsonk et al. , *Toward a Club of Carbon Markets*, Climate Change, Vol. 144:1, p. 81 – 95(2017)。

国外学界讨论的一个更重要的问题就是国际碳市场对于减排的有效性。一些学者将国际碳市场致力于减排的有效性概括为两个方面：一方面,碳排放权交易机制可以弥补传统手段在控制碳排放上的不足和乏力。例如,美国学者罗尼·利普舒茨认为国际气候协定下,国家权利和义务不对等,传统的贸易制裁手段在约束国家行为方面无能为力。此外,"自上而下"的量化管制手段也让国家陷入旷日持久的政治谈判和博弈中而无法行动起来,基于市场的方法让市场决定赢家和输家,有助于避免复杂的政治斗争。① 另一方面,相比管制或者征税,碳排放权交易机制更具优势。内森尼尔·基欧汉教授主张国际碳市场机制具有三点优势。第一,促进全球低成本减排。国际碳市场机制会潜移默化地促进各国的减排政策和标准的协调和统一,使各国边际减排成本趋于相同,从而实现低成本的全球减排。第二,激励发展中国家的参与。碳排放交易在短期内由于可以带来经济效益从而吸引发展中国家参与,长远来看,也能够激发发展中国家的减排潜力,提升其减排能力,促使它们承担量化减排义务。第三,实现资源的公平分配。发展中国家掌握着主要的低成本减排资源,导致发展中国家和发达国家之间存在减排机会成本和应对能力上的不匹配。因此,发达国家向发展中国家转移资金以资助其减排实现了资源的公平分配。②

在国外学界,国际碳市场机制也饱受争议,来自不同角度的批判和质疑并不少见。第一,伦理角度的批判。道德伦理方面的批判主要包括两个层面：一方面,碳排放权交易违背了人与自然平等地位的伦理关系。碳排放权暗含着人类对自然世界享有一种所有权,或者至少是一种"使用权",就如奴隶制度下,奴隶主对奴隶享有一种所有权或支配权一样在道德上站不住脚。而碳排放权的交易则体现出一种对自然世界定价的思维,这违背了"自然世界无法用金钱衡量"的基本伦理,因而存在价值上的瑕疵。③ 另一方面,碳排放权交易违背了国家间的公平关系。国际碳排放权交易的背后显现出一种国际体制的不公平被加深的逻辑,发达国家通过碳排放权交易转嫁自身本应承担的减排义务,违

---

① 参见[美]罗尼·利普舒茨：《全球环境政治：权力、观点和实践》,郭志俊、蔺雪春译,山东大学出版社2012年版,第201页。

② See Nathaniel O. Keohane, *Cap and Trade, Rehabilitated: Using Tradable Permits to Control U. S. Greenhouse Gases*, Review of Environmental Economics and Policy, Vol. 3:1, p. 42 – 62(2009).

③ See Simon Caney & Cameron Hepburn, *Carbon Trading: Unethical, Unjust and Ineffective?* Royal Institute of Philosophy Supplement, Vol. 69, p. 201 – 234(2011).

背共同但有区别责任原则。① 第二,对政治可行性的质疑。吉登斯认为,那些主张国际碳市场可以成功避开国家在气候谈判中的政治斗争和博弈从而更具有可行性的观点是不准确的,这一观点忽略了碳市场必须先有政治支持,而现实情况是,国际碳市场经常被政治家当作一种政治托词。② 第三,社会学角度的批判。碳市场是资本主义为其难以为继的合法性建立的新的基础,通过将大气资源这一人类公共物品转化为可交易的商品,从而建立新的市场需求,创造新的商业价值。③ 第四,从法律角度分析,碳市场机制的理论假定与现实情况并不吻合。在世界上的大多数情况下,单凭市场的力量并不能有效地决定资源的配置,排放权交易市场建立在法律对污染物排放强有力管制的基础之上。因为,任何排放主体都想要节约守法的成本,如果缺乏一部碳排放管制的立法或者其执法不严明,司法不健全,排放主体不会有动力去参与碳排放权交易。④

(二)《巴黎协定》国际碳市场机制研究

国外学界关于《巴黎协定》国际碳市场机制的研究相较国内更加深入,主要分为宏观层面和微观层面的研究。宏观层面的研究包括对《巴黎协定》国际碳市场机制的意义、影响与挑战、模式与特点等问题的讨论。例如,苏黎世大学阿克塞尔·麦克洛瓦教授通过概括国际碳市场的制度演变史,进而历史性地分析了《巴黎协定》国际碳市场机制的意义以及面临的挑战。具体而言,国际碳市场历经四个发展阶段:(1)1995—2005 年,国际碳市场酝酿并逐步成形;(2)2005—2010 年,国际碳市场发展迅猛,进入了所谓"淘金热"时期;(3)2010—2015 年,国际碳市场萎缩并出现碎片化趋势;(4)2015 年《巴黎协定》创建了新的市场机制标志着国际碳市场进入第四阶段,即国际碳市场的复苏。国际碳市场在这一阶段将面临更大挑战,虽然在制度建设上存在先前的经验可供参考,但《巴黎协定》减排义务模式的变化,特别是各国减排承诺类型不

---

① See Rebecca Pearse & Steffen Böhm, *Ten Reasons Why Carbon Markets will not Bring about Radical Emission Reduction*, Carbon Management, Vol. 5:4, p. 325 – 337(2014).

② 参见[英]安东尼·吉登斯:《气候变化的政治》,曹荣湘译,社会科学文献出版社 2009 年版,第 225 页。

③ See Steffen Böhm & Siddhartha Dabhi, *Upsetting the Offset: The Political Economy of Carbon Markets*, MayFly Books, 2009, p. 14 – 17.

④ See Larry Lohmann & Niclas Hällström et al., *Carbon Trading: A Critical Conversation on Climate Change, Privatisation and Power*, Dag Hammarskjöld Foundation, 2006, p. 187 – 190.

同,对于国际碳市场机制的制度和规范有着更高的要求。① 亨利克·施奈德认为《巴黎协定》建立了两项国际碳市场机制:一是《巴黎协定》第6条第2款国际转让减缓成果(ITMOs),这是一种建立在现有的双边或多边合作基础之上的国际合作机制,遵循缔约方会议在核算和透明度等问题上制定的指导意见,因而,在治理上是一种"自下而上"模式。二是《巴黎协定》第6条第4款可持续发展机制,相比之下,这是一项受缔约方会议集中监管的机制,所制定的规则和程序对于参与的缔约方强制适用,因而,在治理上是"自上而下"的模式。②

微观制度的研究主要关注一个问题,即如何创建《巴黎协定》国际碳市场机制的制度、规则和程序以保障其有效地控制温室气体排放。马蒂厄·韦马埃尔律师结合《巴黎协定》条款和谈判材料概括分析了《巴黎协定》国际碳市场机制的制度难题。就《巴黎协定》第6条第2款减缓成果国际转让机制而言,难点包括"国际转让减缓成果"(ITMOs)的界定以及其与国家自主贡献的关系、核算制度的创建、环境完整性的内涵、《巴黎协定》第6条第2款和第6条第4款的关系等。就《巴黎协定》第6条第4款可持续发展机制而言,难点包括监管制度、额外性的评估、全球排放全面减缓的内涵、收益分成制度、跨期结转制度等。③ 瓦格宁根大学兰伯特·施奈德教授提出《巴黎协定》明确国际碳市场机制应实现环境完整性,在具体制度设计上应当包括如下几个方面:第一,以稳健的核算制度确保不同类型的国家自主贡献不会产生双重核算。第二,高质量的核证减排量,即通过设定趋紧的排放基准线,产生代表真实排放水平的减排量,其评估的方法和报告、审议的规则应当由缔约方会议制定指导规则。第三,缔约方有力的减排目标。确保核证减排量质量的根本方法就是激励和促进缔约方承诺量化减排目标。第四,参与的限定条件。设定必要的参与条件以规避

---

① See Axel Michaelowa & Igor Shishlov et al. , *Evolution of International Carbon Markets:Lessons for the Paris Agreement*, Wiley Interdisciplinary Reviews:Climate Change, Vol. 10:6, p. 1 – 24(2019).

② See Henrique Schneider, *The Role of Carbon Markets in the Paris Agreement:Mitigation and Development*, in Tiago Sequeira & Liliana Reis eds. , Climate Change and Global Development, Springer, 2019, p. 117 – 119.

③ See Matthieu Wemaëre, *Voluntary Cooperation/NDCs*, in Geert V. Calster & Leonie Reins, The Paris Agreement on Climate Change:A Commentary, Edward Elgar Publishing, 2021, p. 150 – 168.

碳市场机制带来的风险。[1] 阿克塞尔·麦克洛瓦等教授进一步主张为保障《巴黎协定》国际碳市场机制的环境完整性,需要建立分级分类的额外性评估制度,对于减排量属于国家自主贡献范围外的减排项目可以直接进行项目的额外性评估,对减排量属于国家自主贡献范围内的减排项目则要单独评估缔约方国家自主贡献的趋紧程度,并以此作为是否批准项目的参考。[2]

三、研究现状述评

综上,《巴黎协定》国际碳市场机制的理论基础和制度实践在国内外学界均有丰富的研究。首先,国内外学者从经济学、政治学、社会学和法学等各学科视角对国际碳市场机制的理论意义、制度成效、争议与批判等问题进行了较为全面和深入的分析与讨论。其次,《巴黎协定》国际碳市场机制的学术研究自2016年以来也历经了从无到有,以及目前的从有到精的发展,既有宏观层面的分析和讨论,也有在2021年格拉斯哥气候大会之后迅速跟进的微观制度的研究。

《巴黎协定》国际碳市场机制的研究还存在如下不足:首先,国际碳市场机制的研究更加偏重经济学的视角,现有研究往往将国际碳市场机制过度理解为一种经济工具,忽视了其在气候治理和可持续发展中的综合效应。国际碳市场机制的运行不仅仅关乎经济利益,还涉及公平性、环境效应和社会影响等多个方面。因此,从政治学、社会学、法学等其他学科视角的分析对于全面客观地理解国际碳市场机制尤为必要。其次,现有研究缺乏对《巴黎协定》国际碳市场机制的国家立场的实证研究,而这对于理解《巴黎协定》国际碳市场机制的制度现状和问题至关重要。只有深入分析气候谈判中的各国立场,才能够理解现有的条约和决议为何作此规定,以及这样规定所存在的问题。再次,《巴黎协定》国际碳市场机制的大部分研究还是限于宏观层面的讨论,微观制度研究虽然已有部分学者开展,但不成体系,也不够全面、深入和具体。而且,实证性的研究非常有限,不足以了解该机制在实践中的有效性、可行性以及可能面临的

---

[1] See Lambert Schneider & Stephanie La Hoz Theuer, *Environmental Integrity of International Carbon Market Mechanisms under the Paris Agreement*, Climate Policy, Vol. 19:3, p. 386 – 400(2019).

[2] See Axel Michaelowa & Lukas Hermwille et al., *Additionality Revisited: Guarding the Integrity of Market Mechanisms under the Paris Agreement*, Climate Policy, Vol. 19:10, p. 1211 – 1224(2019).

问题。最后,现有研究缺乏对《巴黎协定》国际碳市场机制的发展趋势、影响与挑战等问题的讨论,以及与中国实践结合的研究也比较有限,例如,对我国的碳市场机制的国际合作与互动问题缺乏分析和讨论。

第三节 研究方法与创新点

一、研究方法

本书采用如下研究方法:

1. 历史分析法。历史分析法是分析国际法律制度、规则和原则演化的一般方法,本书在如下几个问题的分析上运用了历史分析方法。首先,通过追溯国际碳市场机制在气候治理体系中的诞生过程,分析基于市场的环境政策工具在国际气候治理体系中得以确立的原因。其次,在共同但有区别的责任原则的分析中采用历史分析方法,包括对不同条约以及历次缔约方大会决议文件对该原则不同表述的梳理,分析共同但有区别的责任原则的演化与流变。最后,本书运用历史分析方法探究《巴黎协定》减排义务模式的转变,基于对《京都议定书》确立的传统义务模式的追溯,揭示这一转变的内涵。

2. 规范分析法。首先,本书在《巴黎协定》国际碳市场机制的内容的分析上主要运用了规范分析方法,结合《巴黎协定》的法律条款、草案文件、谈判的缔约方提案等相关国际文件,解读核心概念,概括并分析具体的制度、原则与规则。其次,本书在《巴黎协定》"国家自主贡献""共同但有区别责任原则"的内涵解读上也运用了规范分析方法。

3. 价值分析法。本书在国际碳市场机制的批判和争议问题的分析上主要运用的是价值分析方法。一方面,在理论上结合气候治理的分配正义问题,以及人与环境伦理关系问题分析国际碳市场机制的公平正义。另一方面,结合国际碳市场机制的制度实践分析国际碳市场机制的正当性。

4. 跨学科研究方法。国际碳市场机制最初源于经济学设想,随着该机制的理论证成和实践发展,引起法学、社会学、政治学、伦理学等学科的学者和专业人士的关注和讨论。国际碳市场机制的理论辨析与制度实践研究单从某一个方向和领域展开都显得单薄。本书综合国际法学、制度经济学、国际政治与国际关系学、社会学等学科的视角和方法综合分析国际碳市场机制,具体而言,本书运用制度经济学和社会学的一些理论命题去分析国际碳市场机制的理论基础,运用了国际政治学和国际法学的方法和原理去探究《巴黎协定》国际碳市场机制的源起和争议。

二、创新之处

本书的主要创新在于问题和视角的新颖性。国际碳市场机制是一个老生常谈的话题,但本书以《巴黎协定》国际碳市场机制为切入点,探讨国际碳市场机制的新变化、新发展,是一个新视角。此外,在国际碳市场机制的理论分析中,本研究创新运用了生态现代化理论,体现出新的视角。同时,《巴黎协定》国际碳市场机制是一个新事物,以其作为研究对象当然地展开了诸多新问题的讨论,如《巴黎协定》国际碳市场机制的基本框架、模式和特点、意义和影响、挑战和趋势等。本书通过一个新视角分析和讨论一系列新问题,具体包括以下几个方面:

1. 国际碳市场机制自《京都议定书》首次确立以来历经了二十年的实践,虽然中间碳价下跌等客观原因导致市场萎缩,但这项机制的运行和实施未曾间断。《巴黎协定》取代了《京都议定书》,创建了一个全新的市场机制,标志着国际碳市场机制的转变和演化。本书通过分析《巴黎协定》国际碳市场机制试图探究国际碳市场机制的这种转变和演化,是本书的问题创新。

2. 国内外研究在碳市场机制理论基础的分析上基本都是围绕环境产权理论展开,本书以生态现代化理论分析碳市场机制,体现出视角的创新。通过概括生态现代化的基本理论主张,并将其运用于对碳市场机制的理论分析,最终推导出生态现代化对碳市场机制理论证成的几个基本命题。

3.《巴黎协定》国际碳市场机制的基本框架、模式与特征、制度内涵与制度创建、意义和影响、挑战与风险等一系列问题是本研究提出和试图回答的新问题。此外,面对新的国际碳市场机制,中国的应对之策,包括中国参与《巴黎协定》国际碳市场机制的策略与思路亦是本研究试图回答的新问题。

第二章 碳市场的理论渊源

碳市场,又称碳排放权交易市场,或碳交易市场,即以碳排放权为交易标的所形成的市场。其中,碳排放权是排放主体依法取得的向大气排放温室气体的权利,在形式上表现为国家通过行政许可的方式分配给排放主体的一种行政许可证。碳排放权是经济学家运用产权理论为解决大气资源这一全人类共用物的治理难题所提出的方案,通过在大气环境容量上设定财产权而拟制出一种法律上的"碳排放权",实现大气环境容量的有效管理。但这一方案下,碳排放权究竟属于何种属性的法律权利(或权力)一直处于争议之中。进而,碳排放权交易市场究竟属于私有化还是管制型的手段也尚无定论。

第一节 环境产权理论与碳排放权

碳排放权是碳排放权交易市场的核心概念,实践中是由《京都议定书》最先提出。碳排放权在理论上源于环境产权理论,该理论强调产权在环境资源管理中的重要性,特别是在优化管理的成本和效率方面发挥着很大的作用。

一、环境产权理论

环境产权理论是产权学派为解决环境资源治理难题而

提出的理论主张,简单地讲,就是国家在某一环境资源上设定财产权从而影响环境资源的管理和配置。作为制度经济学的一个分支学派,产权学派的核心主张是环境资源的低效配置和利用以及利用过程中所产生的负外部性的根源在于产权不明晰。因此,明确产权可以激励人们有效地利用资源并解决负外部性问题。

（一）环境产权理论的来源

1. 外部性与环境污染

外部性,是指经济活动产生的某些不在经济主体或决策者考虑范围内的成本或效应,包括外部经济效应和外部不经济效应。外部经济的概念由英国经济学家马歇尔首创,用于分析和描述"产业的一般发展造成的生产规模扩大"这一经济现象。[1] 之后,马歇尔的学生庇古在此基础上丰富和发展了外部性理论。庇古的外部性理论源于对"社会和私人净产品的背离"这一问题的思考。具体而言,"一方向另一方提供有偿服务时,会附带地向第三方提供服务或造成损害,但却无法从受益方获取报酬,也无法对受害方给予补偿"[2]。英国经济学家庇古在其《福利经济学》一书中以丰富的实例说明了外部性出现在每一项经济活动中,包括正外部性和负外部性。比如,缺乏专利法的保护,社会净产品的增加将以专利权人的私人净产品减少为代价；又如,工厂烟囱排出的烟雾造成的大气污染将使社会遭受损失,但其对工厂厂主的私人净产品却十分必要。其中,工厂排出的烟雾对社会造成的损失就是外部不经济,亦即负外部性。

环境污染的治理手段和工具历经"司法—行政—市场"的转变,逐渐演化出现代国家中环境治理的三种重要工具,即司法救济、行政管制与市场机制。从个人的角度来看,环境污染就是一种侵权行为,国家通过司法途径责令侵权人停止侵权,使被害人获得赔偿,因此,司法救济是解决环境污染的手段之一,也是国家早期解决环境污染的手段。然而,环境污染和资源退化的现象逐渐复杂,污染成因越发隐蔽。在一些公共环境污染事件中,不是缺少受害者,就是找不到直接的污染主体,侵权之债难以成立,因此诞生了环境污染干预主义。在政府看来,环境污染是管制失灵的表现,要通过政府指令控制污染行为,因此,

---

[1] 参见黄敬宝：《外部性理论的演进及其启示》,载《生产力研究》2006 年第 7 期。

[2] [英]A.C.庇古：《福利经济学》,朱泱、张胜纪、吴良健译,商务印书馆 2006 年版,第 196 页。

行政管制也是解决环境污染的手段之一。再后来,国家在环境污染方面亦力不从心,不堪修复环境之重负,市场机制应运而生。在经济学家的眼中,环境污染是负外部性的一种,是经济主体在经济活动中所造成的后果,只是这一后果由第三人承受,且改善和治理这一后果的成本亦由社会负担。因此,环境污染的负外部性增加了社会总成本,造成了外部不经济。负外部性的产生是在市场交易的环境下,由经济主体自利心驱使的结果。"理性与自私并没有创造出一只无形的手给大多数人带来最大的利益,反而创造了一只无形的脚,在背后踢了公共利益一脚"①,因此,环境污染又被看成是市场失灵的表现。将负外部性的成本转移至生产与交换内部,根本上违背了经济主体的自利性,亦与经济活动中的自愿交换和互惠互利不相容。②

2. 科斯的外部性内化

就外部性内化这一问题,科斯与庇古的观点直接对立。庇古认为解决负外部性无法依赖"看不见的手",而需要权力机关通过奖励金或税收的方式实现外部性内化,在环境问题上,通过征收"环境税"来处理环境污染的负外部性。科斯反对"庇古税",其试图从社会总成本出发,寻找外部性内部化的社会最小成本的方式。科斯认为单纯通过制止损害行为或要求损害方赔偿损失解决环境的负外部性是错误的。因为禁止工厂的烟囱排放烟气,会使工厂厂主受损,工厂产值因此受到限制,进而减少社会总产值。因而,在这一问题上,损害是相互的,真正的问题是,谁有权利损害谁,亦即权利的初始配置。③ 若住户享有洁净空气的权利,便有权要求工厂减少烟气排放、改变生产方式、迁厂或赔偿;反之,若工厂享有排放烟气的权利,便可要求住户迁居或向住户索要赔偿弥补其减少排放的产值损失。但问题的关键是,大气资源的初始权利配置是不明晰的,大气资源这一公共物品,既不属于住户,难以证成住户的清洁空气权利,亦不属于工厂,无法作为其烟气排放的权利基础。因此,在大气污染中,谁有权利损害谁是说不清的,科斯认为,权利初始配置不明确是产生大气污染外部性的根源。

---

① [美]赫尔曼·E. 戴利、乔舒亚·法利:《生态经济学:原理和应用》(第2版),金志农、陈美球、蔡海生译,中国人民大学出版社2014年版,第118页。
② 参见[美]巴里·康芒纳:《封闭的循环——自然、人和技术》,侯文蕙译,吉林人民出版社1997年版,第203页。
③ 参见[美]R. H. 科斯、阿尔钦等:《财产权利与制度变迁——产权学派与新制度学派译文集》,刘守英等译,上海人民出版社2004年版,第4页。

科斯主张,如果权利初始配置明确,在交易成本为零的情况下,损害方和受损方以合约方式总能达成社会成本最优的资源配置方案,此为著名的"科斯第一定理"。如前所述,若大气资源权属明确,住户与工厂便可达成合约:要么住户补偿工厂,工厂或迁址或减排减产;要么工厂赔偿住户,住户接受烟气排放的现状。无论采取哪种方案,社会总产值是相同的,在这一过程中完成了大气污染负外部性的内部化。产权一经明确,损害方与受损方对外部性便可议定出合理的价格,因此,科斯主张的外部性内部化的方法恰好是庇古所反对的"看不见的手"。然而,这一理想情境的前提是交易费用为零,现实情况中,交易信息、谈判和议价都存在成本,并且有可能阻碍合约的达成,[1]这一点科斯本人也承认。但科斯认为"庇古税"根本不可行,鉴于损害的相互性,如若对损害一方课税,也要向受损方课税以弥补损害方税收成本的损失。换言之,需要一种双重税赋,[2]而这样做的结果将抵消受损方减少其损害的努力,在外部性内部化的问题上形成"循环解"。

(二) 环境产权的内涵

产权,即财产权,是人对物质或物质财富占有和使用的权利。现代社会中,财产权是指法律对个人占有、使用、收益及处分物质或物质财富的确认。社会关系理论视财产权为一种建立社会关系的权利,是在人与人之间对人与物状态的认可和尊重。[3] 所有权人可以排除和限制其他人对财产的占有和使用,即财产权的排他性。但自然法学派代表人物格劳秀斯[4]和普芬道夫[5]则主张在当代法律和社会中存在的这一具有排他性的财产权实际上是私有财产权,"早在上帝创世纪时",人类拥有的世间万物的普遍使用权是一种共有财产权,私有财产权是在人类对世间万物普遍使用的过程中逐渐产生的。

自然环境是"自然资源的总和"。人类共同所有的环境资源按照自然法学

---

[1] 参见[美]R. H. 科斯、阿尔钦等:《财产权利与制度变迁——产权学派与新制度学派译文集》,刘守英等译,上海人民出版社2004年版,第20页。

[2] 参见[美]R. H. 科斯、阿尔钦等:《财产权利与制度变迁——产权学派与新制度学派译文集》,刘守英等译,上海人民出版社2004年版,第48页。

[3] 参见[美]斯蒂芬 R. 芒泽:《财产的法律和政治理论新作集》(影印本),中国政法大学出版社2003年版,第45页。

[4] 参见王铁雄:《格劳秀斯的自然财产权理论》,载《河北法学》2015年第5期。

[5] 参见王铁雄:《普芬道夫的自然财产权理论》,载《前沿》2010年第7期。

派的财产权释义来界定,毫无疑问是共有财产权。每个人为维持生命和生存对自然资源和环境享有普遍使用权,国内有学者称自然资源为公众共用物(the commons)。自然资源在自然法学派眼中是一种共同财产权,但其并非现代法律意义上的财产。这因为自然资源在市场中无法直接交易,诸如森林、草场,唯有通过伐木、放牧获取的收益才可以在市场中进行交换。一些自然资源如大气因流动性而无法被任何人占有。因而,如果以占有和支配作为财产成立的必要条件,显然,大气资源难以成为现代法律意义上的财产。自然资源是人类生产和生活所需的物质和能量的来源,是人类创造经济利益的载体,其虽然可以创造财产,但其本身并非财产。正如有学者所言,"自然资源实质只是人类财产的'本底',无法为人类直接支配和控制,只有从'本底'中取出的东西才能成为人类的财产"[1]。

但是,环境资源具有经济价值,人类为追求这种经济价值无限开发资源、破坏环境,产生了经济发展的负外部性。为将这种负外部性内部化,很多环境经济学家提出在环境资源上设立财产权,进而实现环境资源的有效管理。"将非排他性的公众共有物逐渐转变为具有排他性的财产权成为避免公地治理悲剧的理论方法之一。"[2]产权通过明确人与物之间的关系进而调整人与人之间的关系,可以实现负外部性的内部化。美国经济学家哈罗德·德姆塞茨曾坦言,"产权的一个主要的功能在于引导人们实现将外部性较大地内在化的激励"[3]。产权不仅明确了所有权人对物的权利,同时,也明确了所有人在使用和收益中对他人产生的外部不经济效应的责任。因而,产权的外部性内部化功能正好可以用来解决生产活动造成的环境污染和资源退化的困境。

(三) 环境产权类型的争议

财产权的类型有很多种,理论中存在私人财产权、公共财产权、共有财产权。国外有学者运用财产权的逻辑分析环境保护与资源管理,以不同的财产权类型区分和归类不同的环境治理手段,例如,命令—控制机制与市场机制分别

---

[1] 刘卫先:《论可持续发展视野下自然资源的非财产性》,载《中国人口·资源与环境》2013年第2期。

[2] 蔡守秋:《公众共用物的治理模式》,载《现代法学》2017年第3期。

[3] [美]R.H.科斯、阿尔钦等:《财产权利与制度变迁——产权学派与新制度学派译文集》,刘守英等译,上海人民出版社2004年版,第98页。

属于公共财产权体制和私人财产权体制的环境保护工具。于是,环境治理在受到产权学派关注的同时也产生了这样一个问题,即将何种类型的产权应用于环境保护与自然资源管理可以有效地实现环境污染和资源退化负外部性的内部化。

1. 环境的公共产权说

民法中的公共财产,是指一国或行政区划的成员共有的财产,是为公众使用的具有公共利益的,且不可能成立私人所有权的财产,①如我国《宪法》中的自然资源公共产权制,自然资源是国家所有、全民所有的公共财产,②即环境公共产权的内涵。国家享有安排和配置环境资源的权力,任何个人唯有在获得国家的批准和许可下,才可以获得环境资源的使用权。国家亦可在需要的情况下撤销或限定个人的自然资源使用权。因而,环境公共产权说亦被称为"环境干预主义"。环境干预主义是西方国家环境治理最早的理论学说,在这一理论学说之下产生的"命令—控制"机制成为第一代环境治理工具。环境公共产权说排除个体对自然资源的分配与投资。庇古认为,个体对环境资源的投资与分配往往是非理性的,个体往往更倾向于选择环境资源即时性的收益,忽视环境资源长远的价值,对环境资源的代际价值更是视而不见。"人们自然而然地倾向于将过多的资源用于现在的服务,而将过少的资源用于未来的服务"③,市场交易只会将个体这一短视的缺陷无限放大,环境污染的外部性就是这一市场失灵造成的恶果。因而,私有产权和市场手段并不能有效应对环境问题,而需依靠政府的补贴、税收和立法等措施。在庇古之后的经济学家加尔布雷斯早在20世纪70年代就颇有洞见地认为,资本主义已使美国变为"财富愈大,污垢愈深"④的社会。在他看来,污浊的溪流和空气根源于"私人生产的和国家生产的货物与劳动不平衡",私人财富的增长无形中形成了公共物品的紧张,也挤压了政府提供公共物品的空间。例如,汽车增加导致汽油消耗和停车场需求的增加,同时也导致了道路堵塞和空气污浊。唯有依靠政府的公共法律和强制力才

---

① 参见徐国栋:《"一切人共有的物"概念的沉浮——"英特纳雄耐尔"一定会实现》,载《法商研究》2006年第6期。

② 我国实行自然资源公共产权制。《宪法》第9条第1款规定:"矿藏、水流、森林、山岭、草原、荒地、滩涂等自然资源,都属于国家所有,即全民所有;由法律规定属于集体所有的森林和山岭、草原、荒地、滩涂除外。"

③ [英] A. C. 庇古:《福利经济学》,朱泱、张胜纪、吴良健译,商务印书馆2006年版,第35页。

④ [美] 加尔布雷斯:《丰裕社会》,徐世平译,上海人民出版社1965年版,第215页。

可实现私人生产与国家生产货物与劳动的平衡(加尔布雷斯称其为"社会平衡")。与加尔布雷斯同时代的美国经济学家鲍莫尔亦主张"对环境要素享有所有权的是国家而不是私人个体"[1],在环境污染外部性内在化问题上,鲍莫尔除了认同法律控制手段之外,还主张采取补贴税的方式减少管理成本。

2. 环境的私有产权说

环境的私有产权说就是科斯等产权学派的学者所主张的环境问题根源于环境资源产权归属尚未明确。通过明确环境资源的所有权,污染者和受害者可达成环境污染外部性内部化的合约,实现社会成本优化。美国经济学家戴尔斯曾说,"我们很少听到土地使用的外部性,原因在于土地资源通过价格机制的配置被视作一种财产权,而价格机制只能建立在对自然资源所有权的基础上,因为价格是对财产或财产使用权的支付"[2]。因而,诸如山川、河流与空气也需要通过财产权的转化从而利用价格机制实现外部性的转移。与环境干预主义不同,自由市场环保主义者极力反对政府管制手段。市场机制是其寻找到的环境外部性内部化的最佳方案,成为20世纪继环境干预主义之后指导西方国家环境治理的主流学说。

在肯定产权缺位是环境污染的原因之后,自由市场环保主义者更进一步主张唯有私有产权才是产生环境资源外部性内部化的激励手段。以特里·L. 安德森和唐纳德·R. 里尔两位美国学者为自由市场环保主义者的典型代表,其主张环境私有产权说。他们认为环境污染负外部性的成因是在生产生活中对污染者负有保护环境的义务缺乏有效的激励,污染环境的后果和成本根本不在污染者决策的考虑范围之内。但如果污染者拥有环境物品的财产权,这种激励便会出现。即使再自私自利的污染者也会基于成本—收益的估测,把污染和破坏行为对其财产造成的额外损害考虑在内。例如,某人拥有自家院落旁边的池塘所有权,自然不会随意倾倒污水和垃圾,因为这样做会增加自己的成本。同理,资源的退化,亦在于自然资源一直以来都被认为是人类共同所有的。"试想一个在自家牧场放牧的人和一个在公海上渔猎的渔民,前者会考虑其放牧行

---

[1] [英]E. 库拉:《环境经济学思想史》,谢扬举译,上海人民出版社2007年版,第94页。

[2] John. H. Dales, *Land, Water, and Ownership*, The Canadian Journal of Economics, Vol. 1:4, p. 791 – 804(1968)。

为对草场的影响,他会选择合理放牧以保障来年充足的草量;而后者并不会考虑其渔猎行为对海洋的影响,相反,他所考虑的是,如果自己不尽早打捞完这片海域的鱼虾,留给别人反而会影响自己的收益。"①在公地治理中,对牧羊人约束和抑制放牧行为的有效激励是不存在的。自由市场环保主义者认为将"公地"变为"私地"才是环境资源有效管理的方式。

3. 环境的共有产权说

空气、流水、大海这样的环境资源早在古典时期的罗马法学家的眼中,是"一切人共有的物",这里的"一切人"包括罗马市民和外邦人。② 在现代社会中,"一切人"即为共同体下的全体公民。然而,自然法的这一界定在环境资源的管理上显露出矛盾与困境。环境资源是全体公民的共有财产,但环境资源的支配与使用的非排他性造成了全体公民在环境资源所有权的虚位现象,③全体公民对环境资源的占有、使用、收益和处分的权能要么是不完整的,要么是无法实现的,这并非要求一片草场或水域必须得全体公民实际占有、共同使用、同等收益并自由处分。环境资源为不同的人提供不同的生态服务功能,具有不同的价值。如森林给伐木工带来的多半是商业价值,但给游客带来的是赏心悦目的价值,给全体公民带来的是净化空气、保存水土的生态价值。事实总是,伐木工并不会因为森林的生态价值而限定自己的商业利益。因而,自然资源的共有产权往往陷于"谁占有即谁所有"或"共有但没有任何人所有"的困境。美国学者奥斯特罗姆认为,这一问题源于"资源的边界和使用者尚未确定,没有人知道管理什么以及为什么管理"。④ 在将确定的资源供确定的人使用后,这些人才会自发形成组织,以公共决策的方式决定资源该如何使用和维护。

发源于英国普通法的信托制度适用于环境资源的管理,所产生的"公共信托"理论为环境共有产权理顺了思路。公共信托理论主张政府与全体公民围

---

① Terry L. Anderson & Donald R. Leal, *Free Market Environmentalism* (Revised edition), Palgrave Macmillan Press, 2001, p. 12.
② 参见徐国栋:《"一切人共有的物"概念的沉浮——"英特纳雄耐尔"一定会实现》,载《法商研究》2006年第6期。
③ 参见张颖:《美国环境公共信托理论及环境公益保护机制对我国的启示》,载《政治与法律》2011年第6期。
④ [美]埃莉诺·奥斯特罗姆:《公共事务的治理之道——集体行动制度的演进》,余逊达、陈旭东译,上海三联书店2000年版,第144—146页。

绕环境资源建立一种信托关系,政府作为环境资源的托管人,为全体公民的利益使用和处分,而收益供全体公民享有。在公共信托理论中,受托人政府和国家是环境资源法律上的所有权人,全体公民则是环境资源的衡平法上的所有权人。"所有权与利益之分离,权利主体与利益主体之分离,正是信托区别于其他产权制度的特质"①,这一分离也解决了全体公民在环境资源所有权中的虚位困境。

20世纪末,"全人类的共同继承财产"概念在国际环境法中形成,这一概念使得环境的共有产权说得到了进一步的发展。1970年《关于各国管辖范围以外海洋底床与下层土壤之原则宣言》首次提出国际海底区域及其资源是全人类共同继承的财产。"全人类共同继承的财产"指的是全人类这一集合体所共同享有的财产权利,是当代人从过去世代人继承而来的,并且要完整地交给未来世代人的财产。这一概念虽然在学术界引起了很多争议,但也激发了一些学者更大胆的想象,即进一步主张地球的其他特定资源属于全人类共同遗产,如联合国大学前副校长爱德华·普罗曼认为:"海床、水、天气、气候、臭氧层、基因和文化多样性在不同程度上具有全球性资源的属性,被称为'全球共同财产'或'全人类共同遗产'。这些资源的管理者和受益者不是某一国或某一国家集团,而是整个人类。"②这一说法产生了一个问题,即如何区分全人类当中的"管理者"和"受益者"。美国学者爱迪斯·布朗·魏伊丝在1984年提出的"星球托管"回答了这一问题。"星球托管"具体是指全人类对于地球上的环境资源所负有的托管义务。在这一概念下,全人类被具体分为当代人、未来世代人以及过去世代人。一方面,当代人之间相互负有保护环境资源的信托义务,被称为代内义务。另一方面,当代人对未来世代人也负有保护环境资源的信托义务,被称为代际义务。代内义务是基于当代人相互之间的信托关系而建立,其中,当代人既是环境资源的受托人,又是受益人。代际义务建立在当代人和未来世代人之间的信托关系之上,当代人拥有环境资源的法律上的所有权,未

---

① 侯宇:《美国公共信托理论的形成与发展》,载《中外法学》2009年第4期。
② [美]爱迪斯·布朗·魏伊丝:《公平地对待未来人类:国际法、共同遗产与世代间衡平》,汪劲等译,法律出版社2000年版,"英文版前言"第2页。

来世代人和当代人拥有环境资源衡平法上的所有权。① 因此,当代人是未来世代人的受托人,同时也是过去世代人的受益人,他们负有管理和保护环境资源的义务,同时,他们也享有过去世代人遗留给他们的环境资源的利益。因此,"全人类共同继承的财产"这一概念将环境共有产权学说中的所有权人从"国家"变成了"当代人类"。

4. 环境的混合产权说

美国学者哈丁最早发现公地治理悲剧的逻辑在于公地的产权不明进而导致谁都有权使用,谁都没有义务保护的困境。哈丁认为"公地悲剧"有多种解决之道,要么公地私有化,要么公地国有化(公共产权化)。② 换言之,在哈丁看来,产权不明是"公地悲剧"问题的根源,在如何解决方面,哈丁除了给出"私有产权"与"公共产权"两种方案之外,并未说明哪一种更具有优越性。这里的"优越性"不仅包括有效性的评估,还有低成本的要求。不可忽略的是,财产权的确立本身就暗含着难以预估的成本,这一点往往成为应对环境问题的困境。因此,美国学者丹尼尔·科尔认为"环境问题难解决的终极原因并不在于缺乏环境产权的制度安排,而在于这种制度安排本身是有成本的"。③ 公有产权下,国家成为几乎所有环境问题的直接责任人,政府为应对各种环境问题而不堪重负。私有产权下,所有权人虽然负责环境资源的保护,但保护私有产权的立法和司法成本却也不可低估。既然政府无论如何都需要直接或间接地为环境问题的负外部性买单,是否存在一种成本更低、效率更高的方式就成了很多学者关注的问题。

纽约大学教授理查德 B. 斯图尔特 1990 年在环境法领域提出"混合财产权"(hybrid property rights)的概念。他认为,管制也是一种产权形式,管制制度不仅为管制主体创造了权力,同时也为受管制的组织和个人创造了权利。④ 在环境资源的管制下,个人和组织会获得的典型权利就是环境资源的使用权,诸

---

① See Edith. B. Weiss, *The Planetary Trust: Conservation and Intergenerational Equity*, Ecology Law Quarterly, Vol. 11:4, p. 495 – 581(1983).

② See Garrett Hardin, *The Tragedy of the Commons*, Science, Vol. 162:3859, p. 1243 – 1248(1968).

③ [美]丹尼尔·科尔:《污染与财产权——环境保护的所有权制度比较研究》,严厚福、王社坤译,北京大学出版社 2009 年版,第 2 页。

④ See Richard B. Stewart, *Privprop*, *Regprop*, *and Beyond*, Harvard Journal of Law and Public Policy, Vol. 13:1, p. 91 – 96(1990).

如,取水权(水资源使用权)、排污权(环境容量使用权)。相比私有产权,管制所创造的无论权力还是权利都不能随意地转让,否则会造成资源配置效率低下,增加了管制的成本。斯图尔特提出的解决方案是让管制所产生的权利变得可以转让,产生一种"可转让的管制权利"(transferability of regulatory rights)。[1] 按照这一方案,如果允许取水权和排污权在个人和组织之间相互转让,可以确保这些权利更有效地分配给最具有能力和资源的个人或实体,从而促进资源的优化利用,降低管制的成本。混合产权理论体现着环境治理手段多元化的思想,即在环境治理上不应局限于单一手段,而是多种手段相结合。对此,美国佐治亚大学劳拉·安妮·日耳曼教授提出了共有物治理的混合制度(hybrid institution)框架。她认为在共有物的治理上,私有产权、公共产权、共有产权各有所长,也各有所短,需要结合不同产权制度的优点,克服单一产权制度的不足。至于如何"组合"不同的产权制度,劳拉教授明确"混合制度"框架并没有一劳永逸的组合方案,要结合环境资源问题以及涉及的对象来决定。[2]

基于对环境负外部性的问题根源理解不同,环境负外部性的内部化在产权学派的不同学者之间有了不同的方案。自由市场环保主义者认为私有产权不明晰和市场缺位造成了环境污染和资源退化,传统的政府管制由于信息错位和行政成本高昂实在是力有不逮,环境负外部性是政府失灵的表现。因而,环境资源的私有产权化是自由市场环保主义者为环境负外部性的内部化找到的方案。而在环境公共产权说的支持者看来,私有产权不仅不是环境负外部性的解决之策,反而是其问题的根源。个体的自私与短视,造成了他们在环境资源上的"竞争"与"零和博弈"。因而,政府管制、税收与补贴的激励才是环境负外部性内部化的正道。环境共有产权说的学者看到了个人的自利,他们以自然法为支柱,主张全人类所有的环境资源之上不能设定私有产权。同时,共有产权说的学者也质疑政府的理性与全能。因而,为使全人类的共同财产得到管理与保护,在承认政府对环境资源所有权的前提下,建立其与全体公民的公共信托关

---

[1] See Richard B. Stewart, *Privprop, Regprop, and Beyond*, Harvard Journal of Law and Public Policy, Vol. 13:1, p. 91-96(1990).

[2] See Laura A. German & Andrew Keeler, "*Hybrid Institutions*": *Application of Common Property Theory Beyond Discrete Property Regimes*, International Journal of the Commons, Vol. 4:1, p. 571-596 (2010).

系,以及在承认当代人对环境资源的所有权的前提下,建立其与未来世代人的公共信托关系是环境共有产权学说的方案。混合产权说的学者则主张以产权手段应对环境负外部性并没有统一的方案,应当结合环境资源问题的特点组合不同的产权制度予以应对。

二、碳排放负外部性与碳排放权

温室气体排放造成了气候变暖,因而约束温室气体排放成为控制和减缓气候变暖的主要手段。传统"命令—控制"机制将排放标准和限排政策作为限制温室气体排放的手段。套用产权学派的方法与思路,控制温室气体排放落脚于为大气环境容量确立明晰的产权,使排放主体获得向大气容量排放有限温室气体的权利,这一项权利被允许在市场上自由交易,从而对排放主体自主减排产生了激励。

(一)碳排放与气候变化的关联

气候变化纵然已经有了很多的科学观测和发现的印证,但仍争论不休。气候变化牵涉经济、政治、伦理的复杂性早已超越环境议题本身。然而,自然和社会科学界都高度认同:在应对气候变化问题上还是要依赖对温室气体排放的控制,即碳排放的管制,仅就这点而言,气候变化仍在很大程度上被视为一个环境问题。

1. 难以确定的气候变化

气候变化是一个抽象、充满疑义的概念。谈及气候变化主要是指气候变暖,但事实上,气候变暖是否真实发生,抑或存在变冷的倾向,在科学界充满了疑问。"变暖论"支持者占据多数,但亦不能充分驳倒和说服异见者。因此,正式的国际文件和机构使用的是"气候变化"而非"气候变暖",如《联合国气候变化框架公约》和"联合国政府间气候变化专门委员会"。[1] 气候变化因季节和时间而不同,亦有明显的地域差异,总是难以具体描述。近几十年来,关于气候变暖的科学观测、研究和论证已铺天盖地。其中不仅有古生态学家对极地冰柱中气候变化史的记录和解读;有电脑模拟出数万年后地球的二氧化碳浓度;有关

---

[1] 参见[日]池上彰、[日]增田由利亚:《用世界史解读四大国际议题》,叶廷昭译,台北,木马文化出版社 2016 年版,第 177 页。

于气候变化贴现率的经济学假说;[1]有卫星监测到的持续的北极暖冬与北极冰融,[2]海洋学家监测到的"海洋酸化",[3]甚至曾有摄像师以"定时拍摄"方式实地记录了北极冰川消失的速度,[4]试图证明气候变暖的真实性。此外,不断刷新的全球最暖年份、[5]最暖月份等事件[6]以及全球各地频发的极端天气似乎都表明气候变暖在真实发生。然而,时至今日,气候变暖很难说确证无疑,质疑的声音仍不绝于耳。冰川消融是自然事件还是气候事件存在争议,[7]其是否与气候变化有关亦难下定论。有科学家指出,"冰川体积始终处于变动状态中,仅仅以观测到的几年或者一段时间内的冰川体积变化作为气候变化的证据

---

[1] 气候变化的贴现率,即通过比较减排成本与避免气候变化的收益的比率。2006 年《斯特恩报告》采用较低的贴现率,主张立即采取减缓行动比未来这样行动成本低廉。参见[英]尼古拉斯·斯特恩:《气候变化经济学》(上),季大方译,载《经济社会体制比较》2009 年第 6 期。

[2] 根据美国国家海洋和大气管理局 2023 年《北极报告卡》,2023 年成为 1900 年以来北极第 6 个最暖年,这一年北极气温连续第 14 年超过 1991—2020 年的平均水平,而北极最暖的 8 年全部出现在 2016 年之后。See *Arctic Report Card 2023*: *Surface Air Temperature*, NOAA (Nov. 17, 2023), https://arctic. noaa. gov/report-card/report-card-2023/surface-air-temperature-2023/. 北极冰融也在持续加速,根据美国国家冰雪数据中心的报告,2023 年成为北极冰层覆盖面积卫星记录中第 6 低的年份,从 3 月至 9 月,北极冰层最小覆盖面积约 423 万平方公里,这比 1981—2010 年平均最小覆盖面积还要小约 199 万平方公里。See *Arctic Sea Ice 6th Lowest on Record*, NASA Earth Observatory (Sept. 28, 2023), https://earthobservatory. nasa. gov/images/151875/arctic-sea-ice-6th-lowest-on-record.

[3] 根据欧洲环境署的观测,1980 年至 2021 年,全球海洋表层平均 pH 值从 8.11 下降至 8.05,自 1985 年以来酸度增加了 15%,自工业化以来酸度增加了 40%。See *Ocean Acidification*, European Environment Agency (May 29, 2024), https://www. eea. europa. eu/en/analysis/indicators/ocean-acidification.

[4] James Balog 与其团队成员利用 25 台摄像机,每 30 分钟、15 分钟、5 分钟拍摄一次,记录了阿拉斯加、落基山脉、格陵兰岛以及冰岛等地冰川在 2.5 年时间内以惊人速度消退的现象,被认为是气候变化真实性有力的证明。

[5] 世界气象组织的报告证实,2023 年是有记录以来最暖的一年,全球近地表平均温度比工业化前基线高出 1.45 摄氏度。See *Climate Change Indicators Reached Record Levels in 2023*: *WMO*, World Meteorological Organization (Mar. 19, 2024), https://wmo. int/news/media-centre/climate-change-indicators-reached-record-levels-2023-wmo.

[6] 美国 NASA 戈达德太空研究所的科学家最近报告称,2024 年 5 月是该机构全球地表温度分析中最热的 5 月,同样,美国国家海洋和大气管理局报告称,2024 年 1 月至 5 月是其 175 年温度记录中最热的前五个月。See *In the Grip of Global Heat*, NASA Earth Observatory (Jun. 27, 2024), https://www. earthobservatory. nasa. gov/images/152995/in-the-grip-of-global-heat.

[7] NASA 在 2016 年公布的南极第四大冰架拉森 C 冰架裂缝,对此,英国学者阿德里安·勒克曼认为是地理事件,并非气候变化所致。参见马志飞:《南极第四大冰架的崩解意味着什么?》,载《南方周末》2017 年 1 月 19 日。

是不准确的"①。一些古生态科学家认为,如果不把视野局限于短短的几个世纪的话,"全球冷化"而非"全球暖化"才更具威胁。"地球上碳原子总量的有限性决定了大气温升并非永无止境,在峰值之后,便迎来气温的反转。届时,今日所有减缓的措施与手段都将成为新的包袱。"②

再者,有关全球暖化的数据和信息的真实性与准确性本身存疑。科学研究的客观性与数据观测的真实性均因"政治化"而真假难辨。气候变化催生了政治与科学的联盟,如联合国政府间气候变化专门委员会(IPCC)这一科学共同体成为国际气候决策的智囊团。再如,2006年《斯特恩报告》对气候变化的经济学论据在气候变化议题政治化中发挥了关键作用。从那之后,很多人接受了斯特恩的警示,即"越早行动,越少成本"。如此,气候变化这一灾难性未来的不确定性预期最终却产生了"确定性回报"。③ 然而,在这过程中,有很多人质疑过科学家的数据,如冰川消融的水平和速度存在被夸大的嫌疑。④ 气候学家垄断了气候变化的数据与信息,这些数据和信息的真实性令人怀疑。2007年BBC制作的纪录片《全球变暖大骗局》中,有数位科学家利用大量的数据来说明气候变化是当代最大的骗局。2009年英国气象局哈德利研究中心公布,从1999年至2008年全球气温上升0.07℃,并非联合国政府间气候变化专门委员会(IPCC)所公布的0.2℃。⑤ 这意味着,IPCC的数据和信息并非绝对可靠。2009年哥本哈根气候会议前夕爆发了"气候门"事件,世界顶级气候学家的邮件被黑客攻破,邮件指出一些科学家操纵数据,伪造气候变暖问题,这一事件再次将气候变暖的争议推向了高峰。

---

① Hannah Devlin, *Climate Change: The Big Myths That Need to Be Exploded*, The Guardian(May 3, 2015), https://www.theguardian.com/science/2015/may/03/climate-change-myths-warming-ice-antarctic-arctic.

② [美]寇特·斯塔克:《暖化的真相》,王家轩译,台北,远足文化出版社2013年版,第21页。

③ 参见[英]戴维·赫尔德、安格斯·赫维等:《气候变化的治理——科学、经济学、政治学与伦理学》,谢来辉译,社会科学文献出版社2012年版,第140页。

④ 美国宇航局2017年的一项研究发现,南极洲西部一处名为特怀特(Thwaites)的冰川自1990年开始消融,导致海平面上升了1‰,但科学家过高估测了其消融速度,其在未来50年的消融水平也被高估了约7%。See James Yungel, *New Light on the Future of a Key Antarctic Glacier*, NASA(Jun. 1, 2017) https://www.nasa.gov/feature/jpl/new-light-on-the-future-of-a-key-antarctic-glacier.

⑤ See Gerald Trauffetter, *Stagnating Temperatures: Climatologists Baffled by Global Warming Time-Out*, Spiegel Online (Nov. 19, 2009), http://www.spiegel.de/international/world/stagnating-temperatures-climatologists-baffled-by-global-warming-time-out-a-662092.html.

对气候变化的质疑根源于科学技术的"可证伪性"。到目前为止,气候变化的结论主要源于技术模拟与科学观测,通过数据分析和实验"试错改错"得来,其结论并非确定无疑。一方面,气候的复杂多变远非经济或数学模型可以型构,即便可以模拟出各种可能,但仍然无法准确反映当今人类面临的真实情景;另一方面,科学亦非绝对可靠,"观察和理性都不是权威,它们可能清晰地向我们显示事物,亦可能把我们引向错误"①。古生态学家对气候变化史的解读相较技术模拟提供了更为真实的数据,但是所有的证据均指向过去,并不能对未来做出任何有意义的假设。而冰融、海洋酸化等科学观测也可能会得出以偏概全的错误结论,与澳大利亚发现了黑天鹅从而推翻了"所有天鹅都是白天鹅"的结论一样,只要出现了新的科学发现,气候变暖的结论也会分崩离析。究其根本原因,专业化分工越来越精细的现代科技在面对气候变化的系统性风险时显得非常乏力。诚如有学者所言,"科学家笃定地以高度因果证明关系,解释现象与原因,不过是以其'知'的专业解释'无知'的部分"②。令人不安的是,生存于这颗星球的居民,往往难以真实地感受到气候变化,但在科学的模拟和描绘中又一再地被灌输其不可逆的危害后果,这一社会学视野下的"吉登斯悖论",③使气候变化成为人们津津乐道的话题。恰如一部悬疑推理剧,揭晓了起因和结局,但又保留着扑朔迷离的剧情,难免会激发观众的"头脑风暴"。

2. 人为气候变暖与碳排放

英国物理学家詹姆斯·洛夫洛克于1972年提出了后来颇有争议的"盖亚假说"(Gaia Hypothesis)。这一理论主张地球是一个具有自我调节功能的有机体系。④ 环境影响着生物的进化("同进化盖亚"),而生物活动亦对环境产生影

---

① [英]卡尔·波普尔:《猜想与反驳——科学知识的增长》,付季重等译,上海译文出版社1996年版,第40页。
② 周桂田:《科学风险:多元共识之风险建构》,载顾忠华主编:《第二现代:风险社会的出路?》,台北,巨流出版社2001年版,第66页。
③ 参见[英]安东尼·吉登斯:《气候变化的政治》,曹荣湘译,社会科学文献出版社2009年版,第2页。
④ 盖亚理论具有五项核心主张:(1)生物活动影响环境;(2)环境与生物同进化;(3)环境的反馈机制调节着生物圈的平衡;(4)生物使地球环境条件最优化;(5)地球是一个有生命的有机体。洛夫洛克以希腊神话中大地女神"盖亚",暗喻地球的环境与生物的互相影响与协同进化的现象。

响("影响盖亚")。① 随后,洛夫洛克与美国生物学家林恩·马古利斯在对火星生命的循迹中,发现了火星与地球大气成分的差异,进一步解释了"盖亚假说"在地球大气圈中的表现。具体而言,他们认为在一个没有生命存在的星球上,其大气成分会趋向于一种化学平衡的状态,火星就是如此,而地球的大气处于一种非化学平衡的状态。这是因为生物群的生命活动会对大气组成及其化学平衡状态产生影响。生存于地球上的生物群在光合作用下,共同维持着这颗星球适宜生命活动的温度。生物群活动的停止或紊乱将会导致大气混合成分与反应的异变进而引发大气温度的变化。② 人类作为地球上庞大的生物群,其活动显著地影响着气温的变化。人类活动中化石燃料在燃烧后释放的大量温室气体,包括二氧化碳、甲烷、氧化亚氮等气体,使大气温度升高,即人为的气候变暖(anthropogenic global warming),是盖亚理论中"影响盖亚"的一种具体表现。温室气体的作用在于锁住地面的太阳辐射,保持地球适宜的温度。过量的温室气体将导致地球表面温度升高。近年来,人为气候变暖的问题在气候变化的研究中受到广泛关注。③ 现如今,人为气候变暖已经成为各国在应对气候变化问题上所形成的基础共识。政府间气候变化专门委员会第四次报告再次明确,"毋庸置疑,人为影响已造成大气、海洋和陆地变暖"。④《联合国气候变化框架公约》明确气候变化是指气候的自然变异之外,直接或间接的人类活动造成的大气组成的改变。气候变化造成自然环境和生物区系的变化,从而对人类健康和福利造成有害影响。即使对气候变化颇有争议,但气候变化引发海平面上升、生物灭绝、极端天气等不可逆的风险与危害,使尽可能控制与减少温室气体排放成为国际社会的共识,亦是国际气候谈判与签署气候协定的基础。由此,控制和减少人类活动的温室气体排放,成为减缓人为气候变暖的主要措施。

---

① "影响盖亚"与"同进化盖亚"作为"弱盖亚理论"拥有大量的现象和证据支撑。参见薛勇民、谢建华:《盖亚假说的生态哲学阐释》,载《科学技术哲学研究》2016年第4期。
② James E. Lovelock, *Hands up for the Gaia Hypothesis*, Nature, Vol. 344, p. 100 – 102(1990).
③ 一项由昆士兰大学约翰·库克等9位学者发起的文献统计研究表明,在ISI Web of Science上检索到的1991至2011年近12,000篇关于"全球变暖"和"全球气候变化"的文献中,近97.2%采用"人类活动导致全球变暖"这一表述,只有0.7%予以反对。See John Cook & Dana Nuccitelli et al., *Quantifying the Consensus on Anthropogenic Global Warming in the Scientific Literature*, Environmental Research Letters, Vol. 8 : 2, p. 1 – 7(2013).
④ 联合国政府间气候变化专门委员会:《气候变化2021:自然科学基础(决策者摘要)》,剑桥大学出版社2021年版,第5页。

(二)碳排放负外部性的内部化

碳排放的负外部性,是在气候经济学文献中受到广泛讨论和关注的问题,具体是指人类活动中超过大气环境容量的温室气体排放,造成大气在物理、化学和生物学特性上发生变化,从而对环境资源产生的一系列负面效应,如超过大气环境容量的碳排放导致的气温上升、冰川融化、海平面升高等一些气候变化的不利影响。2006年《斯特恩报告》指出,"人为的气候变化被经济学家看作是负外部性的一种,但是它具有不同于其他负外部性的特点,具有不确定性、持续性、不可逆性和全球性等特点"。[1] 这种负外部性可能并不会对身处排放源的人们产生不利影响或即时性的不利影响,但其会潜移默化地影响地球整体的生态系统和环境资源,所带来的不利后果会在若干年后或在其他地区显现,甚至在全球范围内显现。

碳排放的负外部性虽然具有不同于其他负外部性的特点,但解决这种负外部性却套用了环境负外部性的解决思路和方法,采取限制和控制污染源即碳排放源的方法予以应对。而且,为了实现这一目标,环境污染治理的三种工具也都在不同时期被应用于解决碳排放的负外部性。环境干预主义成为最初控制和减少碳排放的主要理论基础,其主张采取排放计划和措施、环境标准、税收优惠和补贴以及碳税为内容的行政或财政干预手段减少碳排放。20世纪末,"命令—控制"手段被广泛地渗透于欧洲国家和美国国内的产业、能源、贸易政策中。[2] 这样的计划和措施也被引入国际气候协定中,如《京都议定书》为发达国家设定了强制减排目标。然而,强制削减和控制遭到了反对和抵制,环境干预主义亦争议不断。削减碳排放等于限制经济增长,反对和抵制力量来自各个阶层和行业。从20世纪末到21世纪初的美国温室气体减排政策的演变与发展就可以看出,那些担忧抑制经济增长的政策制定者们,那些既得利益集团,那些惧怕影响生产效益的厂商和企业家们,那些不愿改变生活和消费习惯的居民们,都是削减与控制排放的阻碍力量。[3] 最终,无论是削减计划或指令,还是税

---

[1] Nicholas Stern, *Stern Review: The Economics of Climate Change*, Cambridge University Press, 2007, p.5.

[2] 参见刘兰翠、甘霖等:《世界主要国家应对气候变化政策分析与启示》,载《中外能源》2009年第9期。

[3] 参见阎静:《克林顿和小布什时期的美国应对气候变化政策解析》,载《理论导刊》2008年第9期。

收优惠或补贴,在削减和控制碳排放上均收效甚微。环境干预主义在解决碳排放的负外部性问题上节节败退,20世纪末,美国国内有不少关于限制碳排放的法案尚在讨论和提案阶段便胎死腹中,国会甚至在1998年通过"拒绝一切限制美国温室气体排放的条约"的决议。

美国经济学家戴尔斯在1968年提出将排污权及市场化手段作为解决环境污染的一种更为有效的方法,"空气和水流不能被视为不受限制的公共资源,这会导致资源的过度利用,应当通过财产权机制有效地管理资源的分配和利用"[1],相比管制和补贴的方法,排污权及市场化手段的优势还在于能够促进所有社会成员共同承担预防和控制环境污染的责任。戴尔斯认为,污染问题应该被视为整个社会的问题,而非仅仅"污染者"的问题,因为污染的成本和收益由整个社会共同承担和分享。[2] 管制和补贴将环境污染的责任施加于"污染者"一方,相比之下,排污权及市场化手段则实现了通过价格信号在所有社会成员之间更为合理地分配预防和控制环境污染的责任。

20世纪90年代,美国在国内开创性地启动并实施了二氧化硫排污权交易机制,实现了排污权及市场化手段从理论到实践的转化。实践中,企业排放需求各异且减排成本不同,于是有了通过企业之间转让环境容量的使用权、降低排放成本的需求。企业可以通过技术改进和利用清洁能源等手段减少自身排放,也可以在市场上购买排放配额履行减排义务,基于成本收益的考量,企业会选择最有利于自己的方案,这有助于降低社会总的减排成本。同时,允许企业选择更低成本的履约方式,这有利于管制机构实现更有力的减排目标。在一项哈佛大学肯尼迪学院承担的研究中,美国二氧化硫排污权交易机制与传统的政府管控手段相比大为降低了成本。[3] 美国削减二氧化硫排放的成功实践使大多数人相信借助市场机制同样能以低廉的经济成本限制温室气体排放。碳排放权就是排污权在解决碳排放的负外部性问题上的套用。简单来说,政府设定碳排放的限额,并在排放限额内分配给企业碳排放权,企业之间可以根据需要

---

[1] John. H. Dales, *Pollution, Property and Prices*, Toronto University Press, 1968, p. 65, 75.
[2] John. H. Dales, *Pollution, Property and Prices*, Toronto University Press, 1968, p. 71.
[3] Gabriel Chan & Robert Stavins et al., *The SO$_2$ Allowance Trading System and the Clean Air Act Amendments of 1990: Reflections on Twenty Years of Policy Innovation*, National Tax Journal, Vol. 65:2, p. 419 – 452(2012).

交易碳排放权。随着碳排放权在市场上的交易,会产生碳排放权的价格,企业会根据价格和排放限额决定是否采取减排措施,企业在经济活动中考虑碳排放权的影响,这就代表着碳排放的负外部性被内部化了。

(三)碳排放权的内涵与属性

1. 碳排放权的内涵

碳排放权,是法律确认的允许排放主体向大气排放二氧化碳和其他类温室气体的权利,实质是允许排放主体使用大气环境容量的权利。大气环境容量是环境容量的一种,环境容量是生态环境在避免遭受不可逆的损害的情况下所能容纳的外部物理和化学应激的最大容量。[1] 在环境最大容量范围内,生态环境对来自自然和人类活动的负面影响具有自我修复功能,以便维持生态环境的稳定性,而不会降低生态环境维持人类生活和生产的水平。[2] 大气环境容量是大气圈在保障和维持自身稳定性的情况下所能容纳自然产生和人类活动排放气体的最大容量,这样的气体包括污染气体,如二氧化硫,也包括非污染气体,如温室气体。排放超过大气环境容量的温室气体会扰乱大气圈调节生态系统的功能,导致气温上升,引发极端天气、海平面上升等不可逆的损害。为保障大气圈正常的自我调整功能,排放主体对大气环境容量的使用要受到约束和限制,碳排放权便体现为政府对排放主体从事排放行为的一种干预。

碳排放权的内涵有如下几个要点。

第一,碳排放权是实在法确认的权利,但不同于宪法和法律所规定的基本人权或其他一般法律权利。碳排放权并不是将排放主体向大气排放温室气体的行为和活动确立为一项基本人权和自由,任何个人、法人、国家不得声称自己享有排放温室气体的权利和自由。"如果认为碳排放权是一项人权,那其将与同为人权的环境权发生根本的冲突。"[3]碳排放权也不是一般法律权利,按照权利与义务的相关性理论,碳排放权不存在与之相对应的义务,即如果认可个人具有排放温室气体的权利,那么与这一权利相对应的义务是不存在的。《京都

---

[1] See Qing Pei & Liu Lanlan, *Carbon Emission Right as a New Property Right: Rescue CDM Developers in China from* 2012, International Environmental Agreements: Politics Law and Economics, Vol. 13:3, p. 307 – 320(2013).

[2] 参见韩良:《国际温室气体排放权交易法律问题研究》,中国法制出版社 2009 年版,第 8 页。

[3] Tim Hayward, *Human Rights vs Emissions Rights: Climate Justice and the Equitable Distribution of Ecological Space*, Ethics & International Affairs, Vol. 21:4, p. 431 – 450(2007).

议定书》缔约方大会的决议文件指出,《京都议定书》并未对附件一中的缔约方授予任何形式的排放权利、特权或资格。[①]

第二,碳排放权的立法目的是限制和控制碳排放。法律确立碳排放权是从保护大气圈的角度出发,在大气环境容量允许的范围内,承认控排主体享有排放一定数量的温室气体的权利,其目的是限制和降低人类温室气体的排放,将温室气体减少到大气环境容量所能容纳的程度。因此,创建碳排放权并不是目的,而是为了实现减排目的的工具。

第三,碳排放权是控排主体使用大气环境容量的权利,其权利主体是控排主体,即被国际法和国内法纳入碳排放管制的国家、企业、营利性组织甚至自然人。依据《京都议定书》,发达国家在限额范围内享有温室气体排放的权利。依据一国的实在法,企业、组织和自然人则在管制的范围内享有温室气体排放的权利。这一权利的客体是大气环境容量。碳排放权是特定的组织或机关对控排主体使用大气环境容量的授权,以排放许可证为载体。在国际法上,由国际气候协定建立的缔约方会议负责碳排放权的授权,在我国,由生态环境主管部门负责碳排放权的授权和分配。

第四,碳排放权受行政干预和管制。碳排放权在权利的存续期间受行政权力的干预和管制。首先,碳排放权由特定的组织或机关按照法定程序创设,具体由国际组织或一国国内行政机关依照国际条约或国内法律规定的行政程序许可而产生。其次,在特定的管制期限或承诺期限届满时,控排主体需要向国际组织或行政机关缴纳特定数量的碳排放配额以履行其减排义务。再次,碳排放权是控排企业的财产性利益,具有财产价值,可以转让和交易,但转让和交易需要国际组织或一国行政机关的监管。最后,国际组织或一国行政机关按照碳排放的总量管制目标在需要的情况下注销特定数量的碳排放配额。

总之,碳排放权是为了限制和控制碳排放而在法律上确立的一项权利,凭借此项权利,权利主体享有一定数量的大气环境容量的使用权。碳排放权由公权力机关创造,并受公权力机关的管制,同时,碳排放权具有财产价值,可以在权利主体之间转让和交易。综合这几点来看,碳排放权不同于一般法律权利,这也引发了学界关于碳排放权的法律属性的讨论和争议。

---

① FCCC/KP/CMP/2005/8/Add.1,Decision 2/CMP.1.

2. 碳排放权法律属性的争论

(1) 域外碳排放权属性的实践界定和学术争论

世界范围内,已建立碳市场机制的国家和区域对碳排放权的界定有不同的实践。英国通过司法判例认可碳排放权在满足相应条件下是一种"财产权",碳排放权具有财产权的特征,包括可以被法律明确界定、可以被第三人识别、延续性和稳定性、可转让性的特征。[1] 相反,美国则否认碳排放权的财产权性质,其在 2009 年《清洁能源与安全法案》中明确"行政机关依据本法建立的碳配额并不构成一项财产权,依据本法建立或签发的其他抵消信用也不构成财产权"。[2] 欧盟将界定碳排放权的自由裁量权留给了各成员国,因此,其成员国对碳排放权的界定各不相同,如财产权、无形资产、商品、金融工具,[3]欧盟法院也对碳排放权的法律属性界定采取回避态度。面对碳排放权属性界定的两难境地,一些建立了碳市场机制的国家干脆对其性质保持沉默。例如,韩国 2012 年《温室气体排放许可分配和交易法》中并无碳排放权的概念,其将国家碳交易市场中交易的标的称为"排放许可"(emission permit)。[4] 哈萨克斯坦 2013 年就建立了全国碳市场,其 2021 年修订的《哈萨克斯坦环境法典》中也无碳排放权的概念,碳市场中的交易标的是碳配额(carbon allowance)。[5]

在学术讨论上,英美国家的学者从"财产权"的视角分析碳排放权的法律属性,对于其属于何种财产权有着不同的观点。美国学者克尔斯滕·恩格尔和斯科特·萨莱斯卡教授主张温室气体排放许可是大气资源私有化的表现,[6]因而,碳排放权是一种私有财产权。耶鲁大学杰拉尔德·托雷斯教授称,"大气如海洋一般宽阔无边以至于任何一项排他性的私有产权都无法适用"[7],他认

---

[1] Armstrong DLW GmbH v. Winnington Networks Ltd. [2012] EWHC 10(Ch).

[2] American Clean Energy and Security Act 2009, H. R. 2454, Sec. 721. c.

[3] Report from the Commission to the European Parliament and the Council. COM(2017) 693 final. 2017, p. 30.

[4] Act on the Allocation and Trading of Greenhouse-Gas Emission Permits, No. 11419, May. 12, 2012, Art. 2. 3.

[5] 《哈萨克斯坦环境法典》,2021 年 1 月 2 日第 400 - Ⅵ ZRK 号,第 289 条。

[6] Kirsten H. Engel & Scott R. Saleska, *Subglobal Regulation of the Global Commons: The Case of Climate Change*, Ecology Law Quarterly, Vol. 32:2, p. 183 – 233(2005).

[7] Gerald Torres, *Who Owns the Sky?*, Pace Environmental Law Review, Vol. 19:2, p. 515 – 574 (2001).

为,大气资源的私有化在立法实践中不具有可操作性,因为,大气资源不同于土地、森林等有形的自然资源,不能被独占和排他性地使用,与具有独占性和排他性的私有产权不相兼容。因此,碳排放权与林木所有权等这一类传统的自然资源所有权大不相同。美国学者艾米·辛登认为,排放配额的所有人并不对大气资源享有所有权,因此,碳排放权缺乏私人产权的一个重要特征,即政府并不鼓励排放权的持有者对排放配额进行投资以最大化其价值。[1] 碳排放权只是用于减少和管理温室气体排放的政策手段,如果对大气资源确立一种私有产权,政府对温室气体排放的管制行为将被视为对排放主体私有产权的侵犯。[2] 那么,碳排放的总量管制将无法实施。

还有学者认为排放权是典型的混合财产权。密歇根大学法学院教授詹姆斯·克里尔主张"适销的污染配额"(marketable pollution allowance)并非发育完全的财产权,排污配额代表了被授权排污,这一授权可以在市场上交易,从而具有财产权的必要要素,[3]即排放权具有财产价值以及可转让性的要素。因此,政府分配碳排放权于企业,意味着授权企业在限定范围内使用大气环境容量,这是碳排放权的持有者所获取的一种权益,这种权益可以在排放主体之间转让,从而具有财产的价值。

与混合财产权内涵极为相近的是"管制财产权"(regulatory property),[4]这是很多国外学者分析碳排放权产权属性时的提法。管制财产权是一种介于行政授权与私人产权之间的财产权,理解这样一种财产权必然无法以传统财产权具备的"排他性"、"可转让"以及"使用"三要素来套用和解释。[5] 管制财产权

---

[1] Amy Sinden, *The Tragedy of the Commons and the Myth of a Private Property Solution*, University of Colorado Law Review, Vol. 78:2, p. 533 – 612 (2007).

[2] David M. Driesen, *What's Property Got to Do with It?*, Ecology Law Quarterly, Vol. 30:4, p. 1003 – 1019 (2003).

[3] James E. Krier, *Marketable Pollution Allowances*, University of Toledo Law Review, Vol. 25:2, p. 449 – 455 (1994).

[4] "regulatory"一词有"管制"与"规制"两种翻译,两者在大多数情况下同义,均指政府与行政机关对经济活动和市场的控制和限制,相较于前者,后者较为中性。参见胡敏洁:《规制理论是否足以解释社会政策?》,载《清华法学》2016 年第 10 期。碳排放权代表的是政府对温室气体排放的限制,因而带有较强的控制的意思,故而,本书译为"管制"。

[5] See Sabina Manea, *Instrumentalising Property: An Analysis of Rights in the EU Emissions Trading System* (Ph. D. Diss., London School of Economics and Political Science, 2013), p. 227.

的设立是为了实现政府对某种不可分割权利的管理与分配,[1]这一财产权的权利人虽可使用和转让权利,但权利的排他效力受政府管制的影响。对大气环境容量的使用就是一种不可分割的权利。"开放式的全球大气中转化出一种有限的可交易的财产权,形成的可交易配额是一种管制财产权,代表了对'利用有价资源'的财产权的法律拟制。"[2]确立碳排放权实质上是通过财产权制度对利用大气环境容量进行管制,并非要实现大气资源的私有化。管制财产权实际上就是混合财产权的一种,是公有产权与私人产权的组合。通过确立有限地向大气中排放温室气体的权利,将"利用大气环境容量"变成一种具有稀缺性的权益,[3]有了稀缺性,围绕这种稀缺性的权益建立交易市场才有可能。

(2)我国碳排放权属性的实践界定和学术争论

碳排放权的法律属性在国内法律法规中尚未明确界定,只是在部门规章中对碳排放权的概念有所明确。根据2014年国家发展改革委发布的《碳排放权交易管理暂行办法》,"碳排放权"在概念上被界定为依法取得向大气排放温室气体的权利,"排放配额"是这一权利的载体和凭证,是政府分配给重点排放单位的排放额度。2020年生态环境部颁发《碳排放权交易管理办法(试行)》取代了先前的《碳排放权交易管理暂行办法》,其中,碳排放权被明确为"分配给重点排放单位的规定时期内的碳排放额度",而未再保留"依法取得的向大气排放温室气体的权利"这一表述。2024年国务院通过的《碳排放权交易管理暂行条例》也采用了类似的表述,这表明,在上位法未确立碳排放权权利属性的前提下,"条例"和"办法"等下位法不能越俎代庖。因此,碳排放权的法律属性界定在立法上仍然是空白。

国内学界对碳排放权的法律属性的界定存在很大分歧,主要有"私权利说""公权力说""双重属性说",即分别主张碳排放权属于私权利、公权力以及兼有公私属性的权利。在"私权利说"之下,又存在"用益物权说""准物权说""特许物权说"三种观点。持"用益物权说"的学者是在物权法框架下寻找碳排

---

[1] See David Freestone & Charlotte Streck, *Legal Aspects of Carbon Trading, Kyoto, Copenhagen, and Beyond*, Oxford University Press, 2009, p. 39.

[2] Jonathan Baert Wiener, *Global Environmental Regulation: Instrument Choices in Legal Context*, The Yale Law Journal, Vol. 108:4, p. 677 – 800(1999).

[3] See Bruce Yandle, *Grasping for the Heavens: 3 – D Property Rights and the Global Commons*, Duke Environmental Law & Policy Forum, Vol. 10:1, p. 14 – 44(1999).

放权的法律依据,主张碳排放权是权利人对全人类共有的温室气体享有直接支配和排他的权利,是非所有人对他人所有之物的占有、使用和收益,因此,碳排放权是一种用益物权。① 持"准物权说"的学者主张碳排放权的客体并非温室气体,而是大气环境容量,碳排放权是在国家许可下对大气环境容量的使用和收益,其本质上是一种准物权,国家的许可并不影响其私权属性。② 持"特许物权说"的学者主张碳排放权涉及排放主体对大气这一自然资源的摄取和开发,故而是一种特许物权。③ 支持"公权力说"的学者是在行政法的框架下寻找法律依据,主张碳排放权是一种特许权,是行政主体围绕大气资源利用而对国民设定的一种行政特许。④

面对这一分歧,一些学者主张碳排放权兼具有公、私权属性,即"双重属性说"。这一学说又可以分为两类:第一,公私属性的横向对比,即学者争议的是公权和私权性质何者更甚的问题。有学者认为碳排放权集公权与私权于一体,但其根本上立足于政府对排放行为的规制,因此,应更加强调碳排放权的行政规制权属性,避免对其物化或资源化。⑤ 另有学者主张碳排放权是一种受管制的所有权,这一权利的行使虽受政府监管,但政府也不得随意没收,⑥显然,该观点更加强调碳排放权的私权属性。第二,公私属性的纵向拆解。一些学者借助德国行政法上的双阶理论将碳排放权的运行过程拆解为两个阶段,进而对每一阶段中的碳排放权赋予不同的法律属性,碳排放权在初始分配和取得阶段具有公权属性,而在交易和使用阶段却具有私权属性,⑦也有学者主张碳排放权在交易阶段本身就兼有公私属性。⑧

此外,还有学者从其他部门法的角度分析和界定碳排放权的属性。例如,

---

① 参见叶勇飞:《论碳排放权之用益物权属性》,载《浙江大学学报(人文社会科学版)》2013 年第 6 期。
② 参见王明远:《论碳排放权的准物权和发展权属性》,载《中国法学》2010 年第 6 期。
③ 参见苏燕萍:《论碳排放权的法律属性》,载《上海金融学院学报》2012 年第 2 期。
④ 参见王慧:《论碳排放权的特许权本质》,载《法制与社会发展》2017 年第 6 期。
⑤ 参见田丹宇:《我国碳排放权的法律属性及制度检视》,载《中国政法大学学报》2018 年第 3 期。
⑥ 参见李仁真、曾冠:《碳排放权的法律性质探析》,载《金融服务法评论》2011 年第 2 期。
⑦ 参见秦天宝:《双阶理论视域下碳排放权的法律属性及规制研究》,载《比较法研究》2023 年第 2 期。
⑧ 参见魏庆坡:《碳排放权法律属性定位的反思与制度完善——以双阶理论为视角》,载《法商研究》2023 年第 4 期。

从经济法的角度分析,有学者主张碳排放权是一种无形资产,可以称为"碳资产",[①]亦有学者认为碳排放权是一种具有商品属性的新型标的资产,具有"数据产权"的性质。[②] 从环境法的角度,有学者主张碳排放权兼有"准物权和发展权"性质。其中,发展权是人类生存发展所必需的权利,对大气环境容量使用的碳排放权必然是其中之一。《京都议定书》创设碳排放权来约束各国排放配额和发展权的范围,因此,这种发展权具有公权属性。而准物权具有私权属性,因而,碳排放权具有"双重属性"。[③] 另有学者认为碳排放权兼有"新型财产权和环境权"的性质,从碳排放权初始分配和许可交易两方面来看,应当属于英美法上的"新型财产"。然而,从碳排放权旨在实现大气环境容量生态价值的立法目的来看,其本质上又属于环境权。[④]

3. 碳排放权的法律属性界定

通过梳理国内学界关于碳排放权法律属性的不同观点,可以概括出其中主要的争论点。第一,是否应该设立碳排放权的私权属性。主张"私权说"的学者认为碳排放权的私权属性是必要的。我国禁止行政许可证的交易,碳排放权的"私权化"是规范碳排放权交易、保障控排主体权利所必需的。支持"公权说"的学者认为,首先,碳排放权存在的前提是国家对排放行为的管制,排放管制是目的,碳排放权是手段,目的不可被手段所限制。碳排放权的私权属性将妨碍政府对碳排放的管制。其次,为碳排放权设立"公权属性"并不会弱化对控排主体的权利保护,《行政许可法》可以保护行政相对人的权益。本书认为,碳排放权"私权化"对于规范碳交易和权利保障并不十分必要。一方面,碳排放权的"私权化"并非规范碳排放权交易的唯一法律路径。我国《行政许可法》第9条规定,依法取得的行政许可,除法律、法规规定的依照法定条件和程序可以转让的外,不得转让。该条明确禁止行政许可证的交易,但是并非绝对禁止,法律和行政法规可以规定例外情形。2024年《碳排放权交易管理暂行条例》就是规范国内碳排放权交易的基础法律依据。另一方面,碳排放权的"私权化"

[①] 参见吕忠梅、王国飞:《中国碳排放市场建设:司法问题及对策》,载《甘肃社会科学》2016年第5期。

[②] 参见任洪涛:《民法典实施背景下碳排放权数据产权属性的法理证成及规范进路》,载《法学杂志》2022年第6期。

[③] 参见王明远:《论碳排放权的准物权和发展权属性》,载《中国法学》2010年第6期。

[④] 参见丁丁、潘方方:《论碳排放权的法律属性》,载《法学杂志》2012年第9期。

并非保障控排主体权利的唯一法律路径。对控排主体可能遭受的违法行政行为,2024年《碳排放权交易管理暂行条例》对碳排放配额分配与注销、碳交易的监管等活动中的违法行为及相关行政法律责任作出了明确的规定。此外,《碳排放权交易管理暂行条例》第28条规定了法律责任的衔接,对于违法行为造成他人损害的,承担民事责任;构成违反治安管理行为的,给予行政处罚;构成犯罪的,承担刑事责任。这意味着,控排主体的权利保障也可以在已有的民事、行政、刑事立法中寻找法律依据。

第二,设立碳排放权的私权属性是否可行。主张"私权说"的学者认为碳排放权满足"用益物权""特许物权""准物权"的特征和要素。而反对的学者认为将碳排放权设定为这三种类型的权利存在一些理论和实践难题。如,环境容量作为一个环境科学概念具有整体性、无形性、可变性的特征,其无法实现产权化。[1] 准物权和特许物权是通过行政许可在自然资源上设定了一种"物权"所具有的排他性权利。然而,在大气环境容量之上很难确立排他性的占有和使用权。特许物权源于政府的授权和许可,在转让时也受到限制,一些特许物权禁止转让,如捕捞许可证禁止任何形式的转让;[2]取水权允许在有限条件下转让,[3]而碳排放权交易市场需要相对自由的交易条件。而且,准物权本身是否成立,其属私权还是公权,是用益物权还是受特别法规范的"特殊物权"等均存在争议。[4] 本书认为,要将碳排放权确立为一项物权需要满足如下两点要求。其一,大气环境容量应当是一种有财产价值的"物",但是,民法上的物仅指"有体物",即具有空间占据性、范围确定性和可支配性,[5]而大气环境容量并不满足范围确定性和可支配性的要件。因此,在大气环境容量上不能成立任何物权。其二,即便科学技术的发展使大气环境容量能够满足"物"的要件而被认定为民法上的"物",在大气环境容量上成立特殊物权也还需要明确的立法依据。具体而言,所有权是用益物权、特许物权、准物权成立的"母权",只有当"母权"存在时,相应的物权才能成立。只有当大气资源被明确为国家所有的

---

[1] 参见毛仲荣:《对"排污权"法律属性的再认识——从分析"环境容量"的特性入手》,载《石家庄经济学院学报》2015年第1期。

[2] 参见《渔业法》第23条第2款。

[3] 参见《取水许可和水资源费征收管理条例》第27条。

[4] 参见苟军年:《准物权法律定位的思考》,载《法治论丛》2008年第2期。

[5] 参见张双根:《物的概念若干问题》,载《华东政法学院学报》2006年第4期。

自然资源时,碳排放权才可以被进一步界定为这些类型的物权。从规范依据的实现路径来看,首先,修订《宪法》第9条,明确大气是国家所有的自然资源。其次,基于物权法定原则,碳排放权需明确于《民法典》的"物权编"中,即在"用益物权分编"增加1条"依法取得的大气使用权受法律保护"。因此,碳排放权的"私权化"存在理论和实践的难题,至少在目前来看,不具有可行性。

在学界围绕碳排放权"私权化"的必要性与可行性问题上争执不下时,一些学者另辟蹊径,主张碳排放权的"公私属性说""资产说"等。然而,这些学说都存在相应问题。"公私属性说"之下,横向对比的学说最终还是落脚于将碳排放权界定为"公权"或"私权";纵向拆解的学说存在可操作性的难题,碳排放权运行的阶段划分并不像理论阐述的那样清晰和简单,同时,不同阶段的碳排放权的法律属性也并不是单一的。例如,在碳排放配额发放之后仍然需要公权力的监管和干预。

"资产说"也存在实施的困难。国际会计准则理事会在2003年发布的《国际财务报告准则解释委员会解释3》明确碳排放权是无形资产,但在2005年,国际会计准则理事会又撤回了这一解释。原因在于,该解释中规定的碳排放权的资产和负债的计量方式不同,受到控排企业的强烈反对。此后,国际会计准则理事会一直致力于碳排放权的资产属性、资产和负债的界定、资产和负债的会计核算等问题的讨论,至今都未达成一致。在我国,2016年《碳排放权交易管理条例(送审稿)》曾明确排放配额是无形资产,①但2024年《碳排放权交易管理暂行条例》已经删除该条。2014年财政部发布的《企业会计准则》第20条明确"资产是指企业过去的交易或者事项形成的、由企业拥有或者控制的、预期会给企业带来经济利益的资源",按照这一定义,碳排放权可以被界定为一种资产。那么,私有控排企业持有的碳排放权将被视为企业资产,国有控排企业持有的碳排放权将被视为国有资产。其中,国有企业持有的碳排放权的转让要依据《企业国有资产法》的规定,由履行出资人责任的机构决定。② 私有企业持有的碳排放权也依旧存在政府注销碳排放配额时的赔偿问题。

---

① 《碳排放权交易管理条例(送审稿)》第11条。
② 《企业国有资产法》第53条。

此外，国外学者提出的"管制财产权说"似乎既有助于建立交易主体的可预期性，又不会妨碍政府的管制行为，但这一方案在我国的立法上却无法实现。因为，财产权是英美法系的一个概念，在我国法律体系中对应的是物权、债权和知识产权，①国内立法要确立碳排放权是一种财产权，实质上是要突破我国物权、债权和知识产权保护财产的法律体系，重新建立统一的财产权概念，这是无法实现的。

综上，碳排放权法律属性的界定异常困难，国内学者关于碳排放权"私权化"的主流观点存在理论不足和实践难题，碳排放权的公私属性学说也欠缺明确的内涵界定和阶段划分，资产说在核算等问题上存在技术难题。本书认为，碳排放权是国家基于管制碳排放而创设的一项允许私人使用大气环境容量的权利，管制碳排放是碳排放权存在的前提，也是其目的。对碳排放权法律属性的解释应当采取"目的论"的思维，即将碳排放权的立法目的作为解释其权利属性的根据，为了不影响和妨碍国家管制碳排放，实现碳排放权的立法目的，不宜将其界定为一种"物权"。碳排放权应当被视为一种排放许可，是具有公权属性的行政许可，受行政许可法规范。控排主体持有的行政许可证具有财产性利益，可以转让和交易，排放许可证交易的法律依据是2024年《碳排放权交易管理暂行条例》，作为一项行政法规，其可以对《行政许可法》第9条的行政许可证交易的禁止性规定作出例外规定。

第二节　生态现代化理论与碳市场

生态现代化理论，是环境社会学的理论之一，由德国社会学家于20世纪80年代提出。不少学者将该理论运用于西方工业国家的低碳经济与社会转型问题的讨论与分析，提出了经济发展与环境保护并行不悖的理念和方案。生态现代化理论主张市场、资本和技术不仅不是环境问题的症结，反而是解决环境问题的良方。按照生态现代化的理论主张，可以利用市场机制促进低碳技术创

---

① 参见倪受彬：《碳排放权权利属性论——兼谈中国碳市场交易规则的完善》，载《政治与法律》2022年第2期。

新、撬动资本力量,对转变经济结构产生有效激励,从而在不影响经济发展的情况下抑制碳排放的增长。

一、环境问题的社会学讨论

社会学的两位奠基者卡尔·马克思和马克斯·韦伯早已预见到人与自然的关系可能面临的危机。随着人类全面进入工业时代,技术进步使环境问题逐渐凸显,引发了更多的社会学家对工业化的强烈批判。进入后工业时代,一些社会学家开始探讨现代化进程中出现的环境风险及其对策。这使环境问题在社会学领域的讨论更加多元丰富,逐渐形成了独立的环境社会学。生态现代化就是环境社会学中的一个理论分支,该理论聚焦于如何在现代化进程中应对环境污染与生态退化。

(一) 古典社会学对环境问题的初探

环境问题是指人类活动造成的生态环境质量下降,引发环境污染和生态破坏。环境问题直到工业时代才逐渐显现,在前工业时代,则多半是由自然因素导致的自然灾害或自然现象。这一时期,基于对自然的"人格化"的理解,天灾常被视为"神意"的表现,人类早已对自然灾害习以为常。工业时代,通过科学技术,人类实现了对自然界一定程度上的驯化,并打破了自然独立于人类存在的局面。"在人类的干预下,自然逐渐消解,'环境'始得谈及"[1],环境与人类活动互为因果才逐渐被发现和讨论。现代意义上的环境问题,即人类活动导致的环境问题,被认为是"二战"后科技进步与产业发展的结果,[2]是工业化的副产品。"工业主义构成了人与自然发生作用的主轴线"[3],工业革命带给西方国家两百年的飞速发展,也造成了环境污染与资源退化。20世纪中叶,全球劳动分工的扩张带来了世界范围内工业化的区域分化,许多发展中国家逐渐参与全球劳动分工,从农业国家转变为工业国家。21世纪以来,伴随一些发达国家"去工业化"的是发展中国家与第三世界国家的"工业化",[4]环境污染与生态危机

---

[1] [德]乌尔里希·贝克、[英]安东尼·吉登斯、斯科特·拉什:《自反性现代化——现代社会秩序中的政治、传统与美学》,赵文书译,商务印书馆2014年版,第98页。
[2] 参见叶俊荣:《环境政策与法律》,台北,元照出版有限公司2010年版,第138页。
[3] [英]安东尼·吉登斯:《现代性的后果》,田禾译,译林出版社2000年版,第53页。
[4] 参见[英]安东尼·吉登斯:《现代性的后果》,田禾译,译林出版社2000年版,第66页。

在这一进程中也逐渐弥漫全球,造成持续性、全球性及不可逆的危害后果,并且,很多环境问题涉及人类的科技水平所不能解决的未知风险。因此,现代社会的环境问题成为自然科学和社会科学所共同探索的领域。在社会科学领域,社会学是较早分析和讨论环境问题的学科之一,在工业化初期,古典社会学家就对人类社会如脱缰野马般的科学发展与技术进步对环境的潜在影响发出过警示。

古典社会学三大家之一的马克思在对资本主义经济制度的批判性分析中提出的"异化"概念包含了人与自然关系的异化。马克思认为资本主义的劳动力商品化刺激着科学技术的进步,进而源源不断地为工业化输送血液。社会分工的扩大和科学技术的进步,不断增强人类对自然的驾驭能力,使原始社会中"人异化于自然"转变为现代社会中"人异化于技术"和"人异化于市场"。[①] 环境问题便是资本主义经济制度下人异化于技术和市场的结果,进一步加重了人与自然关系的异化。古典社会学三大家的另一位思想巨擘马克斯·韦伯提出现代社会的经济行为受一系列形式合理的制度性条件驱动,如可计算的生产技术、高效的行政管理、机械理性的司法等,目的是追求利益和效率的最大化。韦伯将利益驱动行为与社会行为结合起来,创建了一个新的概念"社会经济学",将社会的维度引入经济行为的分析。[②] 通过这一视角,韦伯对经济行为提出了价值伦理的拷问,产生了"形式理性"与"实质理性"的区分。他认为"理性化"促使现代社会的经济行为陷于形式理性的"牢笼",这一方面使市场和企业更加专业化和高效,但另一方面却削弱了人们对价值观和信仰等实质理性的关注,对社会造成了一些负面影响。韦伯所谓的"实质理性"并没有明确的内涵与范围,但其包含着对经济行为的某种伦理要求,即以价值合理性和目的合理性来衡量经济行为的结果。[③] 这种"伦理要求"无疑包含着人与自然和谐关系的"生态伦理"价值,现代社会以形式理性为导向的经济行为缺乏对生态伦理的回应,对社会造成的负面影响之一就是环境问题。

(二)后工业时代社会学对环境问题的反思

20世纪中叶,西方国家在渐次完成工业化之后进入了"后工业社会"。在

[①] 参见[英]安东尼·吉登斯:《资本主义与现代社会理论——对马克思、涂尔干和韦伯著作的分析》,郭忠华、潘华凌译,上海译文出版社2013年版,第279—281页。

[②] 参见[瑞典]理查德·斯威德伯格:《马克斯·韦伯与经济社会学思想》,何蓉译,商务印书馆2007年版,第9—11页。

[③] 参见[德]马克斯·韦伯:《经济与社会》(上卷),林荣远译,商务印书馆1997年版,第107页。

工业社会向后工业社会的过渡时期,以人类改造自然的技术手段为主轴的社会结构被以科学和理论知识为主轴的社会结构所取代。[1]这一时期,一些社会学家深入地反思了工业社会的环境危机,揭示其根源与矛盾。美国社会学家巴里·康芒纳指出环境危机源于技术革新,"'二战'以来美国的环境污染源于农业和工业生产及交通运输上的技术革新"。[2] 不断膨胀的非理性的技术力量刺激和加剧了人类的物质需求,打破了生物圈原有的物质、能量和营养的循环,使生命走向了直线性的自我毁灭的进程。美国社会学家艾伦·施耐伯格更进一步指出资本主义体制下技术进步与环境资源的关系可能会陷入一种恶性循环。艾伦认为生态系统中的各种生物与环境之间通过食物链、能量流动相互作用,各种生物在满足自身需求的同时产生剩余的资源和能量,这种剩余能量在不同物种之间传递。当某个物种的数量超出了它的生态角色所需,剩余能量就会被转移到其他物种中,从而维持整个生态系统的平衡。同样地,社会和经济系统在利用环境资源以满足人类需求的同时也会创造出剩余资源,但是社会和经济系统对剩余资源的产生和分配并不均衡。出现这种差异的原因在于,社会和经济系统对自然资源的利用受技术创新和人类社会组织形式的影响。[3] 其中,技术进步使得自然资源的利用更加高效,从而产生了更多的剩余资源,但这同时也刺激了人们的消费需求,并增强了社会扩大投资和生产的内生动力,消费需求的提升以及投资和生产的扩大都需要更多的资源,最终导致自然资源过度消耗,环境问题频繁发生。

20世纪70年代,一些学者从马克思主义的角度分析和讨论环境问题,形成了生态学马克思主义的思潮,他们主张生态危机是继经济危机之后,资本主义面临的第二重危机,而这种危机又根源于资本主义制度,以及这种制度带来的科学技术的非理性运用、消费主义的文化价值观。传统马克思主义分析和批判了资本主义的生产力与生产关系的矛盾,并主张这一矛盾会引发革命,但生态学马克思主义者认为资本主义已经设法将矛盾转移到了消费领域,出现了生

---

[1] 参见[美]丹尼尔·贝尔:《后工业社会》,彭强编译,科学普及出版社1985年版,第1—5页。
[2] [美]巴里·康芒纳:《封闭的循环——自然、人和技术》,侯文蕙译,吉林人民出版社1997年版,第4页。
[3] See Allan Schnaiberg, *The Environment: From Surplus to Scarcity*, Oxford University Press, 1980, p.18－21.

产力及生产关系与生产条件的第二重矛盾。现代社会凸显着异化消费的现象,即消费不再只是为了满足个人需求的行为,受媒体广告的操控,人们从事着超过自身需求的消费行为,以补偿其受强制协调的劳动生活。① 维持工业增长速度既需要强制协调的劳动,又需要一种无止境的消费,随之而来的就是环境危机。资本在应对环境危机方面的一种惯常的方式就是改变生产条件,如通过技术创新提高资源利用效率,另一种方式是生产条件再生产的社会关系的改变,如对自然资源使用的管制和计划,②但是受资本主义追逐利润、扩大生产的逻辑所制约,技术创新可能为资本主义所服务,并不一定会解决环境问题。而且,这两种方式会加大技术官僚的集中决策,弱化民主参与,反而增加环境风险和资源耗费。生态学马克思主义者对根源于资本主义的环境问题提出的解决方案是走向"生态学社会主义",使商品的交换价值从属于使用价值,按照需要而不是按照利润组织生产,并且有计划地缩减工业生产,实行一种可持续性的、与生态环境相协调的"稳态经济",并通过生产过程的非官僚化和技术的分散化,使生产过程民主化,将强制协调的劳动变为劳动者自主参与和管理的劳动,减少个人对消费的依赖,最终,放慢工业化的速度,以缓和生产与生产条件之间的矛盾。

(三)环境问题的风险性和不确定性

著名的德国社会学家贝克在1986年提出了"风险社会"的概念,并运用这一概念对环境问题进行了全新的解释。人类在取得了工业化和科学技术等现代化成就之后,无意识地进入了一个风险和矛盾的发展阶段,即风险社会。"风险社会不是政治争论中的可以选择或拒斥的选项,它出现在对其自身的影响和威胁视而不见、充耳不闻的自主性现代化过程的延续性中。"③环境问题就是自主性现代化在实现物质丰富和科技进步的过程中所产生的风险,这一风险实质上代表着人类行为影响自然环境的不可知性。这种不可知性随着现代科技的发展非但没有缓解,反而有加深的迹象。具体而言,人类用以改造自然的技术和工具对环境的影响逐渐暴露出复杂性和不确定性,而且,随着专业分化,

---

① 参见[加]本·阿格尔:《西方马克思主义概论》,慎之等译,中国人民大学出版社1991年版,第493—499页。
② 参见[美]詹姆斯·奥康纳:《自然的理由——生态学马克思主义研究》,唐正东、臧佩洪译,南京大学出版社2003年版,第269—270页。
③ [德]乌尔里希·贝克、[英]安东尼·吉登斯、斯科特·拉什:《自反性现代化——现代社会秩序中的政治、传统与美学》,赵文书译,商务印书馆2014年版,第10页。

面对系统性风险时,科学知识和专家系统也往往不能解释、无法预测,这非常容易导致人类对自然环境的控制与干预产生一种"人为的风险"。[1] 科学知识本身存在"无知"的面向,导致现代化过程犹如一场实验,"因无法将实验的结果控制在一定的参数范围内,现代性的实验性又明显异于一般的科学实验,而更体现为一种冒险,所有人无论是否乐意都得参加"[2]。揭示环境问题所凸显出的风险面向并不意味着现代社会在面对环境问题时无能为力。在贝克看来,现代性的一个重要发展就是随着现代化程度的加深,其自主性的力量逐渐消解,并开始动摇现代化本身,即现代性的自反性。工业社会越是促进现代化的发展,工业社会的基础(如技术、生产和消费)就会越发被侵蚀和改变。当代西方国家正在经历的"去工业化"可以被视为现代化自反性的表现,工业社会衍生的环境问题正在不断地促进工业化生产结构的改变。因而,因环境问题的出现而反现代化、反生产力、反资本主义并没有什么意义,工业化推动和实现的现代化具备超越其本身的动力和能力。

德国社会学家尼古拉斯·卢曼认为,人们总是将现代化中不断出现的危害归因于先前的决定,但其实这一因果关系的简单化约才是风险的来源,而相应的妨害行为也不可避免产生风险,亦即"当决定本身是有风险的,为安全作出的决定也是有风险的"[3]。卢曼运用"社会系统论"的方法对环境问题作出分析,在这一视角下,社会在应对环境问题上充满了不确定性。系统论主张现代的社会系统按照功能的不同而分化为政治、经济、法律等次系统,每个次系统都在运用自己的逻辑和方法解释和建构社会,如法律系统以"合法/非法"的逻辑来解释和建构社会,其中,"合法/非法"的逻辑被卢曼称为"符码",每一个次系统都有自己独一无二的符码,各次系统按照自己的"符码"自主封闭地运作。正是这独一无二的符码将每一个次系统与其他次系统分割开来,其他次系统构成该次系统的环境,次系统和环境之间在影响和信息交换上保持着开放性。又如,一项行为或技术在法律系统中是以"合法/非法"来观察和区分,而在科学

---

[1] 参见陈嘉明:《现代性与后现代性十五讲》,北京大学出版社2006年版,第248页。
[2] [德]乌尔里希·贝克、[英]安东尼·吉登斯、斯科特·拉什:《自反性现代化——现代社会秩序中的政治、传统与美学》,赵文书译,商务印书馆2014年版,第76页。
[3] [德]G.克内尔、[德]A.纳塞希:《卢曼社会系统理论导引》,鲁贵显译,台北,巨流出版社1998年版,第224页。

系统中则以"真/伪"观察和区分,在经济系统中以"利益/不利益"观察和区分。如果科学系统通过观察将一项技术的致害性评价为"真",那么这会对法律系统产生激扰,进而法律系统会运用自己的符码将运用该项技术评价为"非法"。但是,如果经济系统将该项技术评价为"利益",那么可能会对法律系统产生更为复杂的激扰。总而言之,每一个次系统都会在例外的情况下受到环境(其他次系统)的激扰,进而对自身做出调整以适应环境的变化。卢曼用物理学中的"共振"概念形象地描述了这一现象,每一个次系统都有其内在的循环结构和功能,以便维持自身的运作和自我再生产,这类似于物理系统特有的振动频率,当某一个次系统的内在循环结构与环境中的某些因素产生共鸣时,该系统可能会被激扰和影响,类似于共振现象会增加物理系统的振幅。[1] 但是,社会系统中的共振并不总是发生,而且,次系统与环境很少会有恰如其分的"共振",共振不是过多就是过少。[2] 气候变化就是一个典型的社会系统共振过少的领域,科学系统通过观察将"人为温室气体排放导致气候变化"区分为"真",而经济系统通过观察将排放温室气体区分为"利益",这向法律系统反馈了相矛盾的信息,既要限制温室气体排放,又不能限制温室气体排放,因此,法律系统欠缺管制温室气体排放的制度措施。总之,按照任意一个次系统的符码所做出的合理区分未必在其他次系统同样合理,次系统运作的封闭性与认知开放性会使得社会在应对气候变化的问题时存在既合理又不合理的悖论,因此,社会在应对气候变化问题上充满了不确定性。

　　古典社会学时期以来,社会学对环境问题的讨论呈现出一个鲜明的特点,即反现代主义,环境问题是现代化过程中产生的,而对于解决环境问题,现代化是无能为力的,只有通过改革工业化进程,弱化技术理性和自由市场的影响,环境问题才有望得到解决。

二、生态现代化理论的环境变革

　　生态现代化理论是 20 世纪 80 年代在德国形成的一种理论学说,该理论对

---

[1] 参见[德]尼可拉斯·卢曼:《生态沟通:现代社会能应付生态危害吗?》,汤志杰、鲁贵显译,台北,桂冠出版社 2001 年版,第 27—28 页。
[2] 参见金自宁:《现代法律如何应对生态风险?——进入卢曼的生态沟通论》,载葛洪艺主编:《法律方法与法律思维》第 8 辑,法律出版社 2012 年版,第 213—215 页。

解决环境问题的看法和立场与古典社会学时期以来的悲观论调截然相反,该理论的核心主张是环境变革,即环境治理需要对工业社会进行必要的变革,但这种变革并非要推翻现代化的模式和路径,而是利用现代社会的技术创新、市场化和信息化的力量推动环境变革。

(一)以技术创新推动现代化的"生态化"

生态现代化理论是在社会学广泛讨论环境问题的背景下形成的一种理论,其与风险社会理论在同一时期形成,但相比风险社会理论,生态现代化理论对现代化持有更加乐观的立场和态度,相比生态学马克思主义,生态现代化理论对新自由主义青睐有加。首先,生态现代化理论在环境问题上拒斥悲观的宿命论,反对环境危机是现代化进程不可改变的后果,相反,环境危机为现代化超越自身的局限性提供了契机。其次,生态现代化理论反对经济与环境相对立的传统观点,坚持经济与环境可以并行不悖,但是条件是在现代化的技术、市场和工业化的发展中纳入生态环境因素的考虑。具体而言,将环境保护的目标植入生产和消费领域,在经济政策的制定过程中充分考虑环境风险和影响。

生态现代化理论的最初构想源于德国20世纪70年代的绿色技术理念。1975年,德国社会民主党的政策学家沃尔克·豪夫与弗里兹·沙普夫提出技术政策可以撬动工业化的转型,这一理念便奠定了后来的生态现代化理论,并得到了当时德国执政党的接受。[1] 在同一时期,一些国际环保机构与国际非政府组织的研究与传播也极大影响了生态现代化理论的形成。1970年后,联合国环境规划署(UNEP)和经济合作与发展组织(OECD)在国家环境治理的研究中提出了从传统的政府管制向预防性措施以及经济政策生态化的思路转变,呼吁国家在经济的整体布局中优先考虑保护环境与防范生态危害。[2] OECD在1979年通过了《预期性环境政策宣言》[3],敦促成员国在经济战略与政策的制定中纳入环境因素的考量,促进政府在经济发展与环境保护上的思维转变,这些行动对生态现代化理论的基本立场和内容的形成发挥了很大的促进作用。

---

[1] 参见郇庆治、[德]马丁·耶内克:《生态现代化理论:回顾与展望》,载《马克思主义与现实》2010年第1期。

[2] See Maarten A. Hajer, *The Politics of Environmental Discourses: Ecological Modernization and the Policy Process*, Oxford University Press, 1997, p. 95 – 99.

[3] Declaration on Anticipatory Environmental Policies. C(79)121/ANN, May. 18, 1979.

在"现代化"的"生态化"的具体实现路径上,生态现代化理论的学者持有一种"技术乐观主义"的立场。20世纪80年代,德国社会学家约瑟夫·哈勃首次提出"绿化工业"的概念,他认为生态学的原理必须被转化为工业界可操作的技术标准,避免创造一些如"美丽自然""绿色未来"等含混的概念。① 同年,柏林自由大学环境政策中心主任马丁·耶内克在其承担的"作为生态现代化和结构性政策的预防性环境政策"研究中首次提出了生态现代化的概念。② 生态现代化理论最初强调技术创新是应对环境问题的动力,这一点是生态现代化的理论构想阶段的核心内容。③ 现代国家在资本与市场的驱动下,技术创新成为衡量国家竞争力的核心要素。生态现代化理论的学者清楚地认识到资本、市场与技术这三股强劲的力量难以撼动,既然如此,倒不如扭转资本、技术和市场的发展方向,让它们为生态环境服务,以缓解现代化中的环境风险。生态现代化概念提出后,在德国柏林受到广泛关注和讨论,并形成了坚持绿色技术和市场机制的环境政策的"柏林学派"。④ 该学术团体为生态现代化理论进一步影响和渗透德国的立法和政策实践作出了贡献。

生态现代化的概念和理论构想一经提出就受到一些质疑和批判。英国学者墨菲与班德尔称,"环境问题被生态现代化理论的学者视为克服经济增长不可持续的技术问题,但他们并未揭示环境所涉及的现有经济制度的根本问题,只是将环境污染看成了发展清洁技术的利益契机"。⑤ 生态现代化的最初理论构想将环境问题归咎于技术问题,并未涉及体制和制度问题的讨论,的确容易给人一种"技术决定论"的印象。在风险社会学理论看来,现代社会的科学技术存在极大不确定性,现代社会的技术官僚与专家系统也极难信任,生态现代化理论将环境问题的解决寄希望于技术官僚难以令人信服。这些批判和质疑使生态现代化理论的学者最终不得不反思与调适其"技术乐观主义"的偏狭

---

① 参见曾思育编著:《环境管理与环境社会科学研究方法》,清华大学出版社2004年版,第129—130页。
② 参见朱芳芳:《生态现代化的多重解读》,载《马克思主义与现实》2010年第3期。
③ 参见[荷]阿瑟·莫尔、[美]戴维·索南菲尔德:《世界范围的生态现代化——观点和关键争论》,张鲲译,商务印书馆2011年版,第4页。
④ 参见郇庆治、[德]马丁·耶内克:《生态现代化理论:回顾与展望》,载《马克思主义与现实》2010年第1期。
⑤ Arthur P. J. Mol, *Environmental Reform in the Information Age: The Contours of Informational Governance*, Cambridge University Press, 2008, p.66.

视角,①进一步深入地探讨环境问题的体制和机制问题。

(二)环境保护的结构性变革

20世纪80年代之后,生态现代化理论从单纯地主张绿色技术,迈向了对结构性变革的思考。"技术革新"被认为是弱势(经济—技术型)生态现代化,而结构变革则表现为强势的生态现代化。②柏林科学研究中心的西蒙尼斯教授通过对比和分析工业化国家在环境影响下所作出的经济战略与政策的调整,归纳出生态现代化理论的三项策略:"经济结构转变""预防性的环境治理""生态导向的经济政策"。③首先,就经济结构转变而言,具体包括减少高耗能、高污染的经济部门,提高资源利用效率。西蒙尼斯教授比较了31个工业国家,超过半数的国家已改变依靠大量资源投入维持经济增长的模式。在这些进行经济结构变革的国家,排放明显得到控制,环境得以改善,而且一些国家出现了环保零投入的情形。可见,经济结构改变产生了控制和预防环境污染的效应。其次,环境保护由传统的末端治理模式向预防治理模式转变。传统的末端治理模式存在明显的不足,如对环境污染反应迟滞导致损失损害扩大,有时会产生不可逆的后果。同时,末端治理往往依赖于政府公力补救和污染者偿付,不仅救济力度不足,而且常常滋生污染者与管理主体的串通与腐败,虚置环境保护的目标。预防治理模式强调以预防性手段在环境风险的源头上对可能产生的危害后果进行评估、预测并有效防范,更加富有成效而且更具成本优势。最后,生态导向的经济政策。在经济政策的制定上,应当改变传统的唯增长可持续化、唯利润最大化的观念,将生态平衡与环境可持续嵌入经济政策的目标中。例如,经济增长将不再只评估国内生产总值,环境因素也应当被纳入。在这方面,OECD曾有过卓越的贡献,自20世纪80年代以来,OECD通过对"可持续发展的经济学"的研究,将联合国确立的可持续发展原则系统化为完整的绿色经济发展理论,④促进了成员国在经济政策的制定上纳入生态和环境因素的考

---

① 参见[荷]阿瑟·莫尔、[美]戴维·索南菲尔德:《世界范围的生态现代化——观点和关键争论》,张鲲译,商务印书馆2011年版,第25页。

② See Peter Christoff, *Ecological Modernisation, Ecological Modernities*, Environmental Politics, Vol. 5:3, p.476-500(1996).

③ Udo E. Simonis, *Ecological Modernization of Industrial Society: Three Strategic Elements*, International Social Science Journal, Vol.41:121, p.347-361(1989).

④ 参见郇庆治:《生态现代化理论与绿色变革》,载《马克思主义与现实》2006年第2期。

量。生态导向的经济政策也需要环境政策来驱动,环境保护要从管制思维转向经济思维,将生态破坏这一负外部性在经济活动中内部化以实现环境保护的成本优化。在环境政策的制定上,要实行自然资源定价与环境容量的课税和收费,即"生态核算",通过这种方式将环境资源的利用成本计入经济行为与活动中,可以实现西蒙尼斯教授所说的"经济中的生态自律"。

(三)环境治理中国家角色的转变

20 世纪 60 年代以后,一些欧洲国家将环境保护提升为一项政治任务,通过立法和政策的方式推动环境保护的组织化和制度化,实行"自上而下"环境管制模式,建成了"环境国家"(environmental state),[1]使政府在环境保护上包揽一切。但是,20 世纪 70 年代以后,"自上而下"环境管制模式的治理效能低下引发学者的批判和质疑。马丁·耶内克教授认为工业国家的"大政府"思维造成了工厂与政府的联盟,产生了官僚集权结构,从而扼杀创新,制造经济通胀,抑制环境保护的热情与积极性。[2] 英国环境政策学教授安德鲁·古尔德森与约瑟夫·墨菲将政府与工业的联盟称为"官僚工业混合体"。在他们看来,"环境国家"模式下,政府在环境问题上惯用的"末端治理"与"损害补救"手段和方式更符合官僚阶层与企业的共同意愿,[3]因而,这种模式下产生的环境政策和制度的路径依赖阻碍着更为经济有效的政策创新。不仅如此,传统的环境国家模式无力应对因果关系复杂的全球环境问题,如气候变化和生物多样性问题,运用传统的政府管制手段解决这些问题还会不断地制造出新的环境问题,导致环境治理的失败被视为政府的失败。

20 世纪 80 年代以来,受新自由主义思潮的影响,生态现代化理论的学者提出将传统的环境管制范式转变为环境治理范式,具体包括治理主体和治理工具的创新。第一,以"去中心化"或"去管制化"的环境治理模式取代传统的"自上而下"的环境管制模式,重塑国家在环境治理中的角色,将国家从环境资源的"管理者"变为环境利益的"协调者",借助公民社会和私人的力量,通过公私

---

[1] See Arthur P. J. Mol & Fredrick H. Buttel, *The Environmental State under Pressure: An Introduction*, Research in Social Problems and Public Policy, Vol. 10, p. 1 – 11(2002).

[2] See Martin Janicke, *State Failure: The Impotence of Politics in Industrial Society*, Penn State University Press, 1990, p. 20, 53.

[3] See Andrew Gouldson & Joseph Murphy, *Ecological Modernization and the European Union*, Geoforum, Vol. 27:1, p. 11 – 21(1996).

协作的方式在应对环境问题上形成"多元共治"的格局,使政府和污染者从以往的对抗关系变为合作与协商的关系。第二,运用产权、交易等私法治理工具。马丁·耶内克认为,"依靠政府对生产与消费的干预在很大程度上将遭受抵制,而市场化方案可以让环境问题在政治上更为容易地得到解决"[①],如利用市场机制的"风险传递"功能改变供需动态关系,即生产和消费所形成的信息反馈和循环有助于促进生产端的生态化;又如,实施环境资源的市场化机制,将环境资源的分配和利用价值反映在生产的成本与收益中,从而对经济主体产生保护生态与环境的激励。

(四) 环境流动及治理模式创新

20世纪90年代以后,生态现代化理论的发展之一在于通过引入信息社会学的分析视角,提出了环境流动和环境流动治理模式。计算机的发明被视为人类从工业时代进入信息时代的标志,在"工业社会转型何处去"的社会学讨论中,很多社会学家将目光转向了计算机和互联网带来的信息流动和网络空间,主张后工业社会是一个"信息社会",[②]信息生产成为新的生产方式,包括信息的接收、处理、反馈等一系列活动,新的生产方式及其对社会结构和形态的影响成为社会学的分析对象,产生了信息社会学。

在信息社会学的各种理论中,西班牙社会学家曼纽尔·卡斯特提出的"流动空间"(space of flows)理论对信息化的生产方式和社会形态作出了独特的观察和解释。卡斯特认为现代社会通过信息技术和网络通信技术建立了一个"流动的空间",个人、企业、组织、国家等任何可以接收、处理和反馈信息的"行动者"通过一系列彼此连接的通信中心或网络节点相互连接与互动,从事着有关资本、信息、技术、组织性互动、影像、声音和象征流动的活动。流动空间打破了传统工业社会中地方空间(space of places)[③]对经济、政治、社交等活动的限制,"地理临近性不再是社会互动的必要条件,社会实践开始跨越不同的地方

[①] [德] 马丁·耶内克、克劳斯·雅各布主编:《全球视野下的环境管治:生态与政治现代化的新方法》,李慧明、李昕蕾译,山东大学出版社2012年版,第9页。

[②] See A. S. Duff, *Daniel Bell's Theory of the Information Society*, Journal of Information Science, Vol. 24:6, p. 373–393(1998).

[③] 卡斯特提出的"地方空间"概念指的是地理临近性的界限内的地域所形成的空间,具有有形的地理位置和区域,如城市、乡村、街区等,地方空间是与流动空间相对立的概念,前者是传统社会中开展经济、社会活动的地理空间,后者指信息社会中进行信息传递的虚拟空间。

空间"①。流动的"去地域化"对社会形态产生了深刻的影响,第一,流动的全球化。通信中心和网络节点的相互连接形成了一个全球化的网络空间,借助全球化的网络空间,信息、资本等实现了全球化的流动。第二,流动的"去地域化"趋势下,国家对流动的控制和支配能力逐渐被削弱,国际组织、跨国企业、跨国行业协会、跨国民间团体等非国家行为体逐渐参与流动空间的秩序建构。英国社会学家约翰·厄里对全球化的流动做了进一步的观察和分析,他认为全球流动不局限于信息等社会性的流动,还包括人员、物品、货币、风险等物质性的流动,并且这些在不同时空中来回穿梭、相互交叉的流动是不可预测、不稳定、不可逆的。②厄里所谓的"风险的流动"就包含环境危机,在某一国家或某一地区从事的行为或活动所产生的风险经由技术、人员、信息的全球流动在不同国家和地区传播,最终在全球范围内产生不可逆、不可预测的后果。

生态现代化理论的代表人物荷兰瓦赫宁根大学社会学家阿瑟·摩尔教授和赫特·斯巴哈伦教授将流动空间理论引入环境治理领域,提出了"环境流动"的概念,在全球化的流动中对有关环境要素的一系列流动做出更加微观和具体的区分和观察。具体而言,他们认为全球化的流动在环境领域表现为两个方面,第一,环境物品和产品的流动,如水、能源、生物等环境物品的流动以及绿色产品、废弃物的流动,这些物质和资源在不同国家和区域的流动会对环境产生影响。第二,引发和伴随环境流动的社会关系和网络,主要是指生产和消费领域的社会关系、决策过程、行动者之间的互动等。③又如,在应对气候变化方面,国际组织、国家、企业和行业、科学家、非政府组织和公众均不同程度地参与了减缓气候政策的制定和实施,这些行动者在不同领域做出的行为和决策以及所建立的社会关系跨越所在区域互动和作用,共同形成了应对气候变化的跨国社会关系和全球网络,构成了当前应对气候变化的全球网络化治理体系。摩尔和斯巴哈伦等人认为全球化的环境流动极其复杂,超越了任何一个国家和政府的控制,催生了环境治理模式的创新,即双重混合治理模式。双重混合治理模

---

① 范叶超:《环境流动:全球化时代的环境社会学议程》,载《社会学评论》2018年第1期。
② 参见[英]约翰·厄里:《全球复杂性》,李冠福译,北京师范大学出版社2009年版,第74—76页。
③ See G. Spaargaren & Arthur P. J. Mol. et al., *Governing Environmental Flows, Global Challenges to Social Theory*, MIT Press, 2006, p. 5 – 6.

式包含两对范畴的混合,第一,社会性和物质性的混合,环境流动不仅涉及物质和资源的流动,还包括社会关系、政治、文化等社会性要素的流动,因此,环境治理应当处理好物质性和社会性相互作用的问题,如利用特定的自然资源和生物资源满足人类社会需求的同时,也要考虑其对自然和生态系统的作用而对其加以保护。第二,国家、市场、社会的混合。双重混合治理模式的另一方面指的是多主体、多层次的混合治理模式,国家在环境治理方面不再全知全能,企业等市场行为体以及非政府组织等公民社会均在一定程度上发挥着环境治理的作用,并且有了不同行为体合作与协作的治理模式。这种混合治理模式强调传统的国家、市场、公民社会的行为体和制度的区分已经过时,它们之间的界限越发模糊,难以区分,逐渐形成了一系列相混合的行为体和制度。[1] 全球化的环境流动催生着更加复杂的混合治理模式,国家、国际组织、跨国企业、跨国行业协会、跨国民间团体等行为体的互动和作用,产生了一种全球网络化治理模式。

三、生态现代化理论对碳市场的证成

吉登斯曾提出"经济敛合"是一种积极的、有活力的,与现有的价值观和政治目标重叠的气候变化政策,吉登斯也承认"经济敛合"在很大程度上是一个与生态现代化相类似的概念,[2]它们总体上坚持工业化与自由市场,在资本主义体制的框架内寻求环境问题的解决之策。从生态现代化理论的视角出发,碳市场机制是推动经济结构转变的管制型市场机制,是多主体参与、多层次治理的环境流动治理体系。

(一)经济结构转变的推手

所有的环境问题都与资源配置有关,根本上都是经济问题。就气候变化而言,造成气候变化的温室气体排放与经济发展指数呈现一种正相关关系。因此,相对其他环境问题,气候变化与经济发展的联系更为密切。当应对气候变化的限排减排措施被提出并直接指向工业各部门时,应对气候变化本身也陷入了危机。因为否认是逃避责任的最好借口,石油、化工行业的精英们以怀疑和

---

[1] See Arthur P. J. Mol, *Environmental Reform in the Information Age: The Contours of Informational Governance*, Cambridge University Press, 2008, p. 73 – 76.

[2] 参见[英]安东尼·吉登斯:《气候变化的政治》,曹荣湘译,社会科学文献出版社2009年版,第88页。

否认气候变化的态度表达他们的不满,他们在全社会散布气候变化的不实信息,威胁着应对气候变化行动和政策的地位。在一些国家内部,减缓气候变化的政治决策因为经济部门的利益冲突而长期止步不前。一些跨国公司"抱团"游说、威胁政治家,企图干预政府的决策,阻碍国家以及国际组织的决策力与行动力的情形也屡见不鲜。[1] 如此,气候变化问题实质上造成了政治与社会的撕裂与对峙。在政治层面,气候变化加剧了国内部门间利益冲突与政党立场不合,在国际层面形成了不同利益诉求的国家谈判联盟,加深了国际政治的多极化。在社会层面,气候变化放大了社会利益的多元化与差异化,导致减缓以及有助于减缓的社会力量难以整合。

温室气体减排与经济发展存在冲突与矛盾,但这种冲突和矛盾并非不可调和,将生态现代化理论适用于温室气体减排问题可以在一定程度上缓解温室气体减排与经济发展之间的矛盾与冲突。首先,转变工业化的经济发展模式。生态现代化理论提出"转变经济结构"以应对环境问题。在气候变化问题上,温室气体排放主要源于高耗能、高碳排放的产业和行业,而工业化的经济发展模式高度依赖这些产业和行业,因此,减少温室气体排放要减少高耗能、高碳排放的产业和行业,增加低碳排放的绿色产业和行业,推动工业化的经济发展模式向信息化的经济发展转变,既降低温室气体排放,又为经济发展寻找新的增长点。其次,节能减排的技术创新。生态现代化理论主张通过技术创新改变自然资源利用效率,温室气体排放主要源于传统化石能源的消耗,减少温室气体排放需要降低甚至摆脱经济发展对化石能源的依赖,如电力行业"去煤化"、交通运输"去油化"等,从而实现经济增长与碳排放脱钩,而"去化石能源"就需要能源利用效率和新能源利用的技术创新。最后,通过碳市场机制推动经济结构转变。生态现代化理论主张以市场机制推动经济结构转变,在温室气体减排问题上,需要以碳市场机制作为经济结构转变的推手。改变高耗能的产业结构和能源结构在一开始会因为成本过高而难以推行,因此,单凭政府干预和法律强制必然成效甚微,需要实施环境资源的经济诱因型管制模式,以经济诱因驱使经济主体调整生产、投资的领域和模式,推动经济结构的转变。在应对气候变化

---

[1] See Peter Newell & Matthew Paterson, *A Climate for Business: Global Warming, the State and Capital*, Review of International Political Economy, Vol. 5:4, p. 679 – 703(1998).

问题上,碳市场机制就是典型的经济诱因型的管制模式,其不仅可以对经济结构的转变起到助推作用,还能够让减排更加经济可行。一方面,国家对温室气体排放进行总量管制,设定减排总量目标,确立减排主体,分配减排指标,明确减排责任。另一方面,围绕减排目标和指标设立碳排放权,允许减排主体结合自身需求转让碳排放权。碳排放权在转让过程中会形成一种价格信号,对于减排主体而言,这就是驱动其改变行为模式的经济诱因。减排主体会在生产和经营中考虑减排的成本,并将其与潜在的收益进行比较,基于成本收益的计算,减排主体会作出符合自己利益的选择。当减排成本低于碳排放权的价格,减排主体必然会积极主动地减排,在这种情况下,它不仅可以出售多余的碳排放权换来额外收益,还可以通过技术升级提高自身的竞争力。碳市场机制还会让高耗能、高碳排放的产业和行业的碳排放成本显著提升,相应地,低碳产业的成本优势逐渐显现,长此以往,一些高耗能、高碳排放的传统行业会被逐渐淘汰,如此,各行各业会"自下而上"地推动全社会经济结构的转变。因而,从生态现代化理论的视角下,碳市场机制是经济结构转变的润滑剂,变减缓阻力为动力,有利于整合温室气体减排的经济力量。

(二)碳流动治理模式

从环境流动的视角来分析,气候变化问题可以被视为全球碳流动问题。碳流动可以被理解为温室气体在地球环境和生态系统中的流动和迁移的过程,一方面,人类和其他生物的温室气体排放是碳排放源的流动,可以称为碳源流动;另一方面,海洋、森林等自然资源和生态系统对温室气体的吸收是碳汇的流动,当碳源流动超过了碳汇流动,扰乱了温室气体在生态系统中的自然循环,就会产生气候变化的问题。伴随着能源、运输、加工等高碳密度产业链的全球分布,跨国家和跨企业的生产和销售网络使得碳源的全球化流动逐渐活跃,一种产品的碳足迹可能来自不同国家和区域。碳源的流动源于跨企业和跨国家的生产和销售网络,那么应对之策就是在生产和销售网络中植入控制碳源流动的目标和措施,显然,任何一个国家或经济部门都无法单独做到这一点,促进跨国家和跨企业的生产和销售网络的低碳变革需要建立一种碳流动的网络化治理体系。

碳市场是一种碳流动的网络化治理体系,首先,碳市场是碳流动治理的一种模式,碳市场是通过碳交易的方式协调和管理碳流动的工具,碳交易本身就是一种碳流动,通过交易碳排放权实现碳源的流动,碳交易是为了让碳源的流动更加经济高效,根本目的在于限制和管控碳源的流动。其次,碳市场具有多主体参与和多层次治理的特征,是一种网络化的治理体系。第一,多主体的参与。碳市场通过制度设计将政府、控排企业、核查与监测机构等不同主体串联在一起,建立起了一个管控碳源流动的网络化治理体系。政府制定减排目标和排放总量目标,控排企业承担减排义务,二者是碳排放管控活动中的直接权力主体和责任主体。但是,在排放管制的具体实施上,政府会将一系列具体的行为和活动授权相关主体来实施,如政府授权相应的第三方机构负责碳排放的监测、碳排放量的核算、碳排放量的核查等,将它们也纳入碳流动治理体系中。不仅如此,碳流动治理的每一环节和每一项活动也并不是由相应的机构单独完成,需要不同机构协作完成,如碳排放的监测需要不同的政府部门提供用以估测排放量的数据,诸如,能源部门提供相应的能耗数据;气象部门提供相应的气温和气象数据;统计部门提供人口、经济和生产的数据。监测活动还需要科研院所对监测技术和方法、气象数据和模型开展研究以支持排放监测和模拟,还需要控排的企业和行业对排放数据进行报告以协助监测。因此,碳排放的管制需要多主体的参与,不同的行为体是网络化治理体系中的不同节点,在不同的环节分工协作,相互配合共同进行碳流动的治理。现实中,碳流动的治理网络不断延伸,如碳金融衍生品的出现代表着投资主体和金融机构也被纳入碳市场的治理网络中。第二,多层次的治理。在国家和国际层面建立的碳市场通过协调国内、跨国以及全球的碳流动在多个层次管控碳排放。具体而言,《京都议定书》《巴黎协定》等国际气候条约建立的国际碳市场通过协调全球层面的碳流动从而对全球碳排放进行总体管控,同时,越来越多的国家建立的国内碳市场通过协调国内碳流动对本国的碳排放进行总量管控,而且,一些国家碳市场通过与国际碳市场相连接从而对跨国的碳流动进行协调。除此之外,一些跨国行业组织和协会、跨国公司通过建立行业或企业内部的碳交易体系来协调跨国的碳流动,如国际民航组织建立国际航空碳抵消与减排机制,国际海事组织建立航运碳交易体系等,微软、BP石油等跨国公司建立内部碳交易体系对位于不同国家和区域的子公司发挥碳排放管控的约束作用。这些不同层次的碳流动治理体系彼此交错和重叠,构成了碳流动的网络化治理体系。当前,《巴黎协定》第6条第2款所要推动的碳市场链接就是要进一步整合这种碳流动的网络化治理体系,统一治理规则和标准,提升治理效能。

(三)管制型市场机制

气候变化被斯特恩等经济学家视为"市场失灵",在解决市场失灵的问题上,传统的方法就是政府管制,通过政府介入资源的配置来解决市场配置资源的失灵。然而,在气候变化问题上仅仅依靠政府管制无法解决资源配置的失灵问题,因为,气候变化所涉及的是温室气体排放空间的配置问题,而温室气体排放空间的配置实质上就是生产和消费各环节中能源与资源的配置问题,其涉及面非常广泛,涵盖经济的各部门,同时,其所涉及的问题又非常分散,仅凭政府管制要么无效要么低效。首先,政府对碳排放的限制要同时考虑对经济增长和对全球温升的影响,这要求政府精确地计算不同行业和企业碳排放的私人边际成本和社会边际成本,进而对行业和企业设定不同的减排目标,否则,管制手段要么对气候变化无效,要么会不合理地抑制经济增长。然而,政府难以计算和考虑不同排放主体的减排边际成本的差异,因而,政府可能会以"一刀切"的方式对企业设定相同的减排目标,这会增加企业的生产成本,还会提高政府的管制成本。[①] 其次,单纯依靠政府管制还存在权力寻租和利益共谋的风险,不仅导致管制无效,还会滋生腐败。最后,传统的环境管制手段无法带来低碳社会的多元共治,反而容易固化气候治理上的"公私对立",企业会通过各种方式拖延立法,或者串通管制机构,影响法律与政策的实效。

从生态现代化理论的环境变革视角出发,政府管制和市场机制的结合就成为解决碳排放空间配置失灵的另一选择。碳市场机制就是政府管制与市场机制的结合,一方面,碳市场机制在运行前需要政府对控排主体设定总量减排目标,分配排放许可证,这是一种典型的公法手段,而且,在承诺期届满后,排放主体要向政府报告排放数据、清缴排放配额,以完成履约,这也是政府管制的体现。碳市场机制的运行过程中也包含公法性质的行为和活动,如排放许可证交易的监管、碳价的调控、碳排放权的核查,无一不体现出管制色彩,只不过相比许可和惩罚等手段,这些行为是一系列宏观的或辅助的手段,体现出"弱管制"的色彩,即在尊重经济规律和交易自由化基础上的管制。

[①] 参见罗小芳、卢现祥:《环境治理中的三大制度经济学学派:理论与实践》,载《国外社会科学》2011年第6期。

另一方面,碳市场机制保留了资本主义体制的核心要素,市场机制的逻辑贯穿其中。生态现代化理论在应对环境问题上持有一种"温和"立场,主张在保持资本主义体制不变的情况下通过调整生产方式和消费主义应对气候变化。因此,在应对环境问题上,资本主义体制的核心要素不仅不应该被消除和取缔,反而应当被发扬和运用。碳市场机制就是如此,将资本主义体制下的产权、自由交易、竞争和利润等要素适用于大气环境容量这一自然资源上,以实现资源的有效管理。具体而言,首先,通过产权制度将无价值的大气环境容量资源变为有限的、有价值的物,"资本主义使得所有事物的内在价值变为使用价值,进而是交换价值"①。在碳市场机制中,大气环境容量不仅因排放管制而具有了使用价值,并且因碳排放权的设立而成为一种商品。其次,建立碳市场机制,并且依靠法律保障市场的稳健运行,市场行为体之间的自由交易有助于实现大气资源配置的优化。与此同时,交易会带来利润,市场行为体对利润的追求恰好是维持碳市场机制的动力。最后,碳市场机制运用自由竞争和资本流动的逻辑对减排形成激励。资本主义鼓励自由竞争,竞争可以带来效率和创新,可以推动控排主体实现技术创新,实现主动减排。资本流动也有助于推动减排技术和创新的发展,并为那些愿意采取减排措施的企业提供激励。

因此,碳市场机制是公私手段混合的机制,是政府管制和市场机制的结合,可以称为管制型市场机制。"生态现代化理论信奉的市场机制不是消除政府作用的纯粹市场力量,而是通过政府干预纠正市场的失灵"②,在政府疲于应对市场导致出现环境问题的情形下,管制型市场机制被认为是更好的选择。首先,碳市场通过政府管制与市场机制的结合可以降低管制成本。管制型市场机制下,排放主体向政府报告排放数据,政府通过这种方式获知排放主体的减排边际成本,在信息交换上,这种"自下而上"的方式相比"自上而下"的方式显然成本更低,而且,这种方式可以避免"一刀切"的僵化,考虑不同排放主体边际成本的差异,从而进一步降低管制的成本。其次,通过市场交易来调节排放主体的减排成本,而不是单纯地依靠政府权力,能够对排放主体起到激励作用。

---

① 参见[英]迈克尔·S.诺斯科特:《气候伦理》,左高山、唐艳枚等译,社会科学文献出版社 2010 年版,第 228 页。
② 郇庆治:《生态现代化理论与绿色变革》,载《马克思主义与现实》2006 年第 2 期。

一方面,对私人边际成本较低的排放主体而言,通过出售碳排放权获得的收益可以弥补其主动减排产生的追加成本,在一定程度上发挥着政府补贴的作用,激励企业通过技术升级或使用清洁能源实现自主减排。另一方面,对于私人边际成本较高的排放主体而言,碳排放权可换来效益增长和缓冲的空间。虽然碳市场机制的运行过程仍然需要政府的管制,但政府的管制不再覆盖全过程,而只限于碳排放权的分配与总量排放的约束、对碳价格的监管以及对违约企业的惩罚。换言之,政府的管制行为主要目的在于启动碳市场并保障碳市场的稳定运行,在市场交易的灵活性以及政府权力的强制性的双重作用下,碳排放权在市场交易中所形成的价格信号会对排放行为产生约束作用。

第三章　国际碳市场机制的源起与争议

管制型市场机制被运用于环境治理的首个成功实践就是20世纪90年代美国国内实施的二氧化硫排污权交易机制,碳市场机制就是继这一成功实践之后,国际社会将管制型市场机制在应对气候变化问题上的运用。《联合国气候变化框架公约》和《京都议定书》确立了全球温室气体减排目标,并为缔约方分配了量化减排义务。碳市场机制作为缔约方履行减排义务的灵活机制确立于《京都议定书》,在其长达十年的运行期间引发诸多争议。

第一节　源起于减排义务的国际碳市场机制

一项国际制度的诞生与演变充斥着国家利益的博弈与斗争,国际制度演变史就是一部国家利益斗争史。国际碳市场机制的建立源于国际气候治理体系下国家利益的博弈与妥协。《联合国气候变化框架公约》为发达国家与发展中国家在减排义务和责任上建立了"双轨制"模式,在减排义务上,发达国家与发展中国家分别承担绝对减排义务和自愿减排义务,然而,这正是发达国家与发展中国家的主要分歧,是一些发达国家拒绝减排的关键原因。国际碳市场正是化解这一分歧的制度设计,是为了让发达国家接受绝对减排义务而由发展中国家作出妥协的产物。

一、减排议题与谈判难题

气候变化是全人类共同关切的事项,任何国家都难以独立应对,因此,应对气候变化属于全球治理的一部分,在应对气候变化的全球治理体系中,减排是关键的行动之一,也是国际气候谈判的核心议题之一,这一议题的形成归功于科学共同体的引导和影响以及国际社会推动气候治理的政治意愿。

(一)IPCC 对减排议题的影响

伴随着气候变化科学研究的开展与传播,气候变化的风险与后果进入了社会和公众的视野,科学共同体影响和改变了人们对风险的认知,也引导着社会和公众对于风险的讨论。在国际社会中,联合国环境规划署与世界气象组织联合创建的联合国政府间气候变化专门委员会作为气候变化领域最权威的科学共同体引导着国际社会对气候变化的关注和讨论,进而影响着国际气候谈判中的议题设置。

美国马萨诸塞大学教授彼得·M.汉斯将 IPCC 称为认知共同体(epistemic community),这是一类广泛存在于国际社会的组织,通过信息收集、知识生产与传播进而影响国家、跨国以及国际层面的法律和政策的形成与发展。"认知共同体的影响不仅体现在其对议题设置和国家利益的解释上,还表现在对规则的发展和标准的设置上。"[①]诸如国际贸易与发展委员会对世界贸易组织(WTO)规则的影响,国际臭氧趋势专家组对消耗臭氧层物质管制的国际规则的影响。IPCC 致力于气候变化的科学和政策的研究,通过数千位来自不同国家和不同领域的专家对气候变化的科学观测和定量分析,全面且直观地呈现了气候变化的紧迫性和现实性,从而强调了减排措施和行动的必要性,这极大地促进了国际社会对气候变化的关注,同时,IPCC 报告还包括关于温室气体减排的目标和策略的政策建议,塑造了国家对温室气体减排的利益认知,奠定了国际合作的基础。[②]此外,IPCC 报告所得出的结论在信息时代不断渗透至各行各业,其对气候变化影响与后果的分析与预测不断冲击和重塑公众的认知和意

---

① Emanuel Adler & Peter M. Haas, *Conclusion: Epistemic Communities, World Order, and the Creation of a Reflective Research Program*, International Organization, Vol. 46:1, p. 367–390(1992).

② 参见董亮、张海滨:《IPCC 如何影响国际气候谈判——一种基于认知共同体理论的分析》,载《世界经济与政治》2014 年第 8 期。

识,进而驱动着国家、社会以及个人采取减排行动。因此,在 IPCC 的科学报告和政策建议的影响下,"减排"成为国际气候谈判的核心议题,甚至国际社会围绕减排所制定的行动方向和计划以及各国所分担的减排义务无不在 IPCC 的影响下形成。

IPCC 在影响国际气候治理议题的同时,也进一步巩固了其在国际气候治理体系中的权威地位。在彼得看来,IPCC 这样的认知共同体并非完全的中立与客观,隐藏于 IPCC 科学性背后的政治性往往会被忽视。"在气候变化议题上,对于政治决策可资利用的知识尚不充分,IPCC 的创建有意限制单个国家通过自主科研引领这一议题。故此,IPCC 毫无疑问带有强烈的政治性,但这也使一些国家重新控制气候变化议题的科学进程。"[1]从组成人员上看,所有的专家由国家选派就已经表明 IPCC 的"不偏不倚"将很难实现。国家在主席团的选任、报告的同行评审以及报告的否决与通过上存在很多机会干预和影响。因此,不难想象 IPCC 报告所包含的监测数据与经济模型,以及专家预测与结论中,不可避免地存在着选择性的事实、主观臆测以及支离破碎的结论。因此,IPCC 在政治力量的隐形作用下,对减排议题和减排规则与标准的形成产生了深刻的影响。

(二)减排成为气候谈判的争议与难题

国际法律制度的形成主要有三种途径。其一,从双边到多边主义的模式。一开始由国家的双边条约确立,随着不同国家对同一事项和问题签署的双边条约不断增加,促使该事项和问题走向多边化、区域化和国际化,如国际投资与贸易规则和程序,从双边投资协定到区域性、国际性投资协定、从双边贸易协定到 WTO 规则体系的发展。其二,从单边到多边主义的模式。一开始由一个或几个国家的立法和实践确立,随后被其他国家借鉴和效仿,当绝大多数国家或特定的有影响力的国家制定同样的法律之后,会催生国际规则和制度的形成,如国际人权保护的规则与程序,最早源于法国大革命时期的《人权与公民权利宣言》,以及后来美国各州颁布的《人权宣言》。其三,多边主义模式,即直接由一项多边条约确立。这种模式常见于外空法、国际公域治理、应对气候变化等超越一国能力与范围之外的事项与议题。当然,这三类国际规则的形成仅限于有

---

[1] Peter M. Haas, *When Does Power Listen to Truth? A Constructivist Approach to the Policy Process*, Journal of European Public Policy, Vol. 11:4, p. 569 – 592(2004).

法律约束力的国际规则与制度,而不包括一些非主权性质的国际行业协会与组织形成的国际软法,如国际食品法典委员会形成的《国际食品标准》以及国际银行业通过的《赤道原则》等。通过多边主义模式确立的国际法律制度通常会对缔约方设立全新的义务,即这些义务对缔约方而言是比较陌生的,缺乏国内法律制度和实践的基础,因此,在条约的实施和义务的履行方面不可避免会对缔约方带来很大的负担,从而成为条约谈判和条约实施的难题。

气候变化的国际法律制度的生成路径所采取的就是多边主义模式,1992年里约环境与发展大会通过的《联合国气候变化框架公约》开创性地建立了国际气候治理的法律体系,其将减少温室气体排放确立为应对气候变化的两大核心制度之一。通过多边主义模式直接确立的温室气体减排法律制度就为缔约方增加了很大的负担,包括编制国家温室气体排放清单、制定和执行减缓气候变化措施、减排的技术合作和科学研究、减排的影响评估、减排的资金支持等,其中,制定和执行减排措施、提供减排资金支持是减排义务的核心内容,其对国家构成最直接的经济负担,因此,二者也成为国际气候条约谈判和条约实施的两个主要的争议点和难题。而且,气候变化是一个需要在相当的时间尺度和地域广度上判断的问题,并且这一问题需要运用跨学科和跨专业的方法和技能来定性,因此,气候变化具有大尺度的特性;同时,气候变化的影响和风险是难以确定的,并且对不同的国家和区域会产生不同的影响,因此,气候变化又具有高度的不确定性,[①]其大尺度和不确定的特性对国家应对气候变化的能力形成了挑战。1997年《京都议定书》就部分国家所承担的量化减排义务达成一致,并尝试在国际气候治理体系下建立一个"自上而下"的温室气体排放管制机制,以保障各国的减排措施和行动能够有效地实现减排目标。如此,从"制定和执行减排措施"这一泛化的减排义务向量化减排义务的转变,使国际气候治理体系对缔约方施以更强有力的约束,但也因此在条约谈判过程中成为最大的争议点,在条约生效后,条约又遭到很多国家的反对。

二、减排义务的谈判争议与国际碳市场机制的形成

《京都议定书》的通过无疑是全球气候治理进程中的里程碑事件,在《联合

[①] 参见叶俊荣:《气候变迁:治理与法律》,台北,台大出版中心2015年版,第22—23页。

国气候变化框架公约》通过之后,历经短短5年时间便形成了一项具有法律约束力的国际条约,并对国家设定了量化减排义务。但是,条约效力和谈判效率容易让人忽略缔约各方在条约谈判中的利益分歧和妥协、政治对抗和博弈,国际碳市场的诞生就是为保障发达国家的量化减排义务而由发展中国家所作出的妥协。

(一)减排义务的谈判冲突与共识

从《京都议定书》的谈判过程可以看出,全球气候治理议题最开始所形成的南北国家的"根本对立"逐渐褪色,代之以更为复杂多元的矛盾与冲突。无论是发展中国家还是发达国家内部均出现利益分化,一方面,在发达国家和发展中国家二元对立的阵营之外诞生了其他的集团和联盟,诸如发达国家下的伞形集团国家与欧盟,发展中国家中的小岛屿国家联盟(AOSIS),立场相近发展中国家(LMDC)。另一方面,发达国家与发展中国家也不再只是认识和意志的根本对立,它们之间逐渐产生了交叉重叠的共识。

1. 发展中国家的利益分化

发展中国家虽然一致坚持共同但有区别责任作为全球减排责任分担的原则与底线,形成了"77国集团+中国"(以下简称"G77+中国")的谈判集团反对和抵抗发达国家对发展中国家设定量化减排义务的任何策略与主张,有力地维护了"巴厘路线图"所确立的"双轨制"义务模式作为谈判的基础。[①] 但随着发展中国家内部逐渐加大的经济差距,不同国家有了不同的利益诉求。其一,石油输出国组织(OPEC)所代表的部分发展中国家强烈反对减排,任何减缓气候变化的政策与行动均会抑制对化石能源的消费,从而影响他们的经济利益,他们认为,若要纳入量化减排义务,就需要设立"赔偿基金",对石油输出国因减排遭受的利益损失予以赔偿。OPEC反对量化减排义务,从而与部分发达国家形成了有限的共识。[②] 其二,小岛屿国家承受着气候变化所带来的最大威胁,而且,他们改变和适应气候变化的能力非常脆弱,因此,他们认为世界各国应当迅即采取减排行动,不仅发达国家应承担量化减排义务,一些排放量逐渐

---

① 参见严双伍、肖兰兰:《中国与G77在国际气候谈判中的分歧》,载《现代国际关系》2010年第4期。

② See Herbert Gnaś, *The Kyoto Protocol as a Determinant of International Cooperation*, Polish Political Science Yearbook, Vol. 43, p. 251 – 274(2014).

攀升的发展中国家也应加入量化减排的队伍。小岛屿发展中国家的这一诉求与发达国家也达成了有限共识。发达国家虽然表面上接受共同但有区别责任原则,但他们始终认为中国、印度等新兴经济体也应承担量化减排义务。美国是持有这一立场的典型国家,美国克林顿政府[1]声明在主要的发展中国家"有意义地参与"之前,美国不会考虑批准《京都议定书》。[2] 美国认为,发展中国家的减排行动相对成本较低,为了降低全球减排的成本更要督促发展中国家及早减排。[3]

2. 发达国家的意见分歧

发达国家在气候谈判中主要形成了欧盟与伞形集团国家(Umbrella Group Countries)两个集团。他们对于量化减排义务与碳排放权交易的态度均存在分歧。以美国、日本、加拿大为主要成员的伞形集团国家强烈反对发达国家的量化减排义务,特别是美国,在克林顿的第二任期内,美国国会通过了"Byrd-Hagel 决议",声明"美国不会签署任何一项旨在以强制承诺方式限制或减少附件一国家温室气体排放的议定书,除非这样一项议定书对发展中国家施加同样的义务"[4]。虽然,这一决议只是以"参议院观点"(sense of senate)的形式作出[5],其并不具有法律效力,但该决议当时在参议院获得了全票支持,代表了参议院对《京都议定书》的立场和态度高度一致,即不认可《京都议定书》构成一项公平有效的应对气候变化的国际文件。[6] 最终,美国提出了其接受量化减排义务的条件:第一,建立一个国际碳排放交易体系,允许美国通过购买其他国家

---

[1] 事实上,克林顿在前4年(1993—1997)总统任期上对气候谈判有推动作用,但第二任期由于民主党在国会两院失去多数席位,占据多数席位的共和党反对批准《京都议定书》,进而后来退出《京都议定书》。

[2] *Implications of the Kyoto Protocol on Climate Change*, Hearing Before the Committee on Foreign Relations United States Senate, One Hundred Fifth Congress, Second Session, Feb. 11, 1998.

[3] Agus Sari, *Developing Country Participation: The Kyoto Marrakech Politics*, Hamburg Institute of International Economics, 2005, p. 2.

[4] Byrd-Hagel Resolution(S. Res. 98).

[5] 参议院观点是一种由美国会参议院通过的简单形式的决议,不需总统签署,不具有法律拘束力。Christopher M. Davis, "*Sense of* "*Resolutions and Provisions*, CRS Report for Congress, Order Code 98-825, Apr. 2007.

[6] See Jon Hovi & Detlef F. Sprinz et al., *Why the United States Did not Become a Party to the Kyoto Protocol: German, Norwegian, and U. S. Perspectives*, European Journal of International Relations, Vol. 18:1, p. 129-150(2010).

的减排指标来履行减排义务;[1]第二,主要的发展中国家有意义地参与。[2]

相比之下,欧盟是《京都议定书》下量化减排义务的积极推行者,欧盟以"区域经济一体化组织"的形式作出了量化减排义务的承诺,即在2008—2012年相比1990年降低8%的排放量,欧盟将这一总量目标按照经济发展的差异分配于各会员国。欧盟肯定量化减排义务的必要性,反对建立国际碳排放交易体系,坚持缔约方应该以国内减排行动为主。这源于欧盟成员国在环境问题的应对方面长期依靠"命令—控制"手段,在应对气候变化方面,欧盟成员国也倾向于运用排放标准与行政管制的手段。[3] 之后,各会员国国内的碳排放标准以及能源、产业、交通等领域的气候政策与措施在欧盟层面形成了"共同与相协调的政策与措施"(common and coordinated policy and measures),[4]由欧盟对会员国纷繁复杂的气候政策与措施予以调整。欧盟之所以在《京都议定书》下承诺了总体目标,也是为了在气候治理中仍然保留欧盟对成员国国内政策与措施的协调。总之,欧盟基于其成员国在应对环境问题上所形成的"制度惯性",也考虑到制度成本的问题,更加支持"量化减排义务"模式的管制手段,对美国提出的市场交易机制不太信任。

因此,欧盟和美国等国家在气候治理上并非完全的意志相投,至少在量化减排义务和碳市场机制上双方最初存在着根本的分歧,相反,欧盟坚持量化减排义务这一点倒是契合发展中国家对发达国家的期望,从而与发展中国家形成了有限的共识。

(二)国际碳市场机制的实践探索

《联合国气候变化框架公约》的"原则"部分明确,"应对气候变化的政策和措施应讲求成本效益,确保以尽可能最低的费用获得全球效益"[5],这就是"经

---

[1] See John H. Cushman, *U. S. Signs a Pact to Reduce Gases Tied to Warming*, New York Times (Nov. 13, 1998), http://www.nytimes.com/1998/11/13/world/us-signs-a-pact-to-reduce-gases-tied-to-warming.html.

[2] 参见庄贵阳、陈迎:《试析国际气候谈判中的国家集团及其影响》,载《太平洋学报》2001年第1期。

[3] See Chad Damro & Pilar L. Méndez, *Emissions Trading at Kyoto: From EU Resistance to Union Innovation*, Environmental Politics, Vol.12:2, p.71–94(2003).

[4] See Marianne Wenning, *EU Common and Coordinated Policies and Measures: A Way Towards Best Practices*, UNFCCC(Apr.13,2000), https://unfccc.int/sites/default/files/ecmw.pdf.

[5] 《联合国气候变化框架公约》第3条第3款。

济性减缓"的原则性规定,即减缓措施是有成本的,应尽可能降低成本,追求减缓的经济效益,国际碳市场机制就是实现经济性减缓的制度化安排,通过国家间的碳交易合作降低减排成本。

《京都议定书》建立了首个国际碳市场机制,包含国际排放交易机制、清洁发展机制和联合履约机制,其中,国际排放交易机制以排放配额为交易客体,该机制在实践上源于美国国内的二氧化硫排污权交易机制。清洁发展机制和联合履约机制以碳信用为交易客体,是依托减排项目的一类碳市场机制,减排项目在排放基准线以下实现的额外的减排量经过核证后所获得的碳信用也可以在碳排放交易市场中转让和交易,其在学理上被称为基线与信用机制或核证减排机制。基线与信用机制在实践上源于国家间的双边减排合作行动。1989 年在荷兰举行的一次主题为"大气污染与气候变化"的部长会议上,麦肯锡公司提交的题为"全球环境保护:基金机制"的报告中首次提出了国家间的双边减排合作行动,[1]通过在国家间开展减排项目或减排活动的合作,一国以其国内更高效的减排活动替代另一国国内的减排活动。这一构想在 1992 年《联合国气候变化框架公约》通过后逐渐受到关注,该公约在第 4.2 条规定了"联合履约",具体是指附件一缔约方在承诺了减排义务的同时,也应当与其他缔约方开展联合行动,使每一缔约方对减缓气候变化都有所贡献,[2]这种联合行动可以包括经济和行政手段。[3] 随后,国家间的双边减排行动在实践中逐渐出现,这种合作一开始并不进行碳信用的交易,也不受任何国际组织的监管,主要以国家的双边合作形式以及不同国家国内的公私实体的合作形式开展。

1995 年缔约方大会通过"在试验阶段共同执行的活动"的决议,[4]决定在附件一缔约方之间或附件一缔约方与非附件一缔约方之间,通过减排项目的合作履行减排目标,并将其命名为"共同执行活动"(Activities Implemented Jointly)。这与后来的联合履约机制非常相似,但存在明显区别。相似之处在于联合履约行动的参与条件与联合履约机制几乎一样,二者的根本区别是联合

---

[1] See Onno Kuik & Paul Peters et al., *Joint Implementation to Curb Climate Change: Legal and Economic Aspects*, Springer Science Business Media. B. V., 1994, p. 5.
[2] 参见《联合国气候变化框架公约》第 4 条第 2 款 a 项。
[3] 参见《联合国气候变化框架公约》第 4 条第 2 款 e 项。
[4] 5/CP.1,FCCC/CP/1995/7/Add.1,p.18-20.

履约行动并不只在发达国家间实施,而且也不包含碳信用的交易,交易被明确禁止,①不包含交易环节决定了共同执行活动不能被称为碳市场机制。即便如此,早期的共同执行活动为后来的"基线与信用机制"奠定了基础,包括参与条件等很多规则在后来的《京都议定书》中被保留了下来。

(三)国际碳市场机制的谈判分歧与博弈

国际气候谈判中存在一种权力差距,国家的温室气体排放量越大,其在国际气候谈判中的话语权越重。事实上,所有的国际环境条约的谈判都存在这一现象,国家在谈判中的制度话语权取决于其提供"公共物品"的数量和能力。在气候变化中,减排就是一项"公共物品",一国的排放量越大,减排空间越大,可以提供的"公共物品"就会越多,对于减缓气候变化的影响也就越大,该国在谈判中的话语权也就会更重。在《京都议定书》谈判的过程中,美国占全球25%的碳排放量,是全球排放量第一大国,基于1/4的全球排放占比,美国对整个谈判的影响非常深远,国际碳市场机制就是美国影响下的结果。

1. 围绕国际碳市场机制形成的谈判格局

量化减排义务是《京都议定书》所建立的最具有强制性的规则,但是,这一强制性建立在缔约方同意的基础上,即"任择强制性",如果相关缔约方拒绝加入《京都议定书》,那么这一规则也是空有强制性,而无约束力。因此,如何保证承诺了量化减排义务的发达国家接受《京都议定书》就成了一项难题,这既挑战着谈判各方的博弈能力,同时,也考验着缔约各方设计规则的智慧。国际碳市场机制是最终化解这一难题的方案,既反映了美国的制度话语权,又体现了缔约各方规则设计的智慧。

《京都议定书》的谈判过程中,国际碳市场机制一开始是在一个名为"限制和减少排放数量目标"(Qualified Emission Limitation and Reduction Objectives,QELROs)的非正式磋商小组内进行。② 该小组承担着《京都议定书》最有争议的"量化排放源的减少与汇的增加"议题的谈判。③ 非正式的磋商小组对一项谈判议题进行单独、预先的讨论,以尽量减少该议题在正式谈判中的争议与矛

---

① 5/CP.1,FCCC/CP/1995/7/Add.1,p.19.
② FCCC/AGBM/1997/CRP.3.
③ See Sonja Boehmer-Christiansen & Aynsley J. Kellow, *International Environmental Policy: Interests and the Failure of the Kyoto Process*, Edward Elgar Publishing, 2002, p.71.

盾。在这一磋商小组内,美国提出了以碳排放交易作为承诺量化减排义务的交换条件,但这一提议经 QELROs 小组呈送大会全体委员会时遭受 G77 和中国的强烈反对。1997 年 11 月 12 日的"京都议定书草案"的订正案文又确立了"排放交易机制"与"联合履约机制",这是国际碳市场机制最初的两项制度,前者允许《联合国气候变化框架公约》附件一缔约方之间自由转让和交易排放配额,后者则允许这部分缔约方通过减排项目合作转让核证减排量(Certified Emission Reductions, CERs)。① 然而,这两个条款均标有"77 国集团和中国要求删去本条"的脚注说明。欧盟对碳排放交易机制较为抵触,但对"联合履约机制"的态度较为迟疑。② 欧盟站在其会员国国内工业社会转型需求的立场上,倾向于推动一个目标雄伟的强制减排方案,此为欧盟接受《京都议定书》的基本前提。虽然,这一方案得到了很多发展中国家的支持,但在当时的情况下,建立一个没有美国参与的宏伟减排计划不符合全球减缓的现实要求。

欧盟、"G77 + 中国"均不认同国际碳市场机制,但它们在谈判中的具体立场却也存在差异。对于国际碳市场机制,欧盟虽然不认同,但是能接受,因为,国际碳市场机制并不会打破一项目标雄伟的强制减排计划,即不会推翻欧盟接受《京都议定书》的基本前提。而且,让美国加入《京都议定书》才能够实现目标雄伟的减排计划。换言之,为了争取美国的加入,欧盟可以接受国际碳市场机制。但是,对"G77 + 中国"而言,发达国家承担着量化减排义务,排放交易会使发达国家转嫁其减排义务,减损量化减排义务的有效性,因此,"G77 + 中国"极力反对国际碳市场机制。

由此,缔约各方围绕"国际碳市场机制"的议题形成了三足鼎立的谈判格局,即以伞形集团国家为代表的"行动派"、以欧盟为代表的"妥协派"以及以"G77 + 中国"为代表的"反对派"。在这一复杂的格局下,国际碳市场机制的诞生可谓"一波三折"。1997 年 12 月 7 日,在缔约方大会全体委员会形成的"京都议定书草案"中,国际排放交易机制与联合履约机制均列入其中,并且明确规定了适用条件与程序。随后,1997 年 12 月 9 日的订正案文进一步明确了排放交易机制的"分配数量单位"(AAUs)与联合履约机制的"减排单位"

---

① FCCC/CP/1997/2. Art. 6&7.
② 欧盟及其会员国表示"联合履约机制"可进一步协商。See FCCC/CP/1997/2, ft. 8.

(ERUs)。但1997年12月10—11日,中国与印度分别提案代表"G77+中国"重申反对,[1]而且,英国也在小岛屿国家联盟、赞比亚、菲律宾等几十个国家的支持下提议,"在缔约方大会制定出明确的碳市场规则和程序之前不应考虑通过该机制"[2]。于是,1997年12月10日的草案整条删除了"国际排放交易机制",只保留了"联合履约机制"。[3] 在谈判的最后关头,美国改变立场,同意国际排放交易的具体规则与程序暂缓于下一届缔约方大会讨论制定。因此,最终的订正案文[4]与正式的《京都议定书》在国际排放交易机制上大为缩水,只保留了一个条款的规定。

2. "有意义参与"与发展中国家的妥协

即便欧盟与主要的发展中国家对美国妥协,同意在《京都议定书》中纳入国际碳市场机制,但美国接受量化减排义务还有一个条件,即主要的发展中国家"有意义地参与"。事实上,美国对于何为"有意义地参与"并无明确的解释。如果说要求发展中国家承担同样的量化减排义务,显然违背共同但有区别责任原则。

(1)"有意义参与"的阐释

美国可持续发展研究中心认为"有意义地参与"并非意味着要将发展中国家纳入量化减排义务的行列,若能够提高发展中国家减排的可行能力,从而为这些国家承担量化减排义务奠定基础,也可以视为"有意义地参与"全球减缓。[5] 换言之,即便不能立即减排,那么至少为减排做好准备工作。具体而言,通过在发展中国家推行与实施那些发达国家所采用的"环境变革"的制度与措施来提高减排的可行能力,包括去除化石能源补贴、碳税和能源税、能源效率标

---

[1] See *Earth Negotiations Bulletin*: *A Reporting Service for Environment and Development Negotiations*, IISD (Dec. 13, 1997), p. 11, https://cetesb.sp.gov.br/veicular/wp-content/uploads/sites/36/2014/08/cop-3_ingles.pdf.

[2] *Earth Negotiations Bulletin*: *A Reporting Service for Environment and Development Negotiations*, IISD (Dec. 13, 1997), p. 12, https://cetesb.sp.gov.br/veicular/wp-content/uploads/sites/36/2014/08/cop-3_ingles.pdf.

[3] FCCC/CP/1997/CRP.6.

[4] FCCC/CP/1997/L.7/Add.1

[5] See *Meaningful Action*: *A Proposal for Reducing Greenhouse Emission & Spurring Energy Modernization in Developing Nations*, Christiana Figueres (Oct. 19, 1998), http://christianafigueres.com/publications/meanin6.pdf.

准与刺激措施、可再生能源的市场机制、森林碳汇等制度和措施。

但从现实来看,正处于工业化进程中的发展中国家存在实施这些制度与措施的障碍,包括技术与资金不足,以及更为严重的认知局限。政府并不认为环境变革能够在实现减排的同时保持经济增长,反而可能导致失业、经济下滑、能源价格上涨等。企业在缺乏利益诱导的情况下也不会自发地进行技术创新和升级。最终,经济发展的模式被高耗能的产业和能源结构锁入,政府关于经济增长与低碳排放相对立的认知也进一步被固化,形成一种恶性循环,那些正处于工业化进程的发展中国家依靠自身的力量打破这一恶性循环是有难度的。

国际碳市场机制可以提供一种制度化的干预,促进发展中国家改变认知局限、提高减排的可行能力,从而推动发展中国家更为有意义地参与全球减缓。具体而言,首先,国际碳市场机制有助于提升国家对碳流动的治理能力。国际碳市场机制包含碳排放监测、核查与报告规则、碳排放核算、碳排放的透明度、总量管制目标的设定、排放配额的分配与清缴、违约与惩罚等一系列管理碳流动的实体和程序规则以及技术规范和标准,这些是碳流动网络化治理的关键,是国家承担量化减排义务的基础条件,因此,发展中国家通过参与国际碳市场机制提高自身减排的可行能力,是对全球减缓活动"有意义参与"的体现。其次,国际碳市场机制会催生碳流动治理的国际软法的形成,进而推动碳流动的跨国治理体系的建立和完善。具体而言,国际碳市场机制可以促进跨国行业自律规范的形成和发展,跨国行业自律规范属于国际软法,对国家和国际组织制定的法律和条约规范发挥着补充作用,如"自愿碳标准"[1](Voluntary Carbon Standard, VCS)和碳披露项目[2](Carbon Disclosure Project, CDP)。这些软法规范相比条约的一大优势在于,其不需要主权国家的同意,利用市场的"风险传递"功能对企业的行为产生直接的约束,"这些软法规范使得企业为了获取公共信誉会采取自愿减排行动,带头解决气候变化的问题"。[3] 在产业链全球分布的总体趋势不变的情况下,跨国行业自律规范会影响任何一国的企业等市

---

[1] 自愿碳标准是国际排放交易协会与世界经济论坛2005年形成的碳排放相关的标准与规则,旨在促进国家、公私实体与公民社会实现气候行动目标与可持续发展。

[2] 碳披露项目是一个位于英国的国际非营利组织,协助企业和投资者披露环境影响和风险,帮助他们制定环境报告、风险管理,该组织在碳排放的信息披露和报告上形成了一系列规则与标准。

[3] Humphreys Stephen, *Human Rights and Climate Change*, Cambridge University Press, 2010, p.145.

场行为体,从而形成一种跨国的碳流动治理体系。发展中国家的企业也会被动地参与碳流动的跨国治理,在国际软法的影响下改变企业的认知和行为模式,从而"自下而上"地推动与影响国家低碳法律与政策的形成与发展,如,企业碳排放的信息披露、产品的低碳标示、高能效的技术标准等均会对国家整体性的环境变革产生潜移默化的影响,最终,这将促进国家有意义地参与全球减缓。

(2)"有意义参与"的争议与妥协

《京都议定书》的国际碳市场机制在谈判之初并不包括清洁发展机制,仅包括发达国家之间进行的排放配额交易的合作与碳信用交易的合作。在美国对发展中国家"有意义参与"的坚持下,缔约各方对"巴西议案"进行了一番调整,分解了联合履约机制,诞生了清洁发展机制,形成了发展中国家"有意义地参与"的制度化。

①发展中国家参与国际碳市场机制的争议

"G77+中国"在谈判之初对试运行的"共同执行活动"并不看好,[1]认为所谓"共同执行活动"只不过是美国等发达国家逃避量化减排义务的一种策略。欧盟对联合履约行动的看法非常保守,认为这样的行动应局限于承诺了量化减排义务的发达国家之间,[2]否则会因为碳排放转移而造成"碳泄露",失去量化减排的意义。

1997年3月,在"京都议定书草案"的提案与磋商阶段,谈判方的争论还未消除。缔约方的提案反映出各方对国际碳市场机制异常复杂的立场和态度。首先,就排放配额交易机制而言,仍有反对的缔约方,坚持发达国家履行减排义务应主要依靠国内行动。[3] 其次,就联合履约机制而言,一些缔约方仍然表示反对,[4]而赞成的缔约方在该机制的参与资格的问题上也持有不同意见:有缔约方坚持仅发达国家可以参与;[5]有缔约方主张任何国家都可以参与;[6]有缔约

---

[1] See Jacob Werksman, *The Clean Development Mechanism: Unwrapping the Kyoto Surprise*, Review of European Community and International Environmental Law, Vol. 7:2, p. 147 – 158(1998).

[2] See Javier de Cendra de Larragán, *Distributional Choices in EU Climate Change Law and Policy: Towards a Principled Approach?*, Kluwer Law International, 2010, p. 223.

[3] See FCCC/AGBM/1997/3/Add. 1. Apr. 22, para. 135.

[4] See FCCC/AGBM/1997/3/Add. 1. Apr. 22, para. 139.

[5] See FCCC/AGBM/1997/3/Add. 1. Apr. 22, para. 140.

[6] See FCCC/AGBM/1997/3/Add. 1. Apr. 22, para. 141.

方主张仅发展中国家可以参与;①有缔约方主张在发达国家之间或发达国家与发展中国家之间开展项目合作。② 参与资格的问题就引出了发展中国家能否参与国际碳市场机制的问题,也正是发展中国家"有意义参与"的问题。

②"巴西议案"与美国的影响

直到1997年7月,巴西的一次提案打破了这一争议。巴西提出设立清洁发展基金,资金源于违反减排义务的发达国家所缴纳的罚款。清洁发展基金用于资助发展中国家实施减缓气候变化的项目,基金受缔约方大会管理,每一个发展中缔约方在限额内自愿申请。③ 清洁发展基金的构想源于OPEC最早提出的"赔偿基金"(compensation fund),这一设想受到"G77+中国"的赞成与支持,④因此,清洁发展基金的方案一经提出便获得了"G77+中国"的支持,在它们看来,清洁发展基金有助于发展中国家"有意义地参与"全球减缓,在发达国家的资金与技术支持下,发展中国家获得了能力建设的改善。欧盟赞成对违反减排义务的发达国家予以惩罚,这符合"污染者付费"的基本原则。而美国反对违约惩罚的方式,其对碳市场机制青睐有加。事实上市场机制虽然不同于违约惩罚,但也符合污染者付费的原则,而且,将公私实体用以购买排放许可证的资金注入清洁发展基金,可以资助发展中国家的减排。换言之,二者思路和方式不同,但可以实现同一目的。实践中,美国也早在共同执行活动的试验阶段对市场机制进行了"先行先试",⑤加之,美国又有着国内二氧化硫排污权交易的成功实践,因此,在这一问题上,美国将自己的制度经验转化为一种制度话语权强势地影响《京都议定书》起草和谈判。随着"巴西议案"的提出以及其与美国的意见交换,国际碳市场机制下一项新的制度方案被提交到缔约方会议,⑥这成为《京都议定书》国际碳市场机制的关键转折点。

---

① See FCCC/AGBM/1997/3/Add. 1. Apr. 22, para. 143.
② See FCCC/AGBM/1997/3/Add. 1. Apr. 22, para. 144.
③ See FCCC/AGBM/1997/MISC. 1/Add. 3, Part Ⅲ, Art. 8&9.
④ See Mohammed Barkindo, *The Clean Development Mechanism: Is It Meeting the Expectations?*, OPEC (Sept. 20, 2006), http://www.opec.org/opec_web/en/990.htm.
⑤ See Naoki Matsuo, *The Clean Development Mechanism: Issues and Opportunities*, International Review for Environmental Strategies, Vol. 5:1, p. 233 – 240 (2004).
⑥ See Mumma Albert, *The Poverty of Africa's Position at the Climate Change Convention Negotiations*, UCLA Journal of Environmental Law and Policy, Vol. 19:1, p. 181 – 209 (2001).

③发展中国家的态度转变与清洁发展机制的诞生

面对"巴西议案"和美国的方案,一些发展中国家开始动摇。其中,包括很多先前在美国共同执行活动中"尝到甜头"的拉丁美洲国家,以及一些应对气候变化能力极为脆弱的国家。通过减排项目合作促进这些国家进行技术升级和转型,提升了其应对气候变化的能力,并且,减排项目实现的减排量在经过核证等程序后可以被转化为一种具有经济价值的碳资产,这种种利好对发展中国家产生了极大的吸引。在减缓气候变化的问题上,各方的关注点都不尽相同,欧盟关心的是减排的约束力,美国在乎的是减排的成本,"G77 + 中国"坚持的是发展中国家所享有的发展权。因此,国家的不同立场难以兼顾,利益分歧难以调和,各国也意识到与其在"污染者负担"的问题上争论不休,倒不如搁置争议,尽己所能,合作应对。发展中国家同发达国家最终同意通过清洁发展机制的合作各取所需,发展中国家拥有减排空间,但缺少技术和资金,发达国家拥有减排技术和资金,但减排成本过高,那么通过双方的合作既可以实现减排,又能够降低成本,还能提升国家的减排能力。

在《京都议定书》谈判的最后关头,发展中国家迅即转变了态度。1997年12月7日的"京都议定书草案"文本规定的仍旧是清洁发展基金,①而第二天的草案文本便已另外增设一条包含着整整10个款项的"清洁发展机制",②标志着发达国家和发展中国家实现了"双赢"。但国际环境协定若最终是以牺牲环境保护为代价换取缔约方经济利益的妥协无疑是失败的。正如沙特阿拉伯的谈判代表穆罕默德·萨班所言,"清洁发展机制不应只是投资者与东道国的胜利,还应当是环境保护的胜利"③。为了让清洁发展机制更加符合全球减缓的宗旨和目的,该机制在运行上采用了"国际中心治理"的模式,由缔约方会议授权的国际组织(清洁发展机制执行理事会)指导和监管,包括减排项目的基线标准与方法学、核算规则以及透明度的程序均由缔约方会议统一制定,同时,核证减排量也由清洁发展机制执行理事会统一签发,④"国际中心治理"模式通过

---

① See FCCC/CP/1997/CRP. 2, Art. 3. 19.
② See FCCC/CP/1997/CRP. 4, Art. 14.
③ Mohammed Barkindo, *The Clean Development Mechanism: Is It Meeting the Expectations?*, OPEC (Sept. 19, 2006), http://www.opec.org/opec_web/en/990.htm.
④ See FCCC/CP/1997/CRP. 4, Art. 14. 4.

"自上而下"的监管体系,适用统一的规范和标准,加大信息公开和透明度,目的在于强化该机制的实效性,避免其沦为国家攫取经济利益的工具。

国际碳市场机制是《京都议定书》谈判中最具有争议的议题之一,体现出国家之间复杂的利益分歧和矛盾。而且,这一议题与减排议题密不可分,在谈判中,国际碳市场机制甚至是美国等发达国家接受量化减排义务的必要条件。因此,国际碳市场机制反映出与减排问题密不可分的经济成本的问题,经济性减排是减排的内在要求。但是,当这一内在要求被无限放大,甚至超越了减排的根本目标,经济性减排的机制就沦为一项纯粹的经济机制,环境效益被淡化甚至被彻底抛诸脑后,这也是国际碳市场机制在其数十年的实践中引发的最大争议和批判。

第二节 国际碳市场机制的争议与困境

国际碳市场机制自提出以来便一直处于理论的争议当中,其致力于全球减排的有效性以及减排的经济性均备受学者质疑,《京都议定书》国际碳市场机制运行中存在的种种问题和不足更加深了理论争议,引发了学界的强烈批判。

一、国际碳市场机制的理论争议

作为一项减缓气候变化的灵活机制,国际碳市场机制首要的目的在于减少温室气体排放。与此同时,其灵活性表现在相比传统的管制手段,国际碳市场机制能够让国家和控排主体在成本收益的计算下享有选择减排与否的自由,从而实现总体减排成本的优化,因此,实现经济性的减排也是国际碳市场机制的目的之一。学界有关国际碳市场机制的理论争议也主要针对其减排的有效性与减排的经济性两个方面展开。

(一)对国际碳市场机制的质疑

1. 对减排有效性的质疑

美国二氧化硫排污权交易的成功实践使许多人坚信市场机制在降低碳排放的问题上也会成功,但他们忽略了温室气体不止二氧化碳一种,也无视一个国家的环境治理手段上升至国际层面时将遇到何种障碍,存在何种问题,正如美国公共政策学者露丝·格林斯潘·贝尔所言,"气候变化涉及全世界无数地方人类活动释放的多种污染物,尤其是在一些没有强有力的法律系统的国家"。[1] 雄心勃勃的经济学家计划着以市场这只"看不见的手"实现环境资源的最优配置,反而使得发达国家拥有了低成本排放的特权,基线信用机制不仅实质上增加了碳排放量,还对发展中国家造成了其他的环境问题。因此,国际碳市场机制使成本效益成为首要的考量因素,减排的有效性成为可以牺牲的目标,诚如有学者所言,"在《京都议定书》核心概念产生的时候,灵活机制是在经济政策而不是环境政策方面占有重要地位"[2]。

联合履约机制建立了一种允许项目东道国自主签发减排单位(ERUs)的"去中心化"治理体系,这使该机制在很大程度上被国家滥用,在实践中甚至产生了一种"排放越多,收益越大"的扭曲效应,即东道国为了获得更多的减排单位反而额外地增加碳排放。[3] 如此,联合履约机制在减排的有效性上效果甚微,甚至出现了负减排。据联合国官员统计,联合履约机制的实施增加了约6亿吨的碳排放量。[4] 清洁发展机制下也出现了很多无效、虚假减排的项目和活动,发展中国家不承担量化减排义务,导致在发展中国家实施的减排项目难以进行额外性的评估,进而产生减排的真实性问题,这样的项目产生的核证减排量环境效益低劣,使得清洁发展机制的减排有效性被蒙上阴影。不仅如此,一些项目打着减排的幌子,实际上从事着碳补偿诈骗的行为和活动,导致清洁发展机制被视为发达国家转移碳排放的工具,即发达国家通过购买碳信用来履行减排义务,从而规避国内的经济脱碳和实质减排。[5] 学界更为激进的观点主张清洁发展机制是一场彻头彻尾的骗局,发达国家通过减排项目合作试图让发展

---

[1] R. G Bell, *Market Failure*, Environmental Forum, Vol. 23:2, p. 28 – 33 (2006).

[2] 薄燕:《国际谈判与国内政治——美国与〈京都议定书〉谈判的实例》,上海三联书店2007年版,第97页。

[3] See Marion Davis, *Joint Implementation has Undermined Global Climate Ambition*, Stockholm Environment Institute (Aug. 18, 2015), https://www.sei.org/featured/joint-implementation-undermined-global-climate-ambition-study-finds/.

[4] See Arthur Neslen, *Kyoto Protocol's Carbon Credit Scheme "Increased Emissions By 600m Tonnes"*, The Guardian (Aug. 24, 2015), https://www.theguardian.com/environment/2015/aug/24/kyoto-protocols-carbon-credit-scheme-increased-emissions-by-600m-tonnes.

[5] 参见[美]帕特里克·麦卡利:《碳补偿贸易的世纪骗局——碳信用额度对京都议定书的破坏及将之废除的理由》,邹颂华译,载国际河流组织网2008年7月10日,https://www.riverresourcehub.org/wp-content/uploads/files/attached-files/drpch2008.pdf。

中国家避开"先污染,后治理"的老路,从而在根本上减少碳排放的这一构想是不现实的,①通过碳排放权的交易创建又一个商品和资本市场才是其真正的目的。

2. 减排经济性的假象

公共物品的非排他性决定了任何人的使用与消费都无法影响其他人的使用,公共物品的非排他性还包括受益的非排他性,即任何人对公共物品的管理与保护也必然使其他人受益,这也是在公共物品上容易发生"搭便车"的主要原因。在全球减排问题中,国家之间的搭便车更加常见,并且难以避免。通过条约建立全球排放的总量管制,将大气环境容量转化为一种有限资源,督促和鼓励国家有效率、有计划地使用和消费该资源,这是当前解决气候变化"搭便车"困境的可行路径之一,而国际碳市场机制作为全球排放总量管制的辅助手段,发挥着激励国家有效率地使用和管护大气资源的作用,"可交易的许可证通过创建一种有价值的财产在全球层面产生环境保护与资源有效利用的激励"。② 而且,在全球排放的总量管制之下,市场机制会凭借价格信号使得大气环境容量这一有限资源的配置达到帕累托最优,资源在流转中体现出最大价值。

但是,碳市场机制是否能真正实现经济性的减排颇受质疑。英国曼彻斯特大学教授约翰·奥尼尔认为,那种通过界定产权来实现自然物效率和价值的看法是存在误解的。"效率的确定本身便预设着一种资源和权利的配置,从既定的初始权利配置出发,人们可以追求'帕累托最优',但这一最优结果无论如何都与初始配置密切关联。"③因此,如果将碳排放权作为一种新的产权体制,那么这一体制要实现帕累托最优所需要的初始权利配置仍然是不确定的。换言之,碳排放权的设立与减排成本的优化之间还存在一个环节,即碳排放权的分配。而且,约翰·奥尼尔主张,"不同的产权体制存在着帕累托不可比性,产权体制的变更也会导致效率认定的改变"。④ 因此,我们无法判定哪种产权体制

---

① Humphreys Stephen, *Human Rights and Climate Change*, Cambridge University Press, 2010, p. 178.
② Adam Rose & Brandt Stevens, *A Dynamic Analysis of Fairness in Global Warming Policy: Kyoto, Buenos Aires, and Beyond*, Journal of Applied Economics, Vol. 1:2, p. 329 – 362(1998).
③ John O'Neill, *Markets, Deliberation and Environment*, Routledge, 2006, p. 58.
④ John O'Neill, *Markets, Deliberation and Environment*, Routledge, 2006, p. 58.

更有利于资源和权利的帕累托最优,是将大气资源判定为公共财产,还是私有财产抑或混合财产,我们也无法判断碳排放的国家管制机制、市场交易机制或完全的私有化途径,究竟哪一种会实现减排的最低成本。

碳市场机制是否能实现经济性减排还存在理论与实践的距离。一个有效的碳市场机制需要排放监测、核算与交易的基础设施以及监管和履约的法律制度,这些社会成本均是难以忽略不计的。因此,英国学者拉里·洛曼认为,"碳市场机制的高效率背后潜藏着诸多无效率的安排"。[1] 除了社会成本以外,碳市场机制也会给控排主体带来不小的经济负担,排放信息审计与披露、筛查交易对象、交易谈判、签约与履行等,[2]这些成本可能并不低于控排和减排的成本。因此,忽略"交易费用"而妄称产权体制能够实现资源配置最优也是碳市场机制实现经济性减排的误解之一。碳市场机制只是有望降低控排主体的减排成本,而社会总成本反而可能增加,因此,碳市场机制仅仅是转移了成本。

(二)对国际碳市场机制的批判

国际碳市场机制在学理上饱受批判,从环境伦理的角度分析,国际碳市场机制将大气资源转化为一种有价值的物,加深了人类与环境资源的不平等地位。从公平正义的价值角度出发,国际碳市场机制有悖于气候正义,是发达国家对发展中国家殖民的新工具。

1. 文明市场的出现

《京都议定书》创造了可以交易的碳排放权,以及一个碳排放权可以流通的国际碳市场机制,更衍生出越来越多的区域和国家碳市场机制,通过碳市场机制的双边和多边链接形成的是一个全球碳排放交易市场。全球碳排放交易市场会影响全球产业链的低碳发展,引发对碳足迹的广泛关注,带来更加可持续的消费观念。未来还应建立一种"个人碳市场机制",[3]将个体在日常生活中的碳排放行为纳入碳的审计与核算,让碳市场机制改变和重塑每一个个体的碳排放行为,推动形成低碳的生产和生活方式。英国曼彻斯特大学教授马修·帕

---

[1] Larry Lohmann, *Carbon Trading: A Critical Conversation on Climate Change, Privatization and Power*, Dag Hammarskjöld Foundation, 2006, p. 72.

[2] See Clive L. Spash, *The Brave New World of Carbon Trading*, New Political Economy, Vol. 15:2, p. 169 – 195(2010).

[3] See Tina Fawcett & Yael Parag, *An Introduction to Personal Carbon Trading*, Climate Policy, Vol. 10:4, p. 329 – 338(2010).

特森将碳市场概括为"文明市场",一个由"虚拟"(virtuality)和"美德"(virtue)①相结合的市场,由大气环境容量转化而来的虚拟"碳商品"所形成的交易市场,彰显着环境伦理与美德。② 所谓"文明市场"应当是国际社会创建碳市场机制的初衷和目的,不少学者对碳市场机制也持有这样的乐观期望。文明市场的内涵不仅仅包含通过碳排放交易来约束市场行为体的行为,更在于通过交易改变生产和消费观念,改变传统生产和消费模式的不可持续性,消除人类通过工业化的生产与发展对自然资源超过限度的掠夺以及对生态环境有限容纳能力的挑战,最终目的是建立一种人与自然和谐、人与环境共存的可持续的生态经济市场。然而,文明市场的提法和构想引发颇多争议,甚至连提出"文明市场"的帕特森教授也坦言这一概念容易被视为政治性明显的道德灌输,目的是消除国家和市场行为体对碳市场的抵制。③ 从环境伦理的视角分析,所谓"碳市场是文明市场"的命题存在诸多悖谬。

首先,从实现的路径来看,碳市场并不"文明"。碳市场是碳排放权交易的市场,而碳排放权是通过大气环境容量的"产权化"或"商品化"来实现,这一实现路径饱受环境伦理学者的批判。在自然资源上设立产权或者设定价格,是无视"人类根本上属于自然环境不可分割的一部分"这一事实的表现,其割裂了人与自然互相补给的关系,加深了人类与自然"主客二分"下人类主宰生态环境和自然资源的观念。美国环保主义者科马克·卡利南认为,"财产所有者对土地和生物享有的不受约束的权利,代表着自然的互惠关系向单向度利用关系的概念化、法律化转型,将减少人类与地球共同体其他成员的亲密关系"④。根据 2005 年联合国《千年生态系统评估报告》对"生态服务"概念的阐释,人类从生态环境中会获得"供给服务"(如食物、水)、"调节服务"(如调节天气、灾

---

① 詹姆斯·德尔·德里安在 2000 年提出"虚拟战争"与"道德战争",virtuality 与 virtue 两个词均源于中世纪"超自然内在力量"的概念,两者均有着道德权重,是对正当行为的"性"与"质"的评价。在现代社会,virtuality 逐渐道德中立并沾染技术色彩,演化为"虚拟",而 virtue 也逐渐失去了内在素质的影响力。See James Der Derian, *Virtuous War*, International Affairs, Vol. 76:4, p. 771–788(2000).

② 这里,马修·帕特森借用了学者詹姆斯·德尔·德里安"虚拟"与"道德"概念,指出碳市场构建中的技术主义体现出的道德特性。See Matthew Paterson & Johannes Stripple, *Virtuous Carbon*, Environmental Politics, Vol. 21:4, p. 563–582(2012).

③ Matthew Paterson & Johannes Stripple, *Virtuous Carbon*, Environmental Politics, Vol. 21:4, p. 563–582(2012).

④ [美]科马克·卡利南:《地球正义宣言——荒野法》,郭武译,商务印书馆 2017 年版,第 122 页。

害),"文化服务"(如消遣、美学享受)和"支持服务"(如土壤形成、养分循环)。① 环境产权以科学与经济学手段将自然资源塑造为一种"稀缺商品",在流通和交换的市场当中似乎新增了一种新的生态服务,即金融服务。碳市场便是通过将大气转换为一种稀缺性的、有价值的物,从而借助市场交易将其变为一种创造利润的工具。然而,这一新的生态服务却毫无正当性与合理性可言,既不利于人类生存与发展,亦无益于生态系统的可持续循环。相反,它是完全建立在资本"空手套白狼"投机逐利的基础之上。正如凯瑟琳·N.法雷尔所言,"通过生态系统服务付费交易获得的财富,无论条件看起来多么公平,终究产生于投机增值,而强调购买的是生态服务,而不是人的服务这种理念使这种投机源头在修辞上被模糊化了"。② 国际碳市场机制从诞生之初颇受投资者的抵制和反对,到后来其在投资、贸易和金融领域不断拓展,这一变化的原因在于碳市场机制为投资者和银行家建立了"投资—利润—增长"的新循环。③ 碳市场机制培育的是商业领域中的投机之风和利己主义,而这更加深了人类与其他自然物种的地位不平等。

其次,从效果和作用来看,碳市场也不"文明"。理想中的碳市场机制会重塑和改变生产和生活方式,进而起到改善生态环境的作用,但实际的情形似乎并非如此。碳交易的实质是控排主体通过购买碳排放权转移了本该由自己承担的减排义务,国际碳交易使得本该承担减排义务的发达国家转移了减排义务,既然是一项交易,那么控排主体就会默认自己已经付出了代价,并不会对污染转移产生任何负罪感,也不会产生一种减排的责任感。碳市场机制不仅不利于培养公民的环境伦理精神与企业的环境社会责任感,而且彻底打破了培养的可能性。约翰·奥尼尔认为,"碳市场机制会改变人类接受环境资源有限性的心理,加剧人类对自然'工具性'的定位",使人类尊重生态环境的平等地位变得更加不可能。因此,碳市场机制无法对企业和公民进行有关追求"文明"的生产和生活方式的教化,其无疑是弱化了企业与公民的环境社会责任感,对于

---

① 联合国千年生态系统评估项目:《生态系统与人类福祉,综合报告》,赵士洞、张永民译,岛屿出版社 2005 年版,第 40 页。

② [德]凯瑟琳·N.法雷尔:《国际生态系统服务付费的生态政治经济学批判研究——智力重商主义与特许权公平》,柴麒敏等译,载《经济社会体制比较》2015 年第 3 期。

③ See Matthew Paterson, *Who and What are Carbon Markets for? Politics and the Development of Climate Policy*, Climate Policy, Vol. 12:1, p. 82 – 97(2011).

改变生产和生活方式而言,企业和公民在主观上的道德义务感是形成自主性减排行动的必要条件。

碳市场机制不仅无法激发企业和公民的环境社会责任感,其在客观上也很难对企业形成减排的规范和约束。碳交易在实践中反而产生了明显的经济效益优先而非环境效益优先的效果。英国《金融时报》专栏作家约翰·凯曾经说过,一个市场如果是由政治力量建构而非由买卖需求自然地产生,那么商业力量就会试图渗透交易规则使其向着对他们有利的方向倾斜,[1]碳市场是人为建构的交易市场,由国际组织和国家的决策"自上而下"地建构形成,政治决策容易被商业力量所利用来谋取自身利益,例如,企业诱导和胁迫政府减少对其排放的估算;企业通过游说等方式阻碍政府对清洁能源和技术的推广和利用;企业对碳排放配额和减排项目分配的不正当影响;企业利用政策漏洞规避减排等,通过这些方式和途径,企业以牺牲环境效益为代价追求更低的减排成本。最坏的情况是碳市场机制被纯粹地当作谋取经济利益的工具,英国学者拉里·洛曼认为碳交易通过对大气资源商品化进而创造了一种新的积累方式,[2]在碳市场中,碳排放权是有价值的商品,企业可以通过出售多余的碳排放权而获利,政府也可以收取交易税费,投资者也可以通过碳金融的投资获得资本增值,价格信号为国家和市场行为体创造了财富积累的机会,使碳市场成为纯粹的经济市场。

2. 气候正义的实现

气候正义是国际气候治理体系中的一项关键的价值目标,其核心内容是避免气候变化责任最小的国家和群体遭受最严重的后果。欠发达国家和大部分发展中国家相比发达国家排放更少,气候责任更小,但却遭受更严重的影响和后果。在一国国内,被迫流离失所者、妇女和儿童、残疾人、土著民以及其他处境脆弱的群体的气候责任更小,能力却更为脆弱。气候正义强调对这些脆弱群体和国家公平地分配气候责任,实现分配正义,还要对其所受到的损失进行赔偿与补偿,实现矫正正义。气候正义还包括当代人应当履行对未来世代人的义

---

[1] See Larry Lohmann, *Carbon Trading: A Critical Conversation on Climate Change, Privatization and Power*, Dag Hammarskjöld Foundation, 2006, p. 80.

[2] See Kean Birch & Vlad Mykhnenko, *The Rise and Fall of Neoliberalism*, Zed Books, 2010, p. 90.

务和责任,要避免未来世代人遭受着由当代人的行为所导致的后果。

气候正义的价值目标体现在立法上就应当坚持原因者负担以及最脆弱者优先的原则,[①]这是气候变化的条约谈判和法律机制的设计和实施过程中必须贯彻的原则,但国际碳市场机制并不满足原因者负担与最脆弱者优先的原则,从而有悖于气候正义的价值目标。首先,国际碳市场机制允许发达国家通过购买碳排放权履行减排义务,发达国家因此可以继续在国内维持高碳排放,这事实上等同于发达国家将自身的减排责任转移给了发展中国家,这违反了原因者负担原则,从而背离了分配正义。国际碳市场机制还允许发达国家在其他国家国内投资低碳减排项目,并以减排项目实现的减排量抵消自身的减排义务,这实质上仍然是发达国家转移自身减排责任的一种方式。一些学者认为国际碳市场机制同时实现了公平和效率,发达国家通过购买碳排放权以及投资减排项目,实质上援助了其他国家应对气候变化的能力,[②]然而,无论是购买碳排放权还是资金与技术的投资都不能代替发达国家自身的减排责任,推动全球减缓需要一国国内真实的减排行动。而且,国际碳市场机制并不能确保资金流向那些发展中国家最需要的减排项目,减排项目还会引发其他环境和社会问题。

其次,国际碳市场机制下的减排项目对东道国造成了其他环境和社会问题,增加了东道国应对气候变化能力的脆弱性,违反了脆弱者优先的原则,背离了矫正正义。虽然,《京都议定书》明确清洁发展机制应旨在促进非附件一国家的可持续发展,即通过发达国家与其他国家开展减排项目的合作,提升欠发达国家减缓气候变化的能力建设。然而,实际情况也并非如此,大多数的减排项目合作并不能保障环境效益和可持续发展,反而扰乱了东道国的可持续发展,以发展中国家的环境利益为代价换取发达国家投资者的利润。美国纽约市立大学皇后学院教授梅丽莎·切克通过整理和研究清洁发展机制的早期实践,发现减排项目普遍地对东道国的环境造成了不可持续的危害。[③] 在利润驱动的情况下,减排项目的运营企业和投资者往往会倾向于选择利润更大或前景更

---

① 参见王灿发、陈贻健:《论气候正义》,载《国际社会科学杂志》2013 年第 2 期。
② 参见[美]埃里克·波斯纳、戴维·韦斯巴赫:《气候变化的正义》,李智、张键译,社会科学文献出版社 2011 年版,第 54 页。
③ See Steffen Böhm & Siddhartha Dabhi, *Upsetting the Offset: The Political Economy of Carbon Markets*, MayFly Books, 2009, p. 42.

好的项目,而非更具有环境效益的项目,这会造成其他生态危害与环境风险。例如,在泰国开展的一项"推广生物质能"的减排项目反而造成了资源浪费。当地政府为了减少化石燃料的利用,在清洁发展机制的资助下建造了五座焚烧稻壳的生物质能发电站来推广生物质能。但是,稻壳在当地的农业中一直发挥着重要作用,其与粪肥的混合物是一种天然肥料。由于生物质能发电厂对稻壳不断增加的需求抬高了稻壳的价格,使当地农民无法负担,只能选择化肥。因此,减排项目反而干扰了当地农业的废物循环和可持续发展,造成了资源的浪费。① 在一项日本与智利的有关猪粪管理的减排项目合作中,智利政府需要花费额外的精力和财力应对和处理减排项目所产生的污水排放。② 在厄瓜多尔开展的一项森林碳汇项目,因松树与桉树的大量种植,加大了对水分的需求从而造成土壤有机物的流失。③ 诸如此类以"促进可持续发展"为出发点,却对当地的生态环境造成不可持续危害的减排项目不胜枚举。除此之外,减排项目还加重了东道国国内脆弱群体的负担,引发了社会矛盾,如前述的泰国生物质能项目,由于焚烧稻壳而对当地居民的人身和健康造成危害。又如,前述的厄瓜多尔的森林碳汇项目,大量的种植园改变了当地妇女的劳作模式,她们不能像之前一样通过直接的自然劳作获取满足家庭生活需要的食物。还有大量的项目建设导致当地居民被迫迁移进而引发社会矛盾。④ 一些减排项目中更为隐蔽的负面影响是造成东道国对发达国家技术和信息的依赖,发达国家通过垄断技术、信息和决策,企图影响和干预东道国的经济、文化、政治和法律。例如,在尼日利亚和意大利合作开展的一项油气设施的减排项目中,排放基准线被设定为燃烧天然气的若干排放量,尽管燃烧天然气是尼日利亚法律禁止的行为,但为了获取利润可观的减排信用,企业全然不顾排放的禁令和罚款,⑤在"资本驱

---

① See Steffen Böhm & Siddhartha Dabhi, *Upsetting the Offset: The Political Economy of Carbon Markets*, MayFly Books, 2009, p. 60.

② See Steffen Böhm & Siddhartha Dabhi, *Upsetting the Offset: The Political Economy of Carbon Markets*, MayFly Books, 2009, p. 78.

③ See Steffen Böhm & Siddhartha Dabhi, *Upsetting the Offset: The Political Economy of Carbon Markets*, MayFly Books, 2009, p. 104.

④ See Steffen Böhm & Siddhartha Dabhi, *Upsetting the Offset: The Political Economy of Carbon Markets*, MayFly Books, 2009, p. 125.

⑤ See Steffen Böhm & Siddhartha Dabhi, *Upsetting the Offset: The Political Economy of Carbon Markets*, MayFly Books, 2009, p. 183.

使人性之恶"的逻辑下,减排项目对一国法律的实效性产生了负面影响。因此,任何技术援助、信息共享与财政资助都不会是真正"免费"和"无偿"的,一些减排项目在管理和运营的过程中甚至从价值观和意识形态的层面对发展中国家进行渗透和影响。一些学者将国际碳市场机制视为发达国家对其他国家的"碳殖民主义",在利用资金和技术的诱导下加大对这些国家资源的剥削和占用,并让其遭受环境破坏和资源退化的不利后果,进一步加深了其他国家对发达国家的不平等的依附关系。

最后,国际碳市场机制并未充分地考虑未来世代人的权益,违背了代际正义。大气资源是全人类共同拥有的地球资源,如果把它视为一种财产,那也是全人类共同所有的财产,当代人和未来世代人在整体上平等地享有所有权和使用权,因此,任何人都可以使用大气资源,但未经其他人同意不得随意处分和收益。碳排放权交易就体现了部分当代人在未经其他人同意以及给予相应赔偿的情况下对这一共同所有物进行处分和收益,实际上是一种"无偿窃盗"的行为。[1] 英国曼彻斯特大学教授约翰·奥尼尔认为产权内含着排他性和分离性的权能,环境资源不仅属于当代人类所有,还是未来世代人的财产,每一代人对环境资源都享有使用的权利,但也负有为后代人保存环境资源的义务,环境资源的产权化以及交易等于当代人买卖不属于自己的财产,[2]是一种无权处分的行为。大气资源是人类赖以生存的基础自然条件,人类所享有的生命权、健康权、居住权、环境权等人权都与大气资源紧密相关,从这个角度来讲,国际碳市场机制导致温室气体不降反升,以及引发的其他环境不可持续的问题都增加了未来世代人的生存风险,侵犯了未来世代人的人权。未来世代人要承受当代人行为和活动的后果,并且无法获得任何赔偿,这也违背了气候正义的价值目标。

二、《京都议定书》国际碳市场机制的困境

除了理论层面的质疑和批判之外,《京都议定书》国际碳市场机制的实践也问题重重,其在促进有效减缓和可持续发展方面均效果不佳,国际碳市场机

---

[1] See Robert E. Goodin, *Selling Environmental Indulgences*, KYKLOS, Vol. 47:4, p. 573 – 596 (1994).

[2] See John O'Neill, *Markets, Deliberation and Environment*, Routledge, 2006, p. 53.

制的效能低下源于机制本身的结构障碍和弊端。

(一)国际排放交易机制的障碍

国际排放交易机制是国际碳市场机制的三项机制之一,是国际社会直接仿照美国二氧化硫排污权交易机制在国际层面建立的总量交易机制。缔约方大会依据温室气体排放的总量管制目标与缔约方的减排承诺,为缔约方分配排放配额,在法律上被称为"分配数量单位"(AAUs),即国家之间可以交易的碳排放配额。这一机制仅在附件 B 缔约方之间开展,以代替国内减排,作为履行减排义务的方式之一。

1. 国际排放交易机制的适格主体

国际排放交易机制下,国家类似于国内碳市场中的企业,是国际碳市场中的控排主体,可以通过购买碳市场中的排放配额来履行减排义务,从而实现更低成本的减排。但这是通过类推方法得出的理论设想,这一设想能否站得住脚取决于国家能否被类比为企业。更进一步讲,在国际碳市场中,国家是否具有追求低成本减排的动机,以及国家是否能够获取有关碳交易的相关信息,以便知晓和选择实现最优减排成本的交易对象,这决定了国家能否被简单地类比为企业,从而通过配额交易实现更低成本的减排。

首先,国家是否会像企业一样有着追求效率和低成本减排的动机。瑞典斯德哥尔摩大学彼得·博姆教授认为每一国家均有以最小成本实现减排承诺的意图,这样的动机会促使国家寻找和收集其他交易对象关于排放基准线和减排成本等信息。[1] 然而,欧洲大学雷蒙德·施瓦兹对此并不认同,他认为地缘政治与文化因素而非减排成本才是国家在国际碳市场中的考量因素,[2]国家虽然也是重要的市场行为体,但不会像企业一样仅仅计算利润得失,国家可能会更看重国际碳排放交易所衍生的政治权力。牛津大学罗伯特·威廉·哈恩教授也认为国家并非纯粹追求成本效益的行为体,这是因为,国家并不会像企业一

---

[1] See Peter Bohm & Björn Carlén, *Emission Quota Trade among the Few: Laboratory Evidence of Joint Implementation among Committed Countries*, Resource and Energy Economics, Vol. 21:1, p. 43 – 66 (1999).

[2] See Robert W. Hahn & Robert N. Stavins, *What Has the Kyoto Protocol Wrought? The Real Architecture of International Tradable Permit Markets*, American Enterprise Institute, 1999, p. 30.

样在市场中面临竞争的压力。① 其实,国家在全球市场中也会面临竞争压力,不过不同于企业在市场中的竞争压力,国家减排的成本虽然会反映在进出口贸易和海外投资上,进而影响国家在全球贸易和投资领域的竞争力,但这并不是绝对的,国家的贸易和投资竞争力还要受到产业结构、贸易政策、投资方向等多重因素的影响,因此,国家可能会有追求低成本减排的动机,但并不会同企业一般将成本效益作为碳排放交易的主要考量因素。

其次,国家获取交易信息的难度。国家从事碳排放交易需要了解和掌握非常复杂的交易信息,包括自己国内的排放数据、减排政策、配额和目标、环境效益和成本效益等信息,还包括国际碳市场的价格、市场规则和要求等信息,以及交易对象的减排目标和配额、边际减排成本等信息,这不仅需要国家建立监测、核查、报告的制度体系和基础设施,还需要与国际组织和其他交易对象建立有效的信息和通信渠道,确保信息获取的及时有效,这对一国碳排放信息体系的建设以及有关透明度的国际合作提出了很高的要求。而且,不排除有关碳排放的一些信息可能会被国家视为敏感信息而不予披露,从而妨碍国家对信息的获取。

总之,国家缺乏成本效益考量的动机以及获取交易信息的难度决定了国家难以充当国际碳排放交易的适格主体。

2. 国际排放交易机制的"热气"

"热气"(hot air)被认为是国际排放交易机制的漏洞之一。热气指的是特定的温室气体减排量并不是通过转型或升级所产生的减排,而是在一段时间内由于生产停滞、经济下行而产生的减排。在《京都议定书》的实施过程中,中东欧国家就出现了"热气"。例如,俄罗斯与乌克兰由于正处于市场经济过渡阶段,可以在 2008—2012 年的承诺期内维持与 1990 年的排放水平相同的碳排放。然而,俄罗斯与乌克兰自 1990 年以来经济一度下滑,导致他们在第一承诺期内的排放水平相比 1990 年一直处于下降趋势。② 因而,两国依据在《京都议定书》下的承诺便获得了盈余的排放配额,但这些配额并非减排活动所产生的

---

① See Robert W. Hahn & Robert N. Stavins, *What Has the Kyoto Protocol Wrought? The Real Architecture of International Tradable Permit Markets*, American Enterprise Institute, 1999, p. 9.

② See Quirin Schiermeier, *The Kyoto Protocol: Hot Air*, Nature, Vol. 491, p. 656 – 658 (2012).

实质减排,这些配额的交易也不会产生真实的减排量,反而会增加碳排放。热气的出现使得国际排放交易机制难以促进全球净减排,反而成为一些国家在经济低迷时期恢复增长的投机手段。

雷蒙德·施瓦兹教授从政治与经济视角设想了"热气"的两种解决方案。其一,对排放配额的初始分配进行重新谈判,提高中东欧国家的排放目标,减少它们所持有的排放配额。但这也面临着极大的政治障碍,相关国家必然极力反对,甚至会导致《京都议定书》所达成的成果付诸东流。其二,限制"热气"对应的排放配额的交易量,但这存在着操作难题。在碳交易市场中,"热气"对应的排放配额并不那么容易识别,因此,只能通过总体上限制交易量来限制"热气"配额的流通,但这也同时限制了其他正常配额的交易量。而且,总体限制还会起到反作用,持有"热气"配额的卖方并不需要减排,即没有减排成本,因此,"热气"配额相比正常配额更为廉价,如此,在"劣币驱逐良币"的市场规律下,限制交易将进一步抑制正常配额的流通,加大"热气"配额的流通,更加为全球减缓蒙上阴影。此外,考虑到排放配额的跨期结转,限制只是暂时的,持有"热气"配额的国家势必会将排放配额储存至下一承诺期,因此,"热气"的问题并未解决,而是被转移至未来。①

国际排放交易机制的"热气"问题实质上是国际管制缺位的必然结果。碳排放交易市场不同于普通的商品交易市场,"自上而下"的管制是实现环境效益所必需的,通过适时的价格调控和配额注销使得管制逐渐趋紧,才能真正激励和促进控排主体从事减排行动,完全依靠"无形之手"会存在"劣币驱逐良币"的风险,丧失环境效益。但是,国际社会并不存在超主权的碳排放管制机构,在国际碳市场机制的运行过程中,缺乏一个超主权的机构根据缔约方经济情形的变化或者履约情况的变化来调整排放配额和市场价格,进而引导碳排放交易市场发挥促进国家减排的作用。《京都议定书》国际排放交易机制下,初始配额在一个承诺期内由缔约方会议根据各国减排承诺分配后便自始确定,其间原则上无法调整和变更,因此,在一国经济波动的情况下,"热气"配额就会出现,这些配额的流通就会对环境效益产生不利影响。

---

① See Reimund Schwarze & Eric Levy, *Law and Economics of International Climate Change Policy*, Kluwer Academic Publishers, 2001, p. 11 – 19.

(二)核证减排机制的弊端

1. 核证减排机制的灵活性

《京都议定书》的联合履约机制与清洁发展机制又被称为核证减排机制。一国在另一国投资的减排项目所产生的减排量经过核证后可以向特定的国际机构申请一种碳信用,这里的信用并不是一般意义上的信誉或信贷关系,而是代表着温室气体减排的一种权益,这种权益可以在国家之间交易和转让,也可以用来抵消一国的减排义务,因此,碳信用是碳排放权的一种。核证减排机制具有很大的灵活性。首先,参与主体的灵活性。参与该机制的并不一定是国家,国家以外的公私实体在国家的授权下均可以作为减排项目的投资者或运营方,而且,核证减排机制主要是由国家以外的公私实体来实施和运作减排项目。此外,参与核证减排机制的国家也并不一定要作出减排承诺,清洁发展机制就允许发展中国家和欠发达国家的参与。其次,碳信用并不取决于减排承诺,其并不是由缔约方会议根据国家的减排义务分配所得,而是根据减排项目所实现的减排量来签发,这也决定了在一个承诺期内,碳信用的数量并不固定。最后,核证减排机制的额外性。核证减排机制下的减排项目必须满足"额外性"的条件,每一个减排项目在申请阶段需要提交额外性的评估报告,按照国际组织要求的方法学证明通过实施减排项目会产生低于正常排放水平(排放基准线)的排放量,即减排项目可以产生额外的减排量。只有通过额外性评估和审查的减排项目才可以获得批准,也只有额外的减排量才可以换取碳信用。因此额外性评估是保障减排项目环境效益的关键环节,能够过滤虚假减排的减排项目。但是,在确定正常排放水平这一关键步骤上却存在很大的灵活性,一方面,排放基准线由参与机制的缔约方指定的国家主管部门与减排项目的合作方共同设定,只是在程序上需要报请国际监督机构(如清洁发展机制监督理事会)审批通过。另一方面,排放基准线也没有统一的设定标准,国际监督机构虽然颁布了排放基准线设定的方法学用以指导基准线的设定,但对于方法学,项目的参与方也可以自主选择,排放基准线的设定也是"一案一划",并无统一标准。[1] 因此,减排项目是否满足额外性,项目的参与方将有很大的操作空间。在实践中,

---

[1] See Andrew Prag & Gregory Briner, *Crossing the Threshold: Ambitious Baselines for the UNFCCC New Market-Based Mechanism*, OECD/IEA Climate Change Expert Group Papers, 2012, p. 8.

大多清洁发展机制下的减排项目都可顺利获批,[①]正是因为机制赋予了参与方极大的灵活性,在额外性评估上,参与方似乎是"既当运动员,又当裁判员"。

2. 灵活性的弊端

核证减排机制的目的是通过减排项目的合作促进那些未承诺量化减排义务的国家更快更好地实现低碳转型和可持续发展,为推动这些国家迈向碳中和,实现净零排放奠定基础,也为所有的国家能够致力于有效减缓创造条件。但实践中,核证减排机制不仅沦为了发达国家逃避减排义务的工具,引发了负减排的问题,使有效减缓蒙上了阴影,而且,繁杂的程序与高昂的交易费用也让这一机制背离了效率价值,而造成这样的后果的原因正是机制运行的灵活性。

(1) 无效减缓的阴影

在商品市场中,当一种商品的生产成本低廉,利润可观,且缺乏商品质量的监控和市场的竞争时,就会激励生产商大规模地生产低质量的商品,而不去关心产品质量的提升。碳信用作为碳市场中的一种商品,由减排项目的东道国通过实施减排项目产生,如果将东道国视为碳信用的"生产商",那么,在缺乏质量监管和市场竞争,且生产成本低廉的情况下,就会出现大量的无效减缓甚至负减排的减排项目,由此产生大量的环境质量低劣的碳信用。核证减排机制由于过于侧重灵活性而在实践中产生了这样的后果。具体而言,减排活动受发达国家的资金或其他外资的支持,这大大削减了东道国产生碳信用的成本,减排项目的投资者关心的是如何降低成本,东道国关心的是碳信用的利润,如此,碳信用的质量就需要依靠监控减排项目的环境效益来保障,一方面,通过严格的额外性评估筛查和过滤存在无效减缓隐患的减排项目。但是,额外性评估中东道国享有的灵活操作的空间会使大量的环境低效益或无效益的项目被批准实施。而且,投资者对成本效益的追求,反而使得一些具有环境效益的减排项目得不到资助,如可再生能源项目有潜在的推动低碳转型的效应,但此类项目投资成本高昂,且转化收益的周期较长,因而不被投资者青睐;[②]而氧化亚氮与三氯甲烷的减排项目因投资成本低和利润率高,在投资者之间很受欢迎。另一

[①] 参见[英]安东尼·吉登斯:《气候变化的政治》,曹荣湘译,社会科学文献出版社2009年版,第212页。

[②] See Ben Pearson, *Market Failure: Why the Clean Development Mechanism won't Promote Clean Development*, Journal of Cleaner Production, Vol. 15:2, p. 247-252 (2007).

方面,碳信用的质量还需依靠减排项目实施的过程中有力的环境质量监控。但实践中,减排项目实施中的环境质量监控更多依靠东道国和第三方机构的力量,东道国的监管就是典型的"既当运动员,又当裁判员",第三方机构主要是进行核查与核证,而且还受制于国家和国际组织的授权,而国际组织监管的缺位造成减排项目质量监控的疏松和弱化。更有甚者,东道国和投资者恶意串通伪造排放基准线,以虚假减排骗取碳信用的现象也大量出现。例如,一些企业为了获取更多的碳信用,在减排项目申报之前维持超负荷的生产与运转,伪造更高的排放基准。①

碳信用的质量还可以通过碳市场中的产品竞争来保障,通过市场竞争逐渐淘汰低质量的碳信用,但是实际情况受到多重因素的影响,如市场规则和标准、价格信号、投资者和购买者的需求,监管和透明度,最根本的还是需要国家对碳市场中流通的碳信用制定明确的环境标准,即碳信用"优劣"的标准,而核证减排机制下,缺乏统一的标准就导致市场的"优胜劣汰"机制无法发挥作用,相反,利润高低的"优劣"标准反倒造成低质量的碳信用泛滥的情况。如此一来,碳信用的交易市场并不像一般的商品市场存在提升商品质量的内在的、自我执行的控制机制,②如此,无效减缓就成了核证减排机制难以克服的实践困境。此外,发达国家将财力和物力投入到海外的减排项目中,无形中也影响了国内的减排技术创新与能效提高,从而错失了国家自主减排的机会。③ 因此,核证减排机制很大程度上成为国家逃避减排义务以及企业投机的工具,而这正是源于机制本身的灵活性。

(2)核证减排机制的效率问题

核证减排机制不仅要促进有效减缓,还要实现高效减缓,当实施核证减排机制的成本过于高昂,或者成本和环境效益的回报明显不成比例时,就存在效率低下的问题。首先,核证减排机制的实施具有很高的制度成本,这是保障核证减排机制运行所必要的成本。缔约方会议需要建立相应的组织和机构以及

---

① See Larry Lohmann, *Carbon Trading: A Critical Conversation on Climate Change, Privatization and Power*, Dag Hammarskjöld Foundation, 2006, p. 220.

② See Adrian Muller, *How to Make the Clean Development Mechanism Sustainable: The Potential of Rent Extraction*, Energy Policy, Vol. 35:6, p. 3203 – 3212(2007).

③ See Catrinus J. Jepma, *The Feasibility of Joint Implementation*, Springer Science Business Media, 1995, p. 81 – 82.

信息系统,负责减排项目的登记和审批、碳信用的签发和登记等,制定相应的规则和标准,参与的国家也要建立主管机关,组建人员队伍,通过相关法规和政策,建立监测系统、核查与报告体系,建立纠纷解决机制等,这方方面面都存在着高昂的制度成本,而且,为了实施和维护这些制度所需的成本更是不计其数。其次,碳信用的高昂交易费用。碳市场机制实现低成本减排的理想模型具有一个关键的前提,即假设交易主体寻求成本合理的交易并不存在交易费用。[1] 但实际上,核证减排机制下,一项减排项目通常涉及多方主体,包括国际组织、投资者、东道国政府与受资助的企业、第三方核查机构、其他非营利性的组织和机构等。多元主体的参与必然会产生繁杂的信息交换的流程和费用,据统计,在新西兰的一项联合履约项目,包括申请与核准的手续费高达75,000欧元。而在罗马尼亚,仅准备阶段的项目设计便耗费25,000欧元到50,000欧元。[2] 因此,多元主体的参与涉及繁复的行政程序,产生高昂的交易费用,大大影响了实现减排的效率。最后,资源的浪费。一项减排项目的成本除了申请和登记的交易费用以外,更大的投入来自投资和建设成本,核证减排机制的资助主要用于减排项目的投资和建设。但是,大多数减排项目获得的资助远远高于项目本身所需要的成本。据统计和计算,若将所有的减排项目集中于三氯甲烷减排项目,总体的投资和建设成本大约7000万美元,但是,如果申请登记为清洁发展机制的减排项目则可获得10亿美元的资助,[3]无论这样的减排项目能否实现减排,实现多少减排量,都明显导致资源的巨大浪费,背离了效率价值。

尽管《京都议定书》国际碳市场机制饱受理论的质疑和批判,存在种种实践难题,但其并非毫无可圈可点之处。在宏观层面上,《京都议定书》掀起了创建碳市场机制的浪潮,此后,区域和国家碳市场机制也纷纷创建,这些不断诞生的碳市场机制推动了低碳理念、低碳技术和绿色融资在全球范围内的传播和发展。特别是清洁发展机制为不少发展中国家带来清洁技术与资助,这给一国低碳转型及制度变革带来积极影响和激励,进而为全球减缓带来潜在效益。从微

---

[1] See Clive L. Spash, *The Brave New World of Carbon Trading*, New Political Economy, Vol. 15:2, p. 169 – 195(2010).

[2] See Katia Karousakis, *Joint Implementation: Current Issues and Emerging Challenges*, COM/ENV/EPOC/IEA/SLT(2006)7, OECD, 2006, p. 10 – 11.

[3] See Joseph E. Aldy & Robert N. Stavins, *Architectures for Agreement: Addressing Global Climate Change in the Post-Kyoto World*, Cambridge University Press, 2007, p. 149.

观层面来讲,《京都议定书》国际碳市场机制推动了温室气体排放的透明度体系的建立和完善,包括国际和国内碳排放监测与信息通报、核查、认证等制度体系,也催生了一些制定碳交易标准和规则的组织、机构和其他行为体,这对建立碳排放的国际管制体系非常关键,因为,信息披露和透明度有助于增进国家间的互信,也形成了国家相互之间的隐形监督。

《京都议定书》建立的国际碳市场随着第一承诺期的结束而迅速进入衰退期,投资者纷纷退市,等候着下一个有约束力的气候协定发出信号。2009 年《哥本哈根协议》首次确立了 2℃的总体目标,即将全球平均气温较前工业化时期上升幅度控制在 2℃以内,并且允许缔约方自主制定并提交 2020 年前的量化减排承诺。遗憾的是,这份由美国与中国、印度、南非以及巴西共同拟定草案的气候协议并没有法律拘束力。[1]《哥本哈根协议》虽然也提到了以市场机制促进低成本减排,但也未能创建新的国际碳市场机制,其也未明确《京都议定书》国际碳市场机制何去何从,使国际碳市场一度处于萧条的状态。

---

[1] See Alister Doyle & Gerard Wynn, *Copenhagen Accord Climate Pledges too Weak*:*U. N*, Reuters (Mar. 31, 2010), https://www. reuters. com/article/us-climate-accord/copenhagen-accord-climate-pledges-too-weak-u-n-idUSTRE62U13M20100331.

第四章 《巴黎协定》减排义务模式转变与新国际碳市场机制诞生

《巴黎协定》于2015年12月在第21届联合国气候大会上通过,成为《联合国气候变化框架公约》体系下,继《京都议定书》之后的第二份具有法律拘束力的气候条约,开启了全球气候治理的新纪元。这份内容最短、生效最快的气候条约最引人注目的内容便是量化减排义务的弱化。取代了"双轨制"减排义务模式的国家自主贡献是何种性质的法律义务,在学界引发了争议。《京都议定书》国际碳市场机制根植于量化减排义务,既然减排义务模式发生了改变,国际碳市场机制能否存续,《巴黎协定》国际碳市场机制又如何诞生,将实现何种目的,值得探究。

第一节 《巴黎协定》减排义务模式之变

"全球公共话语不是产生于某一个一致的决定,而是产生于对决定后果的不同意见"[①],这是德国社会学家乌尔里希·贝克对于风险社会中政治共识的生成逻辑所提出的独到见解,用该见解来描述全球气候治理体系中国家意志的协

---

① [德]哈拉尔德·韦尔策尔等主编:《气候风暴:气候变化的社会现实与终极关怀》,金海民等译,中央编译出版社2013年版,第38页。

调再恰当不过。国家是否同意一项气候协定,取决于接受和履行协定会对国家产生怎样的影响和后果,即国家在气候协定上着眼于履约带来的收益和损失,而一项国际气候协定也必然经历了各个主权国家对其受影响的权利与利益的讨价还价与退让妥协。

一、减排义务模式转变之缘由

减排义务的模式,即缔约方承担减排义务的模式,《京都议定书》的减排义务模式就是附件 B 缔约方承担量化减排义务,且量化减排义务由缔约方议定,非附件 B 缔约方承担自愿减排义务,这被学界称为"双轨制"减排义务模式,这一模式在 2009 年《哥本哈根协议》之后逐渐发生了变化,该协议明确所有缔约方应当自主提交减排承诺。所谓自主提交减排承诺,即缔约方根据自己的经济发展程度、排放水平、控排能力和国情等情况向国际组织和其他缔约方作出有关减排量和减排行动的承诺。《巴黎协定》首次将缔约方自主提交减排承诺确立为一项法律义务,并称作"国家自主贡献",标志着减排义务模式在国际气候协定中的正式转变。

"双轨制"减排义务模式是美国等发达国家退出《京都议定书》的主要原因。因此,从政治的角度讲,减排义务模式的转变是博弈的结果,是为强化条约普遍约束力的权宜之计。但从法律的角度讲,减排义务模式的转变与《联合国气候变化框架公约》明确的"共同但有区别责任原则"密切关联。根据这一原则,缔约方创造了"双轨制"减排义务模式,也正是这一原则为打破"双轨制"减排义务模式埋下了伏笔。

(一)共区原则的再阐释

共同但有区别责任和各自能力原则(以下简称共区原则)是《联合国气候变化框架公约》确立的一项全球气候治理的基本原则,是一项兼具法律与政治属性的原则。共区原则引导着公平平等的义务分配,体现着气候变化的正义。此外,共区原则在其他国际环境宣言和条约中也有规定,如 1992 年《里约环境与发展宣言》(以下简称《里约宣言》)(原则 7)、1995 年《京都议定书》(第 10 条)等,且表述均不尽相同,本书聚焦于国际气候条约中的共区原则的讨论。

1. 法律和政治属性的共区原则

共区原则在《联合国气候变化框架公约》的"序言"与"正文"中均有规定，分别是作为法律原则的共区原则和兼有法律和政治属性的共区原则。

(1) 作为法律原则的共区原则

《联合国气候变化框架公约》"原则"部分明确"各缔约方应在公平的基础上，根据他们共同但有区别责任和各自能力，为人类当代和后代的利益保护气候系统"。[1] 共区原则在国际环境法中的地位长久以来处于争议之中，但具体到《联合国气候变化框架公约》，共区原则作为一项法律原则的地位被普遍接受。如果说共区原则多见于不具有法律约束力的国际环境宣言和软法文件，导致其法律效力含混不清的话，那么，气候变化的共区原则被明确规定在一项具有法律约束力的条约中，而且是在实体权利义务的条款中，而非政治共识或愿景的序言中，它对缔约方权利义务的法律约束力是不言自明的。[2] 共区原则并未明确缔约方的具体权利义务，而是为这种义务的安排和分配指引了方向，符合法律原则的特征，[3]因此，共区原则一直都被视为全球气候治理的法律原则。

从语义的角度分析共区原则可以得出以下两点结论。首先，"共同"与"区别"作为"责任"一词的限定语，分别反映的是法律责任"性质相同"和"数量不同"，前者表明所有缔约方承担同为法律性质的减排责任，而后者则表明虽然所有缔约方都承担法律责任，但依据缔约方对气候变化的影响不同而在减排责任上存在类型和数量的区别。[4] 因此，"对气候变化的影响"，也即排放水平是判断气候责任大小的主要因素，符合依据行为与后果的因果关系来判定法律责任的基本逻辑。其次，共区原则中的"各自能力"。在气候变化问题上，致害行为导致法律责任，但能否履行以及履行多大的责任还要考虑能力的问题。有学者认为，"各自能力"反映着发达国家对"责任"的淡化，特别是对其"历史排放

---

[1] 《联合国气候变化框架公约》第3条第1款。

[2] See Lavanya Rajamani, *The Principle of Common but Differentiated Responsibility and the Balance of Commitments under Climate Regime*, Review of European, Comparative & International Environmental Law, Vol.9:2, p.120 - 131(2000).

[3] See Daniel Bodansky, *The United Nations Framework Convention on Climate Change: A Commentary*, Yale Journal of International Law, Vol.18, p.451 - 558(1993).

[4] 参见陈贻健：《共同但有区别责任原则的演变及对我国的应对——以后京都进程为视角》，载《法商研究》2013年第4期。

责任"的否认与反对。[1] 但"区别责任和各自能力"中所使用的"和"这一连接词表明,"能力"与"责任"是判断国家实际减排的共同标准,"能力"并非责任的限定与修饰,而是责任之外的判断要素,排放水平决定了国家应当承担的减排责任,而能力则影响着国家对全球减缓能够作出的实际贡献,强调"能力"并非要弱化"责任",减排责任不因有无能力或能力大小而豁免或减少。

(2)兼有政治和法律属性的共区原则

《联合国气候变化框架公约》的序言部分明确,"承认气候变化的全球性要求所有国家根据其共同但有区别的责任和各自的能力及其社会和经济条件,尽可能开展最广泛的合作,并参与有效和适当的国际应对行动",强调了共区原则作为国际合作和行动的根据。一般而言,条约的序言是对愿景、目标和宗旨的规定,包括各国所达成的基本共识和承诺,其表达比较模糊和宽泛,不涉及对缔约方具体权利义务的安排,但是序言在解释和实施条约时也发挥着关键作用,包括按照序言所规定的条约的宗旨和目的来解释条约条款,以及在执行条约的过程中以序言所达成的愿景、目标和共识来鼓励缔约方对条约的遵守。因此,序言对于整个条约来讲,兼具政治和法律意义,而且政治意义更为显著。《联合国气候变化框架公约》序言中的共区原则就兼有政治和法律性质,一方面,序言中的共区原则是谈判和合作的基础,是缔约方政治交易的原则,受制于国际政治逻辑,又反过来制约缔约方,支撑与维系国际气候合作中的共识与平衡。[2] 另一方面,序言的共区原则在解释条约条款时发挥着参考和指导的作用,序言的共区原则之后还增加了"社会和经济条件"的表达,意味着在开展合作和行动的过程中,国家的社会和经济条件也应考虑在内,但事实上,"社会和经济条件"与"各自能力"都是内涵极不确定的概念,国家的减排能力实质上也取决于经济和财力的硬实力以及制度和文化的软实力,也就是社会和经济条件,因此,在解释共区原则中的"各自能力"时,经济和社会条件的概念也可以发挥补充作用。

2."影响"与"能力"的动态性

作为政治原则,共区原则是气候谈判的基础;作为法律原则,共区原则是

---

[1] See Kennedy Liti Mbeva & Pieter Pauw, *Self-Differentiation of Countries' Responsibilities: Addressing Climate Change through Intended Nationally Determined Contributions*, German Development Institute, 2016, p.6.

[2] 参见寇丽:《共同但有区别责任原则:演进、属性与功能》,载《法律科学》2013 年第 4 期。

"双轨制"减排义务模式的法律基础。共区原则强调根据排放影响来判断减排责任,根据国家能力来区分实际减排贡献,据此,《联合国气候变化框架公约》《京都议定书》根据国家自工业革命以来的历史排放以及经济发展的能力对承担量化减排义务的国家和自愿减排义务的国家作出了区分,建立了"双轨制"减排义务的模式。一些学者反对"双轨制"减排义务模式。例如,美国学者埃里克·波斯纳认为:"要求富国对迄今为止绝大多数的碳排放担责可能是错误的。巴西、俄罗斯、印度尼西亚和中国等发展中国家的温室气体排放量与美国、欧盟等富国是一样大的,至少当我们把变更土地用途和燃烧矿物燃料所产生的温室气体排放包括在内时的确如此,采用人均排放的全面评估也可得出类似结论。"[①]但是,先发的工业化国家的确造成了大量的碳排放,虽然这对气候变化究竟造成何种程度的影响以及因此产生多大的减排责任难以量化,正是历史排放责任使得任何推翻"双轨制"减排义务模式的提议都遭到发展中国家的强烈反对。但是,如果不把排放影响局限于历史的影响,以现实的影响和未来的可能影响综合评价国家的减排责任,那么,将可能动摇共区原则,进而打破"双轨制"减排义务模式。国家的温室气体排放并不是恒常不变的,伴随新兴国家经济增长的是不断攀升的碳排放;发达国家反而因技术创新与低碳化导致排放量锐减,因此,各国对气候变化的影响并不固定,既然"影响"是判断国家减排责任的因素,而这种"影响"又是变化的,那么,国家的气候责任也应当是变化的。

"各自能力"被囊括于共区原则是气候谈判中政治妥协的产物。最早确立共区原则的《里约宣言》并无"各自能力"的表述,该原则最初只强调发达国家对环境的影响与责任。[②] 然而,在气候谈判中,发达国家一直以来极力推卸历史责任,回避排放影响,后来,为了淡化历史责任,"各自能力"被提出,作为共区原则的内容之一。[③] 但是,"各自能力"在各个方面都显得更为复杂。首先,

---

① [美]埃里克·波斯纳、戴维·韦斯巴赫:《气候变化的正义》,李智、张键译,社会科学文献出版社 2011 年版,第 4—5 页。

② 《里约宣言》第 7 原则:"各国负有共同但有区别责任,鉴于发达国家对全球环境的压力以及所掌握的技术和财力资源,他们对追求可持续发展负有责任。"

③ Thomas Deleuil, *The Common but Differentiated Responsibilities Principle: Changes in Continuity after the Durban Conference of the Parties*, Review of European Community & International Environmental Law, Vol. 21:3, p. 271 – 281(2012).

能力指的是国家应对气候变化的能力,包括减排能力和适应能力,这种能力是动态变化的,因此,在评价国家具有怎样的能力的时候,不仅要考察现时期国家应对气候变化的可行能力,还要评估国家未来可能会具备的潜在能力。在减排能力上,主要考察的是一国提高能效、转变能源和产业结构的能力,就此而言,一些发达国家已经实现的技术创新和结构转变对发展中国家而言往往并不那么容易,那些欠发达国家更是望尘莫及。但"新兴工业国家随着经济增长和技术、社会变革在将来会拥有极大的技术创新和结构调整的可能性,而对那些最不发达国家和被传统紧紧束缚的发展中国家来说,在经济增长和社会进步是非常不确定的"[①]。因此,不同的发展中国家可能对气候变化的历史影响相差不大,且现实的应对气候变化的能力都很欠缺,但它们未来可能会拥有的潜在能力是截然不同的。换言之,"能力"依然是要动态分析和看待的因素。其次,"各自能力"强调的是国家各自的能力,但这种以国家为单位的区分和差异并不合理。例如,就风险防范、灾害恢复能力等气候变化的适应能力而言,一国内部的不同地区、不同群体之间就存在巨大的差异。在2005年气候变化引发的"卡特琳娜"风暴中,美国新奥尔良市的非裔美国人因较差的生存条件而在灾害中有着远超白人的死伤率。[②] 这些非裔美国人远低于整个国家应对气候变化的平均水平,也很难说他们有比贫穷国家人民更好的应对气候变化的能力。因此,以国家为单位的"各自能力"的区分虽然方便分配国家之间的减排责任,但这种分配的依据未必是合理的,诚如叶俊荣教授所言,"国际上固然肯认了地域差异性是因应气候变迁所不可忽略的面向,但局限于'主权'框架,以国家为治理单位、以国家利益为决策依归的结果只能处理国际层次的差异性,无法处理国家内部层次的差异性"[③]。

综上,共区原则中评价区别责任的"排放影响"与评价减排贡献的"各自能力"是一对动态性的因素,且不能简单地以国家为单位评价能力的差异。"双轨制"减排义务模式将缔约方划分为两个阵营,是无视这种"动态性"和"复杂

[①] [德]哈拉尔德·韦尔策尔等主编:《气候风暴:气候变化的社会现实与终极关怀》,金海民等译,中央编译出版社2013年版,第124页。

[②] See Humphreys Stephen, *Human Rights and Climate Change*, Cambridge University Press, 2010, p. 227.

[③] 叶俊荣:《气候变迁:治理与法律》,台北,台大出版中心2015年版,第59页。

性"的表现,反倒让共区责任原则成为一项僵化的"主观身份原则",①国家的气候责任和实际贡献的判断简单地化约为发达国家与发展中国家的身份识别。此外,附件 B 缔约方的量化减排义务由缔约方会议议定,一经议定,相关缔约方必须遵守,除非修订条约,不能更改,这隐含着一种强制性,在缔约方减排义务的调整和纠错机制缺位的情况下,强制性更加重了僵化,失去了任何转圜的余地,缔约方就非常容易"用脚投票"。

3.共区原则的缔约方争议

2011 年第 17 届联合国气候大会通过了"德班加强行动平台决议",该决议明确将启动一项新的国际气候协定的起草和谈判,然而,该决议却对共区原则只字未提,这产生了一个疑问,即未来通过的新气候协定究竟如何规定共区原则,这决定着新气候协定中的国家减排义务模式。发达国家认为新协定若要坚持共区原则,需要重新规定和解释共区原则,而发展中国家认为《联合国气候变化框架公约》体系下的任何新的气候协定都理应遵循该公约建立的基本原则,对共区原则的重新解释会涉及对《联合国气候变化框架公约》的修订。② 各国因此对新气候协定中的共区原则有着不同看法,具体而言,欧盟认为所有缔约方应承担具有法律拘束力的减排义务,而决定减排义务的共区原则应当考虑到各国"责任"与"能力"的变化。③ 美国坚持新气候协定不应保留"双轨制"减排义务模式,④而这遭到诸多发展中国家的反对。印度坚持共区原则不应偏离《联合国气候变化框架公约》所确立的模式。⑤ 中国主张新气候协定理应遵守共区原则,对发达国家不仅应当确立全经济量化减排目标,还应当确立其对发

---

① 参见陈贻健:《共同但有区别责任原则的演变及对我国的应对——以后京都进程为视角》,载《法商研究》2013 年第 4 期。

② See Lavanya Rajamani, *Articulating & Operationalizing Differentiation in the 2015 Climate Agreement:A Road for India in Paris*, Center Policy Research(Nov. 27,2015), https://www.google.com.sa/amp/s/cprclimateinitiative.wordpress.com/2015/11/27/articulating-operationalizing-differentiation-in-the-2015-climate-agreement-a-roadmap-for-india-in-paris/amp/.

③ See FCCC/ADP/2012/MISC.3,2012,p.20.

④ See FCCC/ADP/2012/MISC.3,2012,p.50.

⑤ See *India Submission on Work Plan of the Ad Hoc Working Group on the Durban Platform for Enhanced Action*, UNFCCC(Sept. 13,2013), https://unfccc.int/files/documentation/submissions_from_parties/adp/application/pdf/adp_india_workstream_2_2030309.pdf.

展中国家的资金、技术与能力建设支持的法律义务和目标。① 非洲国家的态度更为保守,反对共区原则的任何变动,坚持"双轨制"减排义务模式,并强调建立有效的惩罚机制。② 如此,在各方严重的立场分歧下,德班气候大会通过的决议无法对共区原则作出明确规定,只能保留空白,当然,这种回避矛盾的做法也使得德班气候大会在一片失望声中落幕。

德班气候大会后,共区原则一度成为缔约方的主要争议之一,背后实际上反映的是发达国家对"双轨制"减排义务模式的反对。虽然,发展中国家在国际谈判中仍然竭力争取保留这一来之不易的政治和法律成果。就在《京都议定书》第一承诺期临近结束时,各方还通过"巴厘路线图"再次强调2012年以后新的气候谈判进程将维持"双轨制"义务模式不变,③但是,日本、俄罗斯与加拿大随后均宣称不再加入第二承诺期,④如此,G8集团已有一半的成员国明确偏离全球气候治理的后京都时代的议程,这为气候条约的普遍约束力蒙上了阴影,也使缔约方不得不重新思考减排义务模式以及共区原则。

(二)《巴黎协定》共区原则与减排义务模式转变

《巴黎协定》共有4个条款规定了共区原则,且表述一致,但是,相比《联合国气候变化框架公约》下共区原则的规范表达,《巴黎协定》的共区原则似乎有所不同,分析这种不同是理解"双轨制"减排义务模式转变的前提和关键。

1.《巴黎协定》共区原则的疑义

《巴黎协定》在序言部分⑤以及正文的第2条第2款⑥、第4条第3款⑦和第

---

① See Leila Mead, *LMDCs, China and Norway Release ADP Submissions*, IISD(Mar. 12,2014), http://sdg.iisd.org/news/lmdcs-china-and-norway-release-adp-submissions/.

② See Seth Osafo & Anju Sharma et al., *Durban Platform for Enhanced Action, an African Perspective*,Oxford Climate Policy(May 1,2015),p. 5,https://oxfordclimatepolicy.org/sites/default/files/Durbanplatform_final_0. pdf.

③ See 1/CP. 13,FCCC/CP/2007/6/Add. 1.

④ See Anthony Watts, *It's all over: Kyoto Protocol Loses Four Big Nations*, WUWT(May 28,2011), https://wattsupwiththat.com/2011/05/29/its-all-over-kyoto-protocol-loses-four-big-nations/.

⑤ 《巴黎协定》序言提及,为实现《公约》目标,并遵循其原则,包括公平、共同但有区别的责任和各自能力原则,考虑不同国情。

⑥ 《巴黎协定》第2条第2款:"本协定的履行将体现公平以及共同但有区别的责任和各自能力的原则,考虑不同国情。"

⑦ 《巴黎协定》第4条第3款:"各缔约方的连续国家自主贡献将比当前的国家自主贡献有所进步,并反映其尽可能大的力度,同时体现其共同但有区别的责任和各自能力,考虑不同国情。"

4 条第 19 款①共 4 个条款中规定了共区原则,相比《联合国气候变化框架公约》中共区原则的规定,《巴黎协定》的共区原则的表述有了明显的变化。具体而言,《巴黎协定》在共区原则之后增加了一个新的表述,即"考虑不同国情"(in the light of different national circumstances)。这样一个含混不清的表达放在共区原则之后产生了一系列的疑问,"考虑不同国情"是否构成共区原则的组成部分?《巴黎协定》将其放在共区原则之后是何用意?其对共区原则产生了什么影响?回答这三个问题对于理解《巴黎协定》的共区原则十分必要。

从语法结构上分析,在这四个条款中,共区原则与"考虑不同国情"是并列关系,表达的意思相互独立。例如,序言部分强调的是实现《联合国气候变化框架公约》的目标要考虑公平原则、共区原则,还要考虑缔约方的不同国情。《巴黎协定》第 2 条第 2 款明确的是履行本协定应当体现公平和共区原则,同时也要考虑不同国情,其他两个条款同样可以作类似的解释。因此,仅就共区原则的规范表达而言,是与《联合国气候变化框架公约》的共区原则相一致的,并没有任何变化。但是,《巴黎协定》在共区原则之后单独强调"考虑不同国情"也有其深意,在保持共区原则内涵不变的情况下,对该原则进行了一定的限制,即在考虑一国的排放影响、各自能力之外,还要考虑其国情,这间接地导致在共区原则的基础上形成的发达国家和发展中国家的僵化对立被弱化和模糊化。因为,缔约方的国情是复杂多样的,很难将众多的缔约方根据国情不同简单地划分为几类,从而要求同类别的缔约方承担相同类型的减排义务;而且缔约方的国情也是变化的,包括经济发展、人口规模、制度文化、地理条件等不会是恒定的。因此,《联合国气候变化框架公约》和《京都议定书》通过附件的形式对缔约方及其减排义务的分类无法再实施,取而代之的是每一个缔约方的减排义务在形式、类型、数量上都不尽相同。通过强调不同的"国情"来弱化共区原则下发达国家和发展中国家的僵化对立,这一点从《巴黎协定》第 4 条第 4 款也可以看出,该条规定,发达国家缔约方应当继续带头,努力实现全经济范围绝对减排目标;发展中国家缔约方应当继续加强自身的减缓能力,并鼓励发展中国家根据不同的国情,逐渐转向全经济范围减排或限排目标。因此,《巴黎

---

① 《巴黎协定》第 4 条第 19 款:"所有缔约方应当努力拟定并通报长期温室气体低排放发展战略,同时注意第二条,顾及其共同但有区别的责任和各自能力,考虑不同国情。"

协定》并没有像《联合国气候变化框架公约》《京都议定书》一样以附件形式建立缔约方名单,其虽然仍保留了发达国家和发展中国家的划分,但是第 4 条第 4 款明确了发展中国家的身份是存在"毕业机制"的,[①]在国情发生变化的情况下,发展中国家被允许转变为发达国家,承担量化减排义务。

联合国气候谈判中,共区原则虽然是《联合国气候变化框架公约》确立的基本原则,但其实这一原则中的"区别责任"一直都是缔约方的争议焦点,发达国家和发展中国家围绕"区别责任"所达成的共识是非常脆弱的,当这种脆弱的共识被打破时,联合国气候大会面临的一个艰难的任务就是调整区别责任,这是一个政治和法律双重维度的难题,建立一个各方都认可和接受的"区别责任",并保障符合《联合国气候变化框架公约》的原则和精神。因此,《巴黎协定》对区别责任的调整也是非常谨慎的,选择了"国情"这样一个内涵极为模糊的概念试图动摇发展中国家在已经僵化了的"区别责任"上的认识。同时,"国情"以及"考虑不同国情"也正好是《联合国气候变化框架公约》早已确立的概念和精神,《联合国气候变化框架公约》第 4 条第 1 款规定,所有缔约方,考虑它们共同但有区别的责任,以及各自具体的国家和区域发展优先顺位、目标和情况。可见,《巴黎协定》以"考虑不同国情"对区别责任的调整也符合《联合国气候变化框架公约》的精神。

2. 转变义务模式的难题

综上所述,调整区别责任是一个政治和法律双重维度的难题,以"考虑不同国情"仅仅是做到了解题的第一步,打破了发展中国家一直以来在"区别责任"上的认识和坚持。区别责任反映在具体制度上就是"双轨制"减排义务,即《京都议定书》附件 B 的国家承担绝对的量化减排义务,其他国家承担自愿减排义务,《巴黎协定》动摇了发展中国家对这一模式的坚持,《巴黎协定》之后,判断一个国家承担何种减排义务不再取决于固定的"双轨制"模式,还要考虑国情。然而,这仅是解决了调整区别责任的认识和观念问题,更大的困难在于区别责任究竟如何调整,调整区别责任就是要转变这种减排义务模式,但是,推

---

① See Christina Voigt & Felipe Ferreira, *"Dynamic Differentiation": The Principles of CBDR-RC, Progression and Highest Possible Ambition in the Paris Agreement*, Transnational Environmental Law, Vol. 5:2, p. 285 – 303(2016).

翻了旧模式,又要建立一个怎样的新模式,这当中包括诸多政治和法律难题。

第一,共区原则是没有变的,那么区别责任应该如何设定,如果说按照传统的方式,由缔约方会议"自上而下"地议定和安排区别责任,那么,在"考虑不同国情"的前提下,这一方式不具有可行性,取而代之的只能是由各缔约方自主决定减排义务,并且向缔约方会议提交减排承诺,这就是《巴黎协定》"国家自主贡献"的模式。事实上,这一模式也早已有人提出,2004年《联合国气候变化框架公约》首席美国谈判代表罗伯特·A. 莱茵斯特提出"全球气候治理需要每一缔约方依据国情自主决定其对减缓的贡献,后京都的气候治理进程应以这一'自下而上'方式代替'自上而下'政治驱动的承诺方式"。① 此外,"自下而上"的承诺方式显然更加尊重国家的主权,更有利于协调国家的意志,英国前首席科学家大卫·金主张,"让国家自己决定他们将采取何种减缓行动而无须国际层面的同意,将比聚集缔约方一致达成国际协定更现实可行。"②《巴黎协定》采用这种模式并非偶然,2009年《哥本哈根协议》几乎完全按照"巴厘路线图"的精神保留了"双轨制"减排义务模式。但是,《哥本哈根协议》要求发达国家提交整体经济范围排放指标,发展中国家提交适合本国的缓减行动方案,③虽然,发达国家和发展中国家在减排义务的类型上仍存在明显区别,但无论如何,减排义务形成的方式已经发生了变化,由国家自主提交,不再由缔约方会议议定。《哥本哈根协议》之后,"自下而上"减排承诺的方式在后来历届的联合国气候大会中逐渐被确立下来。

第二,区别责任的调整存在另一个政治和法律难题,即如何评价国家所提交的减排承诺是否充分。在"双轨制"减排义务模式下,存在统一的评价机制和评价标准,然而"考虑不同国情"使得对缔约方的减排义务无法进行统一的评价。《京都议定书》附件 B 国家应当实现的减排目标和所承担的减排量由缔约方会议议定,因此,缔约方会议的议定就是附件 B 国家减排义务的评价机制,并且,根据《京都议定书》第 3 条第 1 款的规定,这些国家在 2008—2012 年

---

① Robert A. Reinstein, *Possible Way Forward on Climate Change*, Mitigation and Adaptation Strategies for Global Change, Vol. 9:3, p. 245 – 309(2004).

② Fiona Harvey, *Sir David King: World Should Abandon Kyoto Protocol on Climate Change*, The Guardian(Jul. 15, 2011), https://www. theguardian. com/environment/2011/jul/15/david-king-abandon-kyoto-protocol.

③ See FCCC/CP/2009/L. 7.

按照1990年的排放水平减少至少5%,这就是附件B国家减排义务的评价标准。但是,"考虑不同国情"使得这种评价机制和标准不复存在,每一个缔约方都有自己的标准,即国情。缺乏统一的评价机制和标准,等于缺乏约束力,任何气候协议将形同虚设。因此,减排义务的评价问题构成了转变减排义务模式的第二大难题。

《哥本哈根协议》在确立"自下而上"减排承诺模式的时候也考虑到了这一问题,其采用的解决方案仍然是诉诸缔约方会议。《哥本哈根协议》明确缔约方所提交的排放指标应当由缔约方会议衡量并核实。[1] 在国际环境条约中,多边审议是监督国家履行条约义务的常见方式之一,即通过专家或缔约方代表组成的委员会或小组对缔约方履行条约义务的情况进行审议,从而督促国家提升履约的力度。《哥本哈根协议》所确立的"缔约方会议衡量并核实减排指标"其实就是一种多边审议机制,由缔约方会议评价国家提交的减排承诺是否充分,从而督促国家采取更有力的行动。多边审议机制带有一种"问责"的色彩,但是为了避免其对国家主权的影响,多边审议机制通常是促进性而非强制性的,缔约方通过合作对话的方式参与审议,审议小组或委员会所作出的仅仅是建议,缔约方可以选择不遵守,因此,这种机制通常不具有强制性。其实,多边审议机制在《联合国气候变化框架公约》体系下早已有所尝试。例如,通过审议缔约方的国家温室气体排放清单和国家报告等来发现缔约方在减排方面存在的问题,通过这种方式可以促进缔约方更准确有效地履行条约义务,同时,信息披露也可以增强国家间的信任。但是,无论如何,这种审议的结果都是促进和鼓励性质的。当围绕"缔约方减排承诺的充分程度"建立一项多边审议机制时,该机制也只能是促进和鼓励性的。《巴黎协定》第14条建立的"全球盘点"(global stocktake)机制,就是这样一项机制,从实现《巴黎协定》目标的整体角度评估缔约方集体进展的情况,当然包括对缔约方减排承诺的充分程度的评价,不过,这一评价是针对所有缔约方的集体减排承诺,并不单独评价任何单一国家的减排承诺。[2] 通过分析和评估全球减排目标与所有缔约方减排承诺之间

---

[1] See FCCC/CP/2009/L.7, para. 4.

[2] See Lavanya Rajamani, *Ambition and Differentiation in the 2015 Paris Agreement: Interpretative Possibilities and Underlying Politics*, International and Comparative Law Quarterly, Vol. 65:2, p. 493 – 514 (2016).

的差距,促进和鼓励所有缔约方提高减排承诺,这样的方式更加限制了多边审议机制对国家主权的影响,但同时也弱化了对国家的约束力。

建立在共区原则基础上的"双轨制"减排义务模式暴露出僵化的问题,其在后《京都议定书》时代越发难以为继。2009年哥本哈根气候大会在一片失望和唏嘘中落幕,国际社会迫切地需要考虑重新安排减排义务模式,但国际社会也面对着转变减排义务模式和遵守共区原则精神的两难境地。《巴黎协定》以"考虑不同国情"对共区原则进行了限制,打破了"双轨制"减排义务模式,并以"自下而上"减排承诺的方式取而代之,从而实现了对国际减排义务模式的转变。

二、《巴黎协定》的国家自主贡献

国家自主贡献的概念由2013年《华沙决议》提出,《巴黎协定》明确缔约方通过制定、提交和实施国家自主贡献来履行减排义务,从而正式地确立了一种新的减排义务模式。国家自主贡献的确立表明自《京都议定书》以来的"自上而下"的"双轨制"减排义务模式被淘汰,这种转变影响了国际碳市场机制的形成,并对更广泛的国际气候治理产生了深远的影响。

(一)国家自主贡献的内涵与性质

《巴黎协定》很多条款的表述非常简洁,而且使用了一些含义模糊的非法律专业术语,使得很多概念非常抽象,意义不明晰。国家自主贡献就是一个典型的抽象概念,其中,"贡献"应当如何理解,国家自主贡献包含哪些内容,具有何种法律性质,代表着何种法律义务,分析其内涵和性质对于理解和认识新的减排义务模式尤为必要。

1. 国家自主贡献的内涵

2013年《华沙决议》提出,有意参与《联合国气候变化框架公约》体系的下一个条约和进程的缔约方,应拟定本国的国家自主贡献,并在2015年前向缔约方会议提交和通报,这是国家自主贡献首次出现在缔约方决议文件中。在2015年10月1日,也就是《巴黎协定》通过之前,已经有147个《联合国气候变化框架公约》的缔约方制定和提交了国家自主贡献。[1] 2015年《巴黎协定》正

---

[1] FCCC/CP/2015/7,para.8.

式规定了国家自主贡献,并对缔约方制定和提交国家自主贡献作出了更为具体的要求。但是,无论《华沙决议》还是《巴黎协定》,自始至终都未对国家自主贡献作出解释和界定,国家自主贡献内涵不清、外延不明,这影响了对新的减排义务模式的认识和理解。

国家自主贡献这个概念中最为抽象的就是"贡献"(contributions),按照文义解释,贡献指的是行为体作出的有利于实现特定目标的行为或活动,国家自主贡献应当是指一国自主性地计划、决定和实施有利于减缓气候变化的行为和活动。其中,"贡献"表明这种行为和活动是自发的,并不受强制;"自主"则表明这种行为和活动的内容和形式皆由缔约方自己来计划、决定和实施。与贡献相近似的概念就是"承诺"(commitments),《联合国气候变化框架公约》《京都议定书》以及其他气候大会的决议一直以来更加普遍地使用"承诺"一词来概括缔约方所做出的有利于减缓气候变化的行为,如减排目标的承诺、资金的承诺、技术转让的承诺。在国际气候条约中,承诺是缔约方对其他缔约方做出的有关应对气候变化的目标、行为和活动的许诺,其通常代表着缔约方承担着对应的法律义务,履行承诺是履行条约义务的一部分。例如,《京都议定书》附件 B 缔约方作出的减排目标承诺,也是缔约方承担的法律义务,缔约方批准条约则代表着接受承诺对其产生法律拘束力。

但是,《巴黎协定》却并未沿用"承诺",而使用了"贡献",那么,"贡献"与"承诺"究竟存在什么区别。从内容上来看,二者存在明显的区别。2015 年《通过〈巴黎协定〉决议》明确国家自主贡献的内容可以包括可量化的目标信息、基准年、时限、范围、规划进程、假设和方法学以及结合本国国情和全球减缓目标对本国自主贡献的评估。[①] 从国家提交的第一轮国家自主贡献来看,涉及的内容也非常广泛,在减排目标方面,包括全经济范围的量化目标、低于通常商业模式目标、碳强度目标、碳峰值目标、低碳发展战略等宏观政策目标,其他减排行动和计划目标等,一些国家自主贡献还包括了实现目标的条件,如资金、技术和能力建设的资助条件等。在行动方面,国家自主贡献主要包含实现目标的领域、计划和措施等信息。[②] 因此,国家自主贡献在内容上区别于缔约方的承诺,

---

[①] FCCC/CP/2015/10/Add.1,para.27.

[②] FCCC/CP/2016/2.

承诺主要包括行动目标,在《京都议定书》下,缔约方的承诺主要是指附件 B 国家的可量化的减排目标。国家自主贡献的内容更加完整,不仅包括行动目标,还包括实现目标的行为、举措和条件,以及对目标的评估。换言之,国家自主贡献要说明做什么,为什么这么做,怎么做,以及这么做的目标,其更类似于一种计划或预案,是国家所制定的有关应对气候变化的预案,包括目标、行动、计划、进展、具体措施和方法、存在的问题和需求、自我评估等一系列信息。因此,国家自主贡献在内容上更全面完整,当然相比承诺而言,也就不那么具体和直观,很多信息难以被视作一种具有法律约束力的义务。

2. 国家自主贡献的法律属性

《巴黎协定》使用"贡献"而非"承诺"产生的一个关键问题就是国家自主贡献能否被视为缔约方的承诺,是否代表着一种法律义务,具有法律约束力。《巴黎协定》使用"贡献"是否特意回避"承诺"所内含的法律义务,学界对于这一问题也存在争议。

国家义务的安排是气候协定的要点,也是国际谈判的焦点。作为一份具有法律约束力的文件,如果说《巴黎协定》应该对缔约方有何法律义务的安排,国家自主贡献无疑是重点之一。但是,《巴黎协定》通过之后,学界对国家自主贡献的法律属性产生了争议,不少学者认为含义如此模糊、内容如此宽泛的国家自主贡献很难再被视为缔约方的法律义务,进而,不少学者对《巴黎协定》致力于全球减缓的意义持有一种悲观的态度。美国智库世界大型企业联合会的高级政策顾问卢卡斯·博格坎普对国家自主贡献的效力提出了疑问,在没有任何质量和条件的要求下,国家自主贡献是否能对提交的国家产生有效的约束?[①] 德国环境治理智库生态研究所高级研究员拉尔夫·博德尔教授与塞巴斯蒂安·奥伯蒂尔教授认为国家自主贡献只是一国制定的减缓行动计划,在形式上也不属于《巴黎协定》的组成部分,并不具有法律约束力。[②] 《巴黎协定》第 4 条并未对国家实施或执行国家自主贡献确立任何法律义务。此外,也没有任何

---

① See Lucas Bergkamp, *The Paris Agreement on Climate Change: A Risk Regulation Perspective*, European Journal of Risk and Regulation, Vol. 7:1, p. 35 – 41(2016).

② See Daniel Klein & María Pía Carazo et al., *The Paris Agreement on Climate Change: Analysis and Commentary*, Oxford Public International Law, 2017, p. 95 – 98.

惩罚与纠正机制来保障国家自主贡献的实施,[1]因此,国家自主贡献作为一项法律义务难以证成,国内学者潘家华教授也明确主张国家自主贡献不具有法律约束力。[2]

一般而言,法律义务指的是对特定主体为或不为某种行为的要求,判断法律义务的关键词是法律条款中的"助动词",即"应当""不得""禁止"等。在国际气候条约中,减排义务是国家所承担的一项法律义务,具体要求国家实施减排行为,通常的法律条款表述的是"缔约方应当……",如《联合国气候变化框架公约》第4条第2款(a)项的规定,每一此类缔约方应制定国家政策和采取相应措施通过限制其人为的温室气体排放以及保护和增强其温室气体库和汇,减缓气候变化。按照该条款,国家负有制定政策,采取措施减缓气候变化的法律义务。但是,在英文中,"shall"和"should"都可以翻译为"应当",美国学者丹尼尔·博丹斯基认为二者也是有区别的,"shall"代表着缔约方应当承担一项法律义务,而"should"则表示一种建议,[3]又如,前述《联合国气候变化框架公约》第4条第2款(a)项中使用的就是表示法律义务的"shall"一词。而《联合国气候变化框架公约》第3条第2款规定,"应当(should)充分考虑发展中国家的特殊要求……"这里的"考虑特殊要求"就并非一项法律义务,而是一种建议,可以考虑,也可以不考虑。

国际气候条约对法律义务的主体通常也有不同的规定,具体而言,"每一缔约方应当"(each party shall)代表着"个体义务",而"缔约方应当"(the parties shall)、"附件一缔约方应当"(the parties included in Annex I shall)代表的是一种"集体义务"。就履行法律义务而言,个体义务判断的是单一国家的行为,而集体义务判断的是相关国家整体的行为。此外,牛津大学教授拉瓦尼亚·拉贾马尼认为法律条款在条约中的位置以及条款表达的清晰度也是判断法律义务的一个参考标准,规定在条约序言部分一般不作为法律义务,条款规定相对模糊,条款用语含糊,不具有明确的行为指向,也不能视为法律义务。

---

[1] See Margaretha Wewerinke-Singh & Curtis Doebbler, *The Paris Agreement: Some Critical Reflections on Process and Substance*, University of New South Wales Law Journal, Vol. 39:4, p. 1486 – 1517(2016).

[2] 参见潘家华:《碳排放交易体系的构建、挑战与市场拓展》,载《中国人口·资源与环境》2016年第8期。

[3] See Daniel Bodansky, *The Legal Character of Paris Agreement*, Review of European, Comparative, and International Environmental Law, Vol. 25:2, p. 142 – 150(2016).

具体到减排义务,根据内容不同,还存在一项特殊的区分,当要求国家采取措施或行动,而并未具体明确采取怎样的措施或行动时,这种法律义务被称为行为义务(obligation of conduct)。行为义务在功能上类似于"勤勉义务"(obligation of due diligence),有时被解释为"尽力实现结果的义务"[①],尽力即要求义务主体采取行动,尽自己的努力,但并不要求一定实现结果。如依据《联合国气候变化框架公约》第4条第2款(a)项的规定,国家负有制定政策,采取措施减缓气候变化的义务,但是究竟制定何种政策、采取何种措施并未要求,该项义务的评价标准是国家是否制定了政策、采取了措施。当要求国家采取措施或行动,并明确措施和行动的内容,或要求措施和行动应实现特定的结果,这种法律义务被称为结果义务(obligation of result),又如,《京都议定书》第3条第1款规定,附件一所列缔约方应个别地或共同地确保其在附件A中所列温室气体的人为二氧化碳当量排放总量不超过按照附件B中所载其量化的限制和减少排放的承诺以及根据本条的规定所计算的其分配数量,以使其在2008年至2012年承诺期内这些气体的全部排放量从1990年水平至少减少5%。该条款不仅要求国家实施减排行为,还要求国家实现特定的减排目标。在法律义务的履行上,行为义务的判断标准是看国家有无行为,结果义务的判断标准是看国家是否按要求行为或者行为是否达到了特定结果。

按照上述标准分析《巴黎协定》国家自主贡献的条款,便可以明确其法律属性。《巴黎协定》第4条第2款规定,"各缔约方应(shall)编制、通报并保持它计划实现的连续国家自主贡献。缔约方应(shall)采取国内减缓措施,以实现这种贡献的目标"。该条款的两处"应当"(shall)分别表示两项法律义务,其一,编制、通报并保持国家自主贡献的义务,该项义务对国家如何行为确立了具体的标准,判断国家是否履行义务的标准是国家是否编制、通报和保持了国家自主贡献,因此,该义务是一项结果义务。其二,采取国内减缓措施的义务,该义务属于行为义务还是结果义务在学界引发了争议,《巴黎协定》第4条第2款后半句表述为"缔约方应采取国内减缓措施,以实现这种贡献的目标",该句话仅看前半部分无疑是行为义务,但整体来看,似乎又可以理解为国家不仅应

---

① Benoit Mayer, *Obligations of Conduct in the International Law on Climate Change: A Defence*, Review of European, Comparative & International Environmental Law, Vol. 33:2, p.1 – 11(2018).

当采取减缓措施,还应实现特定的目标,如此,该义务又是一项典型的结果义务。但是通过语言逻辑来判断,这一点又是存疑的,这一表述中的"应当"之后紧跟的动词是"采取",而非"实现",而且,"采取"和"实现"两个动词之间也并非并列的逻辑关系。英文条款的表述更加能够说明这一点,"Parties shall pursue domestic mitigation measures, with the aim of achieving the objectives of such contributions",其中,"with the aim of achieving..."表明"实现"和"采取"之间不是并列关系,而是一种因果关系,即采取减缓措施的目的是实现国家自主贡献的目标。所以,该条款并未要求缔约方必须实现国家自主贡献。相反,"实现国家自主贡献"表达的是对缔约方的一种期望,期望各国所采取的减缓措施能够实现其国家自主贡献的承诺。

此外,从义务主体上分析,《巴黎协定》第4条第2款所规定的编制、通报和保持国家自主贡献的主体是"每一缔约方"(each parties),代表着一种"个体义务",而《京都议定书》第3条第1款规定,"附件一缔约方应当个别地或共同地……"(the parties included in Annex Ⅰ, individually or jointly...),其所明确的法律义务包含着一种"集体义务"。[①] 从《京都议定书》的集体义务到《巴黎协定》的个体义务,这代表着约束力的有效性转向约束力的普遍性,强化每一个缔约方的参与度,在后《巴黎协定》时代的气候治理体系中,让所有国家参与和贡献气候治理相比将少数几个国家捆绑在僵化的减排目标之下更有意义。综上所述,在《巴黎协定》国家自主贡献下,每一个缔约方都承担着行为义务,包括"编制、通报和保持国家自主贡献"和"采取国内减缓措施"的法律义务,而实现国家自主贡献并非缔约方承担的法律义务。换言之,国家自主贡献本身并非一项法律义务。

(二)国家自主贡献对国际气候治理的影响

国家自主贡献对国际气候治理的影响体现在两个方面,对碳排放的国际管理体制的影响以及对碳减排的行动路径的影响,前者是站在国际组织和机构的角度,分析国家自主贡献对国际组织如何管理全球碳排放的影响,后者是站在国家的角度,分析国家自主贡献对国家如何行动的影响。

1. 国际碳减排的行动路径转变

《京都议定书》所确立的量化减排义务为国家如何行动奠定了"目标协

---

① 参见许耀明:《巴黎协议一周年:回顾与展望》,载《月旦法学杂志》第4期(2017年)。

商"、"强制责任"以及"集团减排"的路径,国家自主贡献的诞生标志着国际碳减排的行动路径转变。

(1)"强制责任"向"自主贡献"的转变

国际碳减排的规范体系围绕温室气体排放目标以及缔约方的减排责任展开,减排责任的划分一直都是国际气候合作的重点,也是缔约方谈判的争议焦点。《联合国气候变化框架公约》确立了划分国家减排责任的共区原则,《京都议定书》依据共区原则明确了特定发达国家的减排责任,并以附件的形式使得这些国家的减排责任在法律上具有了一种任择强制性,即只要国家加入《京都议定书》,就必须遵守和履行减排义务。然而,通过国际合作的方式分担国际责任本就有悖于国家"趋利避害"的本性,"强制责任"更加重了国家的逆反心理,因此,国家的观望与推诿才是减排的国际合作之常态。国家承诺与强制履约所涉及的任何责任分配之法只是国家意志的妥协,并不完全是"分配正义"的实践,所达成的方案也是政治"零和博弈"的表现,[①]而从国际现实主义出发,任何所谓的彰显着公平伦理的责任分配方案在遭遇国家主权的恣意时都空有"强制性"。《巴黎协定》下,"自主贡献"取代了"强制责任",减排责任不再由缔约方会议"自上而下"地确立,也不再通过条约强制性地实施和要求,而是由国家结合国情自主性地提交减排贡献,这是一种带有激励性质的"责任划分"的模式,将国家从强制责任中松绑,转而强化参与的普遍性,通过强化透明度,从而在缔约方之间形成相互监督和促进。

(2)"集团减排"向"集体行动"的转变

国家自主贡献实现了国际碳减排由"集团减排"向"集体行动"的转变。《京都议定书》附件 B 国家的减排承诺实质上是一种"集团减排"的承诺,即减排义务集中于"附件 B 国家"这一集团。发展中国家的自愿减排的法律义务被弱化,清洁发展机制在某种程度上也强化了发展中国家"无资助,不减排"的心理,然而,清洁发展机制的运作既缺乏监督也不透明,对集体行动之贡献也是毁誉参半。如此,全球减排的"集体行动"寄托于一小部分国家的行动,这些国家

[①] See Alina Averchenkova & Nicholas Stern et al., *Taming the Beasts of "Burden-Sharing": An Analysis of Equitable Mitigation Actions and Approaches to 2030 Mitigation Pledges*, Grantham Research Institute on Climate Change and the Environment, 2014, p. 7.

的行动迟滞也就造成了全球减排的集体困境。著名的经济学家奥尔森曾指出，"除非一个集团人数很少，或除非存在强制或其他特殊手段，否则理性的个人不会采取集体行动"。①《京都议定书》的参与国家数目众多，虽然也采用了促进集体减排行动的强制手段，但受强制的对象却远非整个"集体"，而是发达国家集团，无法发挥促进集体行动的作用。国际碳减排中，减排是一项公共物品，任何公共物品都无法克服其"非排他性"，强制一部分国家提供"减排"的公共物品其实放纵了另一部分国家"搭便车"的情形，最终只会加重集体行动的困境。

对此，解决之策在于将对"集团"的强制改成了对"集体中每一个体"的强制，而这正是国家自主贡献所欲实现和追求的目标。作为新的减排义务模式，《巴黎协定》对每一个缔约方施加了"编制、通报与保持自主贡献"以及"采取减缓措施"的法律义务，体现了集体对其每一成员追求共同利益（全球减排目标）的行动强制。但是，其在强度上已大不如从前，"编制、通报与保持自主贡献"实际上是一种程序性的约束，"采取减缓措施"虽然是一项实体性的约束，但其并无统一的标准，在内容与程序上完全遵循"个体自愿"，这必然会增加评价和对比的难度，也会加重国家在集体行动中的投机心理，造成国家在自主贡献上的恶性竞争，或国家利用自主贡献中的政策手段争夺国际贸易中的比较优势，诸如此类的"个体理性"加重"集体行动"无效的情形恐怕难以避免。这将需要全球盘点机制对照集体进展对个体行动进行更为科学的催化和引导。而且，《巴黎协定》第4条第3款的"不倒退"规则②，亦将在一定程度上对"个体理性"形成最低限度的约束，但是，全球盘点机制仍旧是激励性的，这一多边评估机制只能对国家承诺和实施自主贡献形成一定的促进作用，并不具有强制性。

（3）"协商"到"行动"的转变

《京都议定书》附件B缔约方的减排目标是国家在承诺期开始前通过谈判协商的方式确立，减排责任依靠对国家意志的协调，内容只限减排目标，效力仅限于特定的承诺期。这种方式存在的弊端在于，建立在国家意志协调基础上的责任划分本就缺乏稳定性，其局限于特定承诺期也造成了气候政策的不连续

---

① [美]曼瑟尔·奥尔森：《集体行动的逻辑》，陈郁、郭宇峰等译，格致出版社2014年版，第2页。
② 《巴黎协定》第4条第3款规定，各缔约方下一次的国家自主贡献将按不同的国情，逐步增加缔约方当前的国家自主贡献。该条款表明国家自主贡献在减缓措施的力度和强度上不能倒退。

性,而且,国家间的协商方式忽略了非国家行为体对气候变化的贡献。

国家自主贡献表现为以国家为单位的应对气候变化行动的整合,对国家协商模式的国际碳减排路径影响深远。首先,国家自主贡献一改国家协商,代之以国家行动。国际碳减排不再寄托于反复无常的国家意志和无休止的讨论,而是通过督促每一个国家整合减排的资源和信息从而实实在在地推动国家行动起来,这有助于改变国际气候治理"纸上空谈"的窘境。[①] 其次,国家自主贡献在内容上不再只限于单一的减排目标,还将包含为实现目标而实施的减缓行动方案,涉及一国碳减排的战略、规划与行动信息。换言之,国家不仅要为自己设定行动目标,还要制定行动计划和方案。再次,国家自主贡献是公开的,通过公开一国的减排目标和行动方案来强化国际碳减排的透明度,进而在国家之间产生了一种隐形的监督和竞争,有助于促进国家自主贡献的提升和更新。最后,缔约方所提交的国家自主贡献每 5 年需要经过一轮全球盘点的评估,并要求缔约方在此基础上进一步加强目标和行动,有助于实现国家碳减排政策与行动的连续性。

2. 国际碳排放的管理模式转变

为矫正国家不受限制的碳排放行为,大气作为"全球公共物"(global commons)的观念日益盛行,[②]而以一种国际社会的中央集权体制来管理全球公共物的愿景与实践也随之而来。从《联合国气候变化框架公约》到《京都议定书》,国际社会不断地致力于建立一个有效的碳排放国际管理体制,统一管理全球碳排放,指导各国进行碳减排。《京都议定书》在为各国确立减排目标和责任的同时也初步确立了一种国际碳排放管理体制的雏形。国际碳排放管理体制下,既有以强制减排目标、国际许可排放权为内容的"命令—控制"机制,亦有碳排放权交易、减排量核证为内容的"经济诱因"措施,以碳排放权为媒介,实现大气资源的合理有效分配。在规范形式上,既有实质性的权利与义务规范,又有监测、报告、核证为内容的程序性规范。

事实上,在当代全球环境管理体制的发展脉络下,国际碳排放管理体制只

[①] 参见张文贞:《启动气候法律 2.0:联合国气候变化纲要公约第二十二次缔约方大会纪实与检讨》,载《月旦法学杂志》第 4 期(2017 年)。

[②] See Humphreys Stephen, *Human Rights and Climate Change*, Cambridge University Press, 2010, p.179.

是一个缩影。随着国家谈判并签署不同的国际环境条约,国际社会围绕不同环境问题逐渐创建了不同的全球环境管理体制。创建全球环境管理体制的原因在于国家作为生态环境的破坏者自发地进行生态化和绿化是备受质疑的,[1]在气候变化的问题上,国家作为经济利益行为体主动地追求低碳和减排也是非常缺乏能动性。国际碳排放管理体制由缔约方会议及其设立的各项组织和机构"自上而下"地统一管理和指导国家的碳排放行为,这一"自上而下"的管理体制所拥有的极为有限的"自主权"完全依赖于国家的认可和承诺。《京都议定书》强制责任的失败经验印证了国际碳排放管理体制所拥有的"自主权"非常不自主,它建立在"国家中心主义"的逻辑基础上,深受大国的权力干扰。"国际环境管理体制的自主性不仅要受制于主导性国家对权力的运用,还要受制于自身的独特结构"[2],气候变化在共时性上与每一个个体息息相关,在历时性上关联着历史责任与未来风险,这种特性决定了任何中央决策体制对于大气资源在跨越空间和时间上的公平有效分配都难以实现,从这个角度看,任何所谓全球碳排放管理体制本身则极为狭隘。

国家自主贡献对国际碳排放管理体制带来两项变化。首先,国际碳排放管理体制的"去中心化"。一方面,国家自主贡献取代了《京都议定书》的总量管制目标和强制减排责任,将特定的发达国家松绑于缔约方会议的约束。另一方面,国家自主贡献强调国家在减排目标设定和减排行动规划方面的自主性,国际碳排放管理体制仅仅发挥着信息枢纽的作用,这体现了国际碳排放管理体制的"去中心化",以及"国家中心主义"的回归。其次,国际碳排放管理体制的程序性约束的强化。国家自主贡献有助于整合国家应对气候变化的信息、资源和力量,培养国家发现、规划和实施气候政策与行动的能力,虽然其对国家碳排放仅仅发挥着程序性的约束,但是这种程序性约束得到了强化,包括保障国家自主贡献的公开透明以接受国际社会的监督,以及国家自主贡献受"全球盘点机制"的评估,表明了国际碳排放管理体制程序性约束的强化。这种程序性约束对于推动全球减缓有着实质性的意义,一方面,国家自主贡献的约束对象更加

---

[1] 参见[澳]罗宾·艾克斯利:《绿色国家:重思民主与主权》,郇庆治译,山东大学出版社2012年版,第4页。

[2] [美]罗尼·利普舒茨:《全球环境政治:权力、观点和实践》,郭志俊、蔺雪春译,山东大学出版社2012年版,第233页。

广泛,包括发展中国家在内的所有缔约方;另一方面,国家自主贡献对国家规划和实施碳减排行动的要求更加广泛和深入,其要求国家提交减排目标、减缓的政策规划及行动方案,要求国家在全经济各部门筹划和实施减缓行动。因此,取消总量管制目标和强制减排责任并不代表着国际碳排放管理体制的消亡,其在程序性约束方面有了明显的提升和增强。

第二节 《巴黎协定》国际碳市场机制的缘起与诞生

《京都议定书》在全球碳排放的管理方面更加倚重强制和干预的手段,而《巴黎协定》更加看重激励的重要性,市场机制本身就是激励手段的一种。因此,纵使国际碳市场机制备受理论质疑和批判,并暴露出实践的不足和困境,但《巴黎协定》未放弃市场机制,还建立了新的国际碳市场机制。新的国际碳市场机制诞生的过程也充满了政治斗争和博弈,但基于国际社会对市场机制所抱有的激励减排行动的更高期望,新的国际碳市场机制最终还是成功得以创建。

一、《巴黎协定》国际碳市场机制的缘起

国际碳市场机制对《京都议定书》的重要性在于降低发达国家减排成本的同时促进发展中国家的参与,可以说发挥着平衡强制责任与普遍参与的作用,巧妙地维持着各缔约方在全球气候治理中的共识。然而,《巴黎协定》开启了全球气候治理的新纪元,国家自主贡献标志着国际碳减排行动路径和国际碳排放管理体制的转变,国际碳排放管理体制"去中心化",强制责任不复存在,如此,国际碳市场机制又该发挥何种作用。

(一)全球低碳发展战略

《巴黎协定》设定了2℃的温升控制目标和1.5℃的温升限制,并明确了实现这一目标的两项措施:一是通过要求缔约方实施国家自主贡献来降低碳排放,二是通过要求缔约方制定和实施长期低碳排放发展战略,促进全球性的经济结构转型,即改变长期依赖高碳排放的全球经济发展模式,推动和实施全球低碳经济发展战略。

2007年"巴厘路线图"明确应对气候变化的长期合作行动,[①]长期合作行动首先应包括一个长期的全球减排目标,在具体合作内容上包括减缓、适应、技术转让以及供资、投资方面的国家和国际行动。"巴厘路线图"设立了公约长期合作行动特设工作组(AWG-LCA),[②]该工作组主要的任务是推动发展中国家在后《京都议定书》时代的减缓行动的谈判,以及拟定"巴厘路线图"长期合作行动的共同愿景。公约长期合作行动特设工作组于2009年拟定了一份"长期合作行动共同愿景"案文(以下简称共同愿景),明确长期合作行动还包括可持续发展行动,提出了"低碳转型"对应对气候变化的关键作用。"共同愿景"明确,"应对气候变化的同时,协调可持续发展的挑战和公平地利用全球大气资源,意味着需要一种经济转型,将全球经济增长形态调整到一种可持续的生活方式、低排放轨迹或具有气候抵御能力的经济发展"[③]。低碳转型是生态现代化理论所主张的环境变革的内涵之一,强调以经济秩序的结构性转变实现增长的可持续性,"共同愿景"对"低碳转型"的强调意味着生态现代化理论所提出的环境变革论被运用于全球气候治理体系中。

《哥本哈根协议》明确规定了"低碳转型",强调争取2℃目标需要全球碳达峰,而这又尤其依靠发展中国家的碳达峰,为推动发展中国家早日实现碳达峰,并兼顾其经济发展的根本需求,引导和带动发展中国家实施低碳转型就显得尤为必要。2010年《坎昆协议》明确了建立"低碳社会"的一系列措施,包括技术创新、可持续生产与消费及生活方式的转变,以及高素质就业和公正的劳动力转型,[④]强调推进低碳社会转型,应在生产、消费和就业的各方面转变高碳排放的经济结构。2011年"德班加强行动平台决议"明确发达国家提交各自制定的低碳发展战略的进展情况,向其他国家分享和介绍低碳转型经验,[⑤]并鼓励发展中国家在发达国家的资金与技术的支持下制定低碳发展战略,[⑥]《巴黎

---

① 1/CP.13,FCCC/CP/2007/6/Add.1,para.1.
② 公约长期合作行动特设工作组的初衷在于商讨后京都时代发展中国家的减缓行动,其与专门针对后京都时代发达国家减排义务安排的"《京都议定书》之下的附件—缔约方进一步承诺问题特设工作组"(AWG-KP),成为后京都议程双规并行的谈判组。
③ FCCC/AWGLCA/2009/14,p.16.
④ 1/CP.16,FCCC/CP/2010/7/Add.1,para.10.
⑤ 2/CP.17,FCCC/CP/2011/9/Add.1,para.11.
⑥ 2/CP.17,FCCC/CP/2011/9/Add.1,para.38.

协定》第 4 条第 19 款明确要求所有缔约方制定并提交"长期温室气体低排放发展战略",并建立了"长期战略平台"(long-term strategies portal),截至 2025 年 6 月,76 个缔约方已经提交了本国的低碳发展战略。《巴黎协定》的这一要求背后反映出了缔约方会议企图通过国际组织的程序性约束来驱动和强化国家规划和实施本国的低碳发展战略,激励国家自主性地探索和迈向低碳社会,这对一些深陷"经济发展与生态环境"恶性循环的国家具有积极意义,这些国家通常意识不到转型的意义和方向,而国际组织驱动的低碳发展战略则发挥着风向标的作用,让国家发掘本国转型的可能和潜力。

《巴黎协定》要求缔约方规划和实施全球低碳发展战略,对全球气候治理具有独特意义。首先,在气候条约中提出"低碳发展战略"标志着国际社会是在超越传统环境问题的视野中去审视气候变化,将气候变化视为更为复杂的经济和社会可持续发展的问题,这也将修正绝大多数国家长期以来在应对气候变化问题上所形成的"发展"与"减缓"二元对立的意识,减缓不再是限制或剥夺发展权的单纯的"经济放缓",而是转变经济和社会发展模式的可持续发展。其次,"责任"向"权利"的范式转向。《京都议定书》以来的国际碳减排更加强调国家责任,这在条约谈判与实施中存在的最大障碍就是国家不情愿甚至拒绝接受责任,《巴黎协定》提出低碳发展战略,更加强调的是国家的可持续发展的权利,这将有助于消除国家面对责任时的抵触心理,促进气候条约的谈判和实施。强调权利有利于改善以"责任"为导向的国际协商深陷国家意志协调和集体行动的困境,特别是让那些难以兼顾经济发展与气候减缓的国家意识到自己对全球减缓的贡献潜力,促进气候条约的谈判和实施由"零和博弈"向"合作共赢"转变。最后,"将应对气候变化定位为可持续发展战略,体现了解决该问题的复杂性、综合性与长期性"[1],《巴黎协定》提出低碳发展战略,表明国际社会在应对气候变化方面有了新要求,在目标和行动方面,应当确立长远的减缓目标,坚持减缓行动的长期性和综合性,在参与主体方面,强化国际组织、国家、公私实体等多元主体的参与,在制度措施方面,要加强跨部门合作,采取综合性政策和行动,以及结合行政干预和激励手段来全面而有效地减缓气候变化。

---

[1] 柯坚:《可持续发展对外政策视角下的欧盟气候变化国际合作方略》,载《上海大学学报(社会科学版)》2016 年第 1 期。

(二)全球低碳发展战略下国际碳市场机制的作用

全球低碳发展战略的实施将需要各国进行广泛而有力度的减排行动,包括经济各部门的制度改革和技术创新,国际碳市场机制将对国家的减排行动提供激励和支持的作用,通过推动发展中国家的低碳转型和发展使其早日实现碳达峰,根本上来讲,这将有助于降低全球减排的成本。

1. 促进国家适当减缓行动

迄今为止,世界上的绝大多数国家仍然维持着高耗能、高排放的发展模式,这根源于国家层面缺乏低碳转型的动力与能力。大部分发展中国家的经济增长已经被锁定在了工业化发展模式中,随着可持续发展理念的广泛传播,越来越多的国家意识到低碳发展的意义,但又因为缺乏创新能力与资金保障而难以突破传统的发展模式,因此,推动全球减排根本上在于推动国家的低碳转型,而推动国家低碳转型的棘手难题又在于解决能力和动力的问题。

"巴厘路线图"提出了国家适当减缓行动(Nationally Appropriate Mitigation Actions, NAMAs),指发展中国家在可持续发展方面所实施的可测量、可报告的适当减缓行动,这种行动应当得到资金与能力建设的支持。[①] 为了实现对国家适当减缓行动的资助和支持,缔约方会议还专门建立了"国家适当减缓行动登记处",负责登记和公开发展中国家适当减缓行动的计划和方案,包括实施目标、部门、资助需求、成本、预期减排等信息,以便寻求有资助意向的国家和机构。国家适当减缓行动在形式上可以是小项目,也可以是围绕特定经济部门的大项目,还可以是政策类的行动。国家适当减缓行动实质上包含了低碳转型和发展的各类行动,其中,"国家适当"表明这种行动是国家结合本国国情自主实施的减缓行动。显然,"巴厘路线图"企图通过技术和资金的国际合作来促进和激励发展中国家自主性地开展和实施适当减缓行动,推动低碳发展战略,然而,国际合作是以互利互惠为原则的,缺乏利益诱导或法律机制保障的国际合作的激励作用非常局限,自 2015 年以来,仅有 5 项国家适当减缓行动成功获得资助,[②]且资助方主要是全球环境基金等国际机构和组织,这对于解决发展中

[①] See 1/CP.13, FCCC/CP/2007/6/Add.1.

[②] See *NAMA Registry*, UNFCCC (Sept. 27, 2024), https://www4.unfccc.int/sites/publicnama/SitePages/Home.aspx.

国家低碳转型的动力和能力不足的问题也是杯水车薪。

《哥本哈根协议》之后,越来越多的发展中国家提交了国家适当减缓行动,一些国家适当减缓行动后来也出现在缔约方的国家自主贡献中。全球低碳发展战略的推进将很大程度上依靠缔约方对国家适当减缓行动的实施和开展,国际碳市场机制能够对国家适当减缓行动产生激励作用。碳市场机制将大气环境容量转化为一种稀缺资源,通过价格信号和交易行为来优化碳源的流动,促进经济各部门的碳排放行为更加高效,"世界范围内的碳价机制和碳市场机制的发展使人们更关注碳生产率的提高,即提高单位碳排放的经济产出效益,也意味着经济发展方式向低碳化转型"。① 后《京都议定书》时代,不少国家以碳市场机制推行可再生能源的应用、化石能源能效提高、低碳产业结构调整、低碳运输和新能源汽车等,凡此种种,无不是可持续发展框架下的国家适当的减缓行动。国际碳市场机制是一项互利互惠的国际合作机制,虽然其备受公平伦理方面的争议,但是,在当前气候谈判深陷国家争夺排放空间之"零和博弈"的僵局中,这一机制却也是一项务实的举措,通过利益诱导,让市场行为体的力量贡献于低碳发展战略,有望打开能力互助、合作共赢的局面。而且,市场行为体的参与也有利于进一步改变政府决策,"政策制定者会受到国内企业的鼓励,从而提高环境规制的标准以适应更为严格的国际市场规制水平"②,在国际碳市场机制下,实力雄厚的跨国公司对其子公司,以及庞大的跨国行业组织和协会对于行业内的市场行为体的规范和约束可以间接地影响一国的政策和决策,从而推动国家低碳转型和发展,激励国家减缓行动。因此,《巴黎协定》所建立的国际碳市场机制有着相比降低减排成本更高层次的目标,即将私营部门纳入低碳发展的风潮当中,由他们为国际驱动的低碳发展战略提供动力源。

2. 基于碳市场的气候资金

全球低碳发展战略依靠国家适当减缓行动,然而,国家适当减缓行动又落脚于气候资金的保障,根据国际能源机构的估算,如果占全球碳排放 2/3 的发展中国家要在 2050 年前实现碳中和,那么在 2030 年前的每一年将需要约 2 万

---

① 何建坤:《全球低碳转型与中国的应对战略》,载《气候变化研究进展》2016 年第 12 期。
② [德]马丁·耶内克、克劳斯·雅各布主编:《全球视野下的环境管治:生态与政治现代化的新方法》,李慧明、李昕蕾译,山东大学出版社 2012 年版,第 115 页。

亿美元的气候资金为这些国家的低碳转型提供保障，然而，当前列入计划中的气候资金只有4000多亿美元，并且涵盖了接下来7年的资金。[①] 因此，气候资金远远供不应求。《联合国气候变化框架公约》体系下的气候资金主要源于国家财政等公共资金以及碳金融市场的私营部门的气候资金。2015年巴黎气候大会中，发达国家所承诺的从2020年开始每年提供至少1000亿美元的气候公共资金远没有兑现。2024年第29届联合国气候变化大会确立了新的气候融资目标，即在2035年前，发达国家每年至少筹集3000亿美元，帮助发展中国家适应气候变化，[②]私营部门的气候资金成为主要的依靠。《京都议定书》建立的国际碳市场机制曾经吸引着不计其数的投资者，围绕碳排放权和碳信用所产生的金融衍生品推动了多边开发银行以及不少国内金融机构的绿色信贷和融资的发展，这些绿色融资对减排行动提供了资金保障，基于《京都议定书》时代的经验，国际社会寄希望于国际碳市场机制来催生碳金融的力量，从而为气候资金机制输入新鲜血液。

（1）基于碳市场的气候公共资金

《联合国气候变化框架公约》体系下气候资金的来源是一个争议问题，即由谁来提供资金的问题，发展中国家致力于将发达国家的资金援助法律化、义务化，[③]以保障气候资金的来源。因为，发展中国家认为，按照共区原则，发达国家对发展中国家承担着资金义务，但发达国家拒绝接受，并且倾向于政治意愿的自主供资以及私人部门的融资。《联合国气候变化框架公约》体系下的气候公共资金缺乏利益驱动以及规范化的增资机制，导致气候公共资金长期迟滞。[④] 在这种情况下，气候资金的源头逐渐向国际碳市场机制以及私营部门延伸，如核证减排机制的项目收益分成、配额拍卖等，使气候资金的来源更加"市

---

① See Prasad Ananthakrishnan et al. , *Emerging Economies Need Much More Private Financing for Climate Transition*, IMF（Oct. 2 2023）, https://www. imf. org/en/Blogs/Articles/2023/10/02/emerging-economies-need-much-more-private-financing-for-climate-transition.

② FCCC/PA/CMA/2024/L. 22, para. 8.

③ 参见曹俊金：《气候治理与能源低碳合作：发展、分歧与中国应对》，载《国际经济合作》2016年第3期。

④ 参见潘寻、朱留财：《后巴黎时代气候变化公约资金机制的构建》，载《中国人口·资源与环境》2016年第12期。

场化"。① 公约长期合作行动特设工作组第 12 届会议提出将国际碳市场机制所产生的资金作为《联合国气候变化框架公约》下资金机制的创新资源。② 但国际碳市场机制下的资金流动较为复杂,一部分是碳信用拍卖所得收益,如将清洁发展机制的减排项目所产生的核证减排量的收益抽取 2% 注入"适应基金"以用于资助发展中国家适应行动。另一部分是核证减排机制下减排项目合作带来的私营部门的投资。

《哥本哈根协议》确立了气候资金的目标,发达国家通过国际机构在 2010—2012 年提供 300 亿美元的"快速启动资金"(fast-start finance)以及 2020 年前每年向发展中国家调动 1000 亿美元的气候资金,但是这些资金并未完全到位,不少国家和组织把目光转向了国际碳市场。2010 年联合国秘书长召集的"气候变化资金问题高级别咨询小组"(以下简称筹资小组)致力于气候资金创新资源研究的组织顾问,其对于碳市场是否可以构成气候资金的创新资源这一问题存在明显分歧。反对者认为,国际碳市场机制的目的在于降低发达国家的减排成本,并非用于提供气候资金。赞成方则认为,国际碳市场机制下的资金流动是在政策驱动下由发达国家向发展中国家转让资金的典型例证,而发达国家对发展中国家承担着提供气候资金的义务,因此,国际碳市场机制下的资金当然构成气候资金的一部分。折中方则主张国际碳市场机制的供资应局限于核证减排机制的净价值流动,即碳信用拍卖的所得收益。③ 2011 年应 G20 部长级会议的要求,由世界银行牵头,经济合作与发展组织(OECD)以及几大多边开发银行共同撰写的《调动气候资金》报告对利用碳市场调动气候资金作出了情景预测,假设碳价保持在 25 美元/吨,所有发达国家能在 2020 年相对基准线减排 10% 的前提下,碳市场中的配额拍卖与碳税的财政收益高达 2500 亿美元,从中抽取 10% 便可满足 1000 亿美元气候资金的 1/4。④ 如此,碳市场所能带来的气候融资将非常可观,但是否能运用尚存在很大争议。

---

① 参见刘倩、王琼、王遥:《〈巴黎协定〉时代的气候融资:全球进展、治理挑战与中国对策》,载《中国人口·资源与环境》2016 年第 12 期。

② See FCCC/AWGLCA/2010/14,p.36 – 37.

③ See *Report of the High-level Advisory Group on Climate Change Financing*,IATP(Sept. 28,2024),para. 16,https://www.iatp.org/sites/default/files/451_2_107756.pdf.

④ See *Mobilizing Climate Finance:A Paper Prepared at the Request of G20 Finance Ministers*,IMF(Oct. 6,2011),p. 11,https://www.imf.org/external/np/g20/pdf/110411c.pdf.

对于基于碳市场的气候融资,来自"筹资小组"之外的反对之声也是相当犀利。2010年在坎昆会议前夕召开的"天津气候会谈"特别举办了一个题为"碳市场:气候资金可行与可靠的资源?"的分论坛。其中,长期致力于全球可持续食品、国际农业和贸易体系研究的农业和贸易政策研究所是首要反对者。它提到,如果"筹资小组"倾向于基于碳市场的气候融资方式,则不能忽视昔日大宗商品期货交易市场存在的金融欺诈和价格操纵的风险,大型金融机构通过场外交易和大宗商品指数基金来影响大宗商品期货价格,并能有效地规避金融监管。[1] 在该分论坛上,"地球之友"等23个不同国家和地区的公民社会组织对基于碳市场的气候融资提出反对,他们质疑这一方案的可行性。首先,从法律依据上讲,国际碳市场机制在《联合国气候变化框架公约》下仅仅作为缔约方履行减排义务的辅助手段,其并不发挥气候供资和融资的作用,将其纳入气候资金机制缺乏法律依据。其次,以核证减排机制的配额拍卖所得收益弥补气候公共资金将不可避免产生双重核算,即一个碳信用被同时计入发达国家对减排义务和资金义务的履行。再次,碳市场本身存在欺诈风险,虚假减排的碳信用交易本就难以识别和管控,若其与资金机制串联,必然加大气候资金的欺诈风险。最后,碳排放的交易量与发达国家减排目标相挂钩,只有有力的减排目标才可保障碳排放的交易量,进而保障气候资金,否则,碳价波动也会导致可持续的气候资金难以保障。

基于碳市场的气候融资的争议根源于各方在发达国家的"资金义务"问题上存在根本性分歧。发展中国家以及一些非政府组织坚持认为提供气候资金是发达国家按照共区原则所承担的一项基本义务,并且是与量化减排义务相对应的不附条件的义务,该项义务只能以政府财政收入或其他公共资金的方式来履行,不能通过碳排放交易或其他利益交换的方式来替代履行,推动气候资金的市场化会淡化气候资金的"政治化"与"法律化",是发达国家逃避区别责任的表现。但在现实中,通过政治和法律途径确立发达国家的资金义务面临很大障碍,不得不说,在气候资金缺口如此之大的情况下,私营部门的气候融资是更为务实的方案。

---

[1] See Steve Suppan, *Trusting in Dark (Carbon) Markets?*, IATP (Oct. 13, 2010), https://www.iatp.org/sites/default/files/451_2_107713.pdf.

(2)基于碳市场的私营部门气候融资

核证减排机制主要以双边减排合作的形式开展,一方提供资金或技术,一方提供减排量,因此,其是吸引私营部门投资,促进减缓行动的一个重要工具。据世界银行统计,清洁发展机制自开始运行的十年内为发展中国家融资超过2150亿美元。[1] 2011年《调动气候资金》的情景预测中,在碳价保持在20—25美元/吨的情景下,国际核证减排机制将至少融资200亿美元。[2] 然而,基于碳市场机制的私营部门气候融资存在很多前提条件,不仅需要缔约方有力的减排承诺,还要求稳定的碳价,而且活跃的碳交易市场以稳定的投资环境、可观的投资前景和利润为前提。2017年世界银行发布的《碳定价现状与趋势2017年度报告》提出碳市场机制的运行需要很大资金投入。碳市场机制的气候融资效应在碳交易市场萧条、碳价低迷时是极为局限的。因为面对高成本的低碳技术投资,如果没有可观的利润,私人投资往往踌躇不前。[3] 而低碳技术投资在那些资源匮乏、政治风险高、制度不完备的发展中国家将遭遇更多障碍,在这种环境和情势下,公共财政的资助、优惠贷款或其他政策优惠极为关键,而这又需要气候公共资金或其他专项资金的支持。从这个意义上说,碳市场机制与气候公共资金存在一种互补关系。除此之外,就私营部门气候融资而言,良好的投资与制度环境也是关键,包括透明、可预测的监管和法律框架,这构成了不小的制度成本。2015年长期气候融资工作报告指出,政府在鼓励私营部门投资上应发挥政策鼓励与信号的作用,甚至还包括建立风险管理机制,消除市场扭曲,研发的公共投资等,[4]这些均表明,在获取气候融资的过程中,政府需要很大的前期投资。

《巴黎协定》时代,气候资金将通过多种渠道筹集,2024年第29届联合国气候变化大会确立了新的"集体筹资目标",即2035年前每年至少3000亿美元

---

[1] See Valli Moosa et al., *Climate Change, Carbon Markets and the CDM: A Call to Action*, CDM Policy Dialogue (Sept. 12, 2012), p. 2, http://www.cdmpolicydialogue.org/report/rpt110912.pdf.

[2] See *Mobilizing Climate Finance: A Paper Prepared at the Request of G20 Finance Ministers*, IMF (Oct. 6, 2011), p. 9, https://www.imf.org/external/np/g20/pdf/110411c.pdf.

[3] See Richard Zechter & Alexandre Kossoy et al., *State and Trends of Carbon Pricing* 2017, World Bank (Nov. 1, 2017), https://documents1.worldbank.org/curated/en/468881509601753549/pdf/State-and-trends-of-carbon-pricing-2017.pdf.

[4] See FCCC/CP/2015/2, para. 67.

的气候资金,并重申协调公共和私人,双边与多边资金来源。① 巨大的资金缺口将很难凭借单一资金资源满足,地方、国家与跨国的公共资金与私营部门融资以及二者间的互补将愈发重要。基于碳市场的气候资金何去何从尚难预言,但这一议题背后已经有了一股推动力量,以世界银行为代表的多边开放银行、国际排放交易协会(IETA)以及发达国家无疑是碳市场机制气候融资的主要推手。《巴黎协定》国际碳市场机制尚未全面运行,但其极有可能成为这一股力量"借题发挥"的工具。

二、《巴黎协定》国际碳市场机制存废之争

伴随"京都三机制"搭建的国际碳市场机制的迅速衰退,新的国际碳市场机制的构想随即产生。自《京都议定书》第一承诺期届满,第二承诺期迟迟不能续展,"京都三机制"形成的国际碳市场迅速衰退。哥本哈根气候大会的无果而终使《京都议定书》国际碳市场机制的存续变得更加不确定。2012年缔约方大会启动《京都议定书》修订程序,通过了《多哈修正案》并于2020年12月31日正式生效。《多哈修正案》明确第二承诺期(2013年1月1日)开始前"京都三机制"继续执行,并对第二承诺期内排放交易的适用条件、配额的跨期结转、跨期盈余配额转让等均做了周密的安排。② 虽然国际碳排放交易在已提交量化减排承诺的缔约方之间仍旧得以开展,但发达国家缔约方的减排承诺之弱化大大缩减了碳配额的需求。据世界银行统计,仅2014年,CERs在一级市场中的交易量相比前一年下降了70%,联合履约机制下没有新的项目登记,意味着一级市场中ERUs的交易量为零。③ 因此,国际组织一边声嘶力竭地呼吁发达国家作出更有力的减排承诺,一边殚精竭虑地设计着《京都议定书》核证减排机制的运行效率与环境成效的改革议案,还一边寄希望于《巴黎协定》新的国际碳市场机制的创建,④以期对全球低碳发展战略所需的减缓行动产生有效

---

① See FCCC/PA/CMA/2024/L.22, para.8(a).

② See 1/CMP.8, FCCC/KP/CMP/2012/13/Add.1, para.13–26.

③ See Richard Zechter & Alexandre Kossoy et al., *State and Trends of Carbon Pricing* 2017, World Bank (Nov.1, 2017), https://documents1.worldbank.org/curated/en/468881509601753549/pdf/State-and-trends-of-carbon-pricing-2017.pdf.

④ See Valli Moosa et al., *Climate Change, Carbon Markets and the CDM: A Call to Action*, CDM Policy Dialogue (Sept.12,2012), http://www.cdmpolicydialogue.org/report/rpt110912.pdf.

激励,并解决气候资金和技术转让的难题。

(一)《巴黎协定》国际碳市场机制的提出

"巴厘路线图"提出为了增强国家和国际层面的减缓行动,应当建立和实施"各种方针"(various approaches),"各种方针"指的是促进国家减缓行动并提高减缓成本效益的各项手段和机制,包括市场机制和非市场的手段和机制。国际气候谈判围绕"各种方针"最终形成的成果就是《巴黎协定》第6条的市场机制和非市场机制,其中,《巴黎协定》第6条第2款的减缓成果国际转让机制是在"各种方针"之下的"各种方针框架"(Framework for Various Approaches, FVA)议题中酝酿形成,第6条第4款可持续发展机制则是在"各种方针"之下的"新市场机制"议题中酝酿形成。

1."各种方针框架"议题

2011年"德班加强行动平台决议"对各种方针作出了原则性要求。增强减缓行动的"各种方针"应当包括市场机制,国家应当按照不同国情单独或联合制定与执行这种方针,[1]其中,"单独或联合制定和执行"指的分别是国内碳市场机制和国家间碳市场机制的连接。换言之,缔约方会议鼓励国家通过创建和实施国内碳市场机制或者彼此连接碳市场机制来提高减缓的成本效益。"联合制定和执行"反映出了缔约方会议创建国际碳市场机制的新思路,即一种"去中心化"的思路,通过国家或区域碳市场机制的创建与连接,"自下而上"地形成全球碳市场。缔约方会议的这一思路在同年的公约长期合作行动特设工作组有关"市场机制"的评估报告中也可看出,"新的市场机制可以在国家层面或通过双边安排建立,而不是仅仅建立在国际层面的核证减排机制的基础上"[2]。2012年"多哈决议"中,"各种方针框架"作为一个技术色彩更为浓厚的独立议题产生,并交由缔约方会议附属科学和技术咨询机构(Subsidiary Body for Scientific and Technological Advice,SBSTA)负责,[3]在缔约方提案的基础上推进市场机制的框架和内容。缔约方会议最初的设想是建立一个将《联合国

---

[1] See FCCC/CP/2011/9/Add.1,para.79.

[2] FCCC/AWGLCA/2011/4,para.21.

[3] 附属科学和技术咨询机构(SBSTA)是缔约方会议的附属机构之一,负责根据缔约方提案拟定有关《巴黎协定》条款的实施细则,并提交缔约方大会审议和通过,每年两次会议,其中一次会议与缔约方会议同期进行。

气候变化框架公约》体系外的减排单位转化入体系内的机制。① 具体而言,通过在国际层面建立统一的核算体系和减排单位来规范不同国家或区域之间的碳排放权的转让和交易活动,进而实现国家和区域碳市场机制的连接。后来的《巴黎协定》第6条第2款减缓成果国际转让机制就由此而来,该机制就是通过这种方式加强国家、区域碳市场机制的连接。

2."新市场机制"

2010年《坎昆协议》确立了"各种方针"下有关市场机制的谈判目标,即在第17届联合国气候大会上创建一个或多个国际碳市场机制,②并且对新的国际碳市场机制作出了原则性规定。紧接着,2011年"德班加强行动平台决议"就在"各种方针"之下单独设立一个议题,即"新市场机制"(New Market Mechanism, NMM)的议题,并明确新市场机制受缔约方会议的指导与监督。③ 后来的"多哈决议"等气候谈判的决议文件对新市场机制不断作出新的规定,初步确立了新市场机制的目的和宗旨,但同时也引发了一些疑问。具体而言,第一,新市场机制受缔约方会议的指导与监督,这是否表明新市场机制在管理上采用"中心治理"模式,即由特定的国际机构负责减排项目的审核与批准、配额签发等。第二,保障所有缔约方自愿参与新市场机制,以及公平公正地准入。"公平公正地准入"是一个新提法,何为公平公正地准入,新市场机制应当建立怎样的规则与程序保障所有缔约方公平公正地准入。第三,新市场机制应当资助发展中国家的适当减缓行动,广泛地激励各部门的减缓。"广泛地激励经济各部门的减缓"也是新市场机制的一项新要求和新目标,《京都议定书》清洁发展机制下的减排项目集中于经济领域的个别部门,新市场机制要广泛地促进经济各部门的减缓和转型需要突破核证减排机制本身凸显着的"经济利益导向",而这就要求新市场机制的机制设计应当有所创新,包括激励减缓行动的方式和手段的创新,以及新市场机制参与主体的创新。第四,保障新市场机制的环境完整性。环境完整性是《京都议定书》确立的概念,但是清洁发展机制的实施过程中环境完整性并未得到有效保障,在新市场机制上重申环境完整性是非常必要的,

---

① See FCCC/TP/2012/4,para.10.
② See FCCC/CP/2010/7/Add.1,para.80.
③ See FCCC/CP/2011/9/Add.1,para.83.

但与此同时,所产生的问题是应该制定怎样的规则来保障环境完整性。第五,气候资金。清洁发展机制的减排项目所产生的 2% 的收益被转入适应基金,以提供气候公共资金,那么,新市场机制是否保留提供气候资金的作用,以及是否发挥着调动私营部门气候资金的作用。

(二)《巴黎协定》国际碳市场机制存废之争

自坎昆气候大会提出创建新的国际碳市场机制之后,缔约方争议不断,来自拉丁美洲国家的反对与质疑便不断升级,反抗之声直到 2015 年巴黎气候大会仍未消散。但相比之下,倡导碳市场机制的国家数量更多,除了国家,一些国际组织、跨国行业协会和组织也对国际碳市场机制倍加推崇。除此之外,还有为数不多的发展中国家对国际碳市场机制持以较为温和的态度。

1. 巴黎气候大会前国际碳市场机制的"反对派"

玻利维亚一直是坚定反对碳市场的国家,也是巴黎气候大会前反对国际碳市场机制的先锋力量。早在 2012 年玻利维亚就提出了"地球生态非商品化"的立场,主张发达国家应资助发展中国家实施减缓行动,而且并不能以经济利益交换的方式资助。[①] 2013 年玻利维亚提请缔约方大会依据"风险防范原则"中止创建碳市场的计划。玻利维亚最初的反对主要站在科学与实践的角度,主张碳市场机制的逻辑与气候变化的科学解释不相一致,碳市场机制与有效减少温室气体排放相矛盾,其与可持续发展的理念也不相协调。[②] 总之,碳市场机制对减缓气候变化的作用尚未获得确切可信的科学论证,已有的实践表明碳市场机制在监管不到位的情况下反而会对减缓气候变化乃至可持续发展产生反作用。因此,碳市场机制对生态环境可能存在着未知的风险,按照风险防范原则,在未探明和确证一项技术或手段的风险是否存在的情况下,不得以风险不存在为由继续实施该技术和手段。2013 年 11 月,玻利维亚再次提案,反对任何旨在对大气资源商品化或私有化的机制,在先前的反对理由之外,又从伦理层面对碳市场机制提出了批判,即碳市场机制是对地球母亲生态功能的商品化,暗含对企业污染环境权利的赋予,以及发达国家凭借碳交易转移减排义务

---

① See FCCC/AWGLCA/2012/MISC.4/Add.2, p.3 – 8.
② See *Framework for Various Approaches under the Convention*, *Submission by the Plurinational State of Bolivia*, UNFCCC(Sept. 2, 2013), https://unfccc.int/sites/default/files/fva_bolivia_03092013.pdf.

所体现出的不公平和非正义。① 2014年9月,玻利维亚第三次提案,要求制定和实施中止碳市场机制的法律条款,并提请只有在IPCC准确分析和论证碳市场机制对稳定大气系统确有作用的情况下才可撤销中止条款。② 玻利维亚一直都是国际气候治理中积极作为的典型代表,也是唯一立场坚定、旗帜鲜明地反对碳市场的国家,在气候谈判以外,玻利维亚还通过其他方式积极地组织反对力量,其在2010年4月召集和举行了第一届"气候变化和地球母亲权利世界人民会议"(WPCCC),参会的国家首脑和代表虽寥寥无几,但却吸引了147个国家的3.1万民众参与。会议通过的"人民协定"后来被提交至联合国大会,且在时任联合国秘书长潘基文的邀请下,玻利维亚总统莫拉莱斯就此发表演讲,"人民协定"指出碳交易已经变成了一项有利可图的生意,它掠夺和践踏土地、水以及生命本身,不应作为减缓气候变化的方案。③

厄瓜多尔也是反对碳市场机制的拉美国家之一。相比之下,其反对声势并不浩大,而且态度反复无常。2015年《巴黎协定》通过的最后关头,委内瑞拉、厄瓜多尔和玻利维亚联合反对市场机制。但此前在2012年,厄瓜多尔曾在"各种方针框架"提案中提出"净避免排放机制"(net avoided emissions mechanism),主张建立"净避免排放单位"(net avoided emissions units),在国内和国际设立相应的登记系统与核证机构,对项目活动产生的净避免排放量签发单位。这样的项目活动获得资助的方式包括直接补偿与市场交易,并促进公私实体的参与。④ 显然,厄瓜多尔提出的是一种国际核证减排机制,表明其支持国际碳市场机制。然而,厄瓜多尔在2013年对碳市场机制的态度又较为保守。一方面,其再未提及净避免排放机制;另一方面,厄瓜多尔对发展中国家在碳市场机制下平等获得可持续发展以及保护地球母亲完整性又极为关切。⑤ 国家

---

① See *Views on the New Market Mechanism*, Submission by the Plurinational State of Bolivia, UNFCCC (Nov. 8, 2013), https://unfccc.int/files/cooperation_support/market_and_non-market_mechanisms/application/pdf/bolivia_nmm_081113.pdf.

② See *New Market Mechanism*, Submission by the Plurinational State of Bolivia, UNFCCC (Sept. 20, 2014), https://unfccc.int/files/kyoto_protocol/mechanisms/application/pdf/submission_nmm_20.09.2014.pdf.

③ See A/64/777, p.7 – 8.

④ See FCCC/AWGLCA/2012/MISC.4/Add.1, p.27 – 34.

⑤ See *Submission of Ecuador Proposal of a Draft Decision on Framework for Various Approaches*, UNFCCC (Sept.4, 2013), https://unfccc.int/sites/default/files/fva_ecuador_04092013.pdf.

在国际谈判中反复无常其实并不奇怪,一些国家在一项议题上经常会有前后矛盾的立场,特别是一些国际规则话语权有限的小国,由于在谈判中受复杂政治利益的影响,难免立场摇摆不定。

2. 巴黎气候大会前碳市场机制的"温和派"

关于新的国际碳市场机制,不少缔约方既不积极赞成,也不明确反对。沙特阿拉伯在2014年的提案中便持有模棱两可的立场。其主张"各种方针"应包括公私合营和非市场途径,其对市场机制的态度不冷不热,只强调"若创建新市场机制,不应对发展中国家提出量化减排义务的要求"[1]。沙特阿拉伯一开始并不愿支持任何碳市场机制,因为碳市场机制会影响石油的销量,从而对其高度依赖能源出口的经济造成不利影响,但是在全球减排的整体趋势下,沙特阿拉伯面临着能源转型的压力,也开始积极寻求和采取减排措施。例如,沙特阿拉伯在2020年正式提出"循环碳经济"理念,致力于建立气候友好型的能源体系,并在2023年启动了温室气体信用和抵消机制,因此,其对国际碳市场机制的态度也逐渐积极。

中国对新的国际碳市场机制较为保守。中国曾经作为清洁发展机制的主要受益者并不反对碳市场机制,相反,中国也比较推崇清洁发展机制,主张新的国际碳市场机制应效仿清洁发展机制,建立类似的模式与规则。同时,中国主张如果要在清洁发展机制之外建立其他类型的碳市场机制,那么这些新市场机制均应只对承诺了量化减排义务的发达国家适用,并且,任何碳市场机制应仅仅作为国内减缓行动的补充手段。[2] 因此,中国总体上主张保留清洁发展机制,对其他类型的碳市场机制持有谨慎和保守的态度。类似的立场还可见于南非的缔约方提案,其主张国际排放交易机制应只在承诺了量化减排义务的国家间开展。[3] 中国和南非都是《京都议定书》国际碳市场机制的受益者,总体上坚持新的国际碳市场机制应延续此前《京都议定书》的安排,避免国际合作机制的变动额外地增加国家的制度成本。

---

[1] *Submission by Saudi Arabia, Views on the Design and Operation of a Framework for Various Approaches*, UNFCCC (Sept. 22, 2014), https://unfccc.int/sites/default/files/submission_by_saudi_arabia_sbsta_fva-2014.pdf.

[2] See FCCC/AWGLCA/2012/MISC.4, p.6.

[3] See FCCC/SBSTA/2013/MISC.11, p.41.

最不发达国家（Least Developed Countries, LDCs）对国际碳市场机制的态度似乎是矛盾的。作为气候变化的脆弱国家，他们并不希望发达国家凭借国际碳市场机制转嫁减排义务，因此其在2012年就提案表示反对。① 但在同年的另一份提案中，它们又提出最不发达国家在参与清洁发展机制过程中存在的能力不足，进而提出完善与改进清洁发展机制的相关建议。② 在2013年的提案中，最不发达国家又对《京都议定书》下的国际排放交易机制表示认可和接受。③ 这一立场反映出最不发达国家矛盾的心理，它们愿意接受核证减排机制，因为能够带来资金与技术，但是，它们又惧怕发达国家通过碳市场机制转嫁减排义务，事实上，在《京都议定书》时期，它们长期处于核证减排机制的边缘地带，并未得到多少利好。因此，最不发达国家对国际碳市场机制的态度较为矛盾，既期望着通过参与国际碳市场机制搭上全球低碳发展的快车，又害怕遭受国际碳市场机制带来的不利影响。小岛屿国家联盟（AOSIS）也大致持有类似的立场，它们对新兴的发展中国家尽享清洁发展机制的资金与技术惠益极为不满，希望能在新国际碳市场机制中获得更多利益。④ 但总体上，它们对国际碳市场机制又非常谨慎保守，坚持任何国际碳市场机制均应受缔约方会议的监督和指导，有力地保障环境完整性。⑤ 因此，小岛屿国家联盟对新市场机制其实也并不积极。这一点并不难理解，小岛屿国家联盟代表的是几十个岛屿和低海拔国家，它们是气候变化最脆弱的国家，海平面上升直接威胁着小岛屿和低海拔国家的生存，因此，这些国家迫切地追求全球减排，它们寄希望于国际碳市场机制能够激励全球减缓行动，并带来资金与技术的支持，同时，避免国际碳市场机制沦为逃避减排义务的工具，因此，小岛屿国家对国际碳市场机制态度更加保守。

3. 巴黎气候大会前碳市场机制的"促成派"

（1）国家行为体

碳市场机制的支持者首先便是已经创建了碳排放交易体系的国家和区域

---

① See FCCC/AWGLCA/2012/MISC.4/Add.3, p.4.
② See FCCC/AWGLCA/2012/MISC.4, p.9 – 10.
③ See *Submission by Nepal on Behalf of the Least Developed Countries Group with Respect to a New Market Mechanism*, UNFCCC (Oct. 29, 2013), http://unfccc.int/files/cooperation_support/market_and_non-market_mechanisms/application/pdf/nmm_nepal_29102013.pdf.
④ 参见曹亚斌：《全球气候谈判中的小岛屿国家联盟》，载《现代国际关系》2011年第8期。
⑤ FCCC/SBSTA/2013/MISC.11, p.32.

一体化组织,即美国、新西兰、日本、加拿大和欧盟。其中,作为世界上首个创建国内强制减排交易机制的国家,新西兰在碳市场机制方面有着丰富的实践和成功的经验。因此,它对碳市场机制历来保持着积极的态度,对于任何国际、区域和国家碳市场机制都极为支持。① 美国虽然是《京都议定书》国际碳市场机制的首创者和设计者,但其实质上并未真正参与《京都议定书》,因而,美国更倾向于区域和国内的碳市场机制。② 日本③与加拿大④的立场非常类似,它们都竭力推崇本国国内碳市场机制,即联合碳信用机制与魁北克碳市场机制,其意图不仅仅是为了渗透国际影响力,借机抢占规则话语权,还希望本国碳市场机制中的规则、程序和标准能够被明确在新的国际碳市场机制框架下,以此来减少国际合作的制度成本。

(2)区域组织和谈判联盟

欧盟毋庸置疑是碳市场机制的强势推手,自 2012 至 2013 年就有 5 次提案。它不仅代表着所有欧盟成员国,而且还集结了塞尔维亚、马其顿、黑山、阿尔巴尼亚等东欧国家。相比其他碳市场机制的支持者,欧盟显得老练圆滑。第一,欧盟立基于全球低碳发展战略的现实需要,提出新市场机制重在以长期的价格信号改变国际碳市场长久以来的供需失衡,从而促进低碳技术投资。⑤ 第二,欧盟认为越来越多的国家创建了国内碳市场机制,但规则、程序和标准各不相同,因此,需要建立统一的规则和标准来指导和规范各国的碳市场机制,⑥欧盟从碳市场机制的发展趋势和现实需求的角度提出这一提议,显得尤为务实。

---

① See *New Zealand Submission to the Subsidiary Body for Scientific and Technical Advice New Market-Based Mechanism*, UNFCCC (Oct. 4, 2013), http://unfccc.int/files/cooperation_support/market_and_non-market_mechanisms/application/pdf/nmm_newzealand_04102013.pdf.

② See FCCC/AWGLCA/2012/MISC.4, p.37 – 39.

③ See *Submission by Japan on the Framework for Various Approaches*, UNFCCC (Oct. 15, 2014), http://unfccc.int/files/kyoto_protocol/mechanisms/application/pdf/fva_japan.pdf.

④ See *Submission by Quebéc/Canada to the UNFCCC-SBSTA*, UNFCCC (Sept. 22, 2014), http://unfccc.int/files/kyoto_protocol/mechanisms/application/pdf/canada_markets_submission_sept_22.pdf.

⑤ See *Submission by Lithuania and the European Commission on Behalf of the European Union and its Member States*, UNFCCC (Sept. 12, 2013), http://unfccc.int/files/documentation/submissions_and_statements/application/pdf/nmm_lithuania_12092013.pdf.

⑥ See *Submission by Italy and the European Commission on Behalf of the European Union and its Member States*, UNFCCC (Sept. 24, 2014), http://unfccc.int/files/kyoto_protocol/mechanisms/application/pdf/nmm_eu_submission.pdf.

第三,欧盟也明确指出国际碳市场机制的实施一直以来侧重于抵消减排义务,轻视减排效益,因此,新市场机制要强化净减排效益,并加大最不发达国家的参与机会。① 欧盟建立了全球最大的区域碳市场机制,其积极推崇碳市场机制亦在情理之中,但相比之下,欧盟对碳市场机制的推动更加强势,其立足于全球低碳发展的战略高度,结合碳市场机制发展的问题和需要,提出了诸多建立和完善机制的思路和想法,反映了欧盟在国际碳市场机制领域强势的规则话语权。

除了国家和区域组织单独地表示支持以外,一些国家组成的气候谈判联盟也成为国际碳市场机制的鼓吹者。雨林国家联盟(Coalition for Rainforest Nations,CfRN)是碳市场机制的积极响应者,该组织由40个位于赤道附近有着丰富热带雨林资源的发展中国家组成,是国际气候谈判中"减少发展中国家毁林和森林退化所致排放量,以及发展中国家森林养护、可持续森林管理及加强森林储存的作用"(reducing emissions from deforestation and forest degradation in developing countries, and the role of conservation, sustainable management of forest an enhancement of forest carbon stocks in developing countries, REDD +)议题发展的主要推手。在意识到利用REDD + 能够在碳市场机制中为本国的森林防护与可持续管理带来资金的情况下,这些雨林国家对森林碳汇的交易显得非常积极。2013年的"新市场机制"提案中,雨林国家联盟极力主张REDD + 应当成为新市场机制的组成部分,而且,它们对新市场机制的创建颇为急切,认为该机制最好在2020年前就可以运行。② 同时,该联盟主张"各种方针框架"应包括能够产生净减排的国内和国际机制,而由这些机制产生的减排单位应能够实现国际转让。③ 作为该联盟中热带森林覆盖率最高的三个成员之一,巴布亚新几内亚早在2012年便单独提出了其对国际碳市场机制的构想,其认为"各种方针框架"应负责对不同类型的碳排放权的国际转让进行统一管理和规范,应当创设统一的"国际履约单位"(international compliance unit),各缔约方针对本国的减缓活动签发相应的国际履约单位,缔约方在国际机构的监管下相互转

---

① See FCCC/SBSTA/2013/MISC. 11,p. 21.

② See *Submission of Views*, *New Market-Based Mechanism*, UNFCCC(Aug. 30, 2013), http://unfccc.int/files/cooperation_support/market_and_non-market_mechanisms/application/pdf/nmm_cfrn_15092013.pdf.

③ See FCCC/SBSTA/2013/MISC. 11,p. 4.

让国际履约单位。为此,应建立环境完整性的统一标准,创建国际交易日志与国际碳市场的监管委员会等。① 巴布亚新几内亚提出的是一个全球碳市场的构想,即彻底的碳排放权的"商品化"和"市场化"的体系。

墨西哥、韩国、瑞士、列支敦士登和摩纳哥组成的环境完整性集团(EIG)是国际碳市场机制的有力推进者。该谈判联盟的成员既有《联合国气候变化框架公约》附件一国家,也有非附件一的新兴发展中国家,近些年他们对全球气候治理均有着不小的贡献,他们的共同目标是在气候治理的合作中强化环境完整性,故而得名"环境完整性集团"。环境完整性集团认为新市场机制应照顾不同国家的不同能力与国情,在此基础上可以赋予缔约方一定的参与和实施的自主权,②但这并不代表保障环境完整性的最低标准可以打折,应当在不损及环境完整性的前提下赋予参与者灵活性。③ 总体而言,EIG 虽然是国际碳市场机制的推动者,但它们将环境效益放在了首位,强调在保障环境完整性方面制定统一的规则和标准,对缔约方参与和实施国际碳市场机制进行有力的监管,避免过于灵活而沦为牟利的工具。

(3)非国家行为体

国际碳市场机制的创建还要归功于不少非国家行为体的影响,包括政府间国际组织,如世界银行、国际海事组织、经合组织等,也包括非政府组织,如国际排放交易协会(International Emissions Trading Association, IETA)、欧洲政策研究中心(Centre for European Policy Studies, CEPS)、环境保护基金(Environmental Defense Fund, EDF)、气候市场与投资协会(Climate Markets and Investment Association, CMIA)等。这些组织和机构的业务和活动与碳市场机制密切关联,因此,它们在国际碳市场机制的谈判过程中也发挥了相当大的作用,个别组织和机构还作为《联合国气候变化框架公约》缔约方大会的观察员向大会接连提交"碳市场机制"议案。其中,比较有影响力的是世界银行和国际排放交易协会。碳定价是世界银行的研究议题,包括碳税和碳市场。世

---

① See FCCC/AWGLCA/2012/MISC.4/Add.6, p.6–7.
② See *Environmental Integrity Group, Modalities and Procedures for the New Market-Based Mechanism*, UNFCCC(Sept.9,2013), http://unfccc.int/files/cooperation_support/market_and_non-market_mechanisms/application/pdf/nmm_environmental_integrity_group.pdf.
③ See *Environmental Integrity Group, Framework for Various Approaches*, UNFCCC(Oct.3,2013), http://unfccc.int/files/kyoto_protocol/mechanisms/application/pdf/2014_10_eig_on_fva.pdf.

界银行自2014年以来每年发布《碳定价观察》与《碳定价现状与趋势》年度报告追踪各国和各区域碳市场机制的发展进程,长期的观察和跟踪使世界银行在这一领域掌握了一定的话语权。总体上看,世界银行的立场是积极的,希望新的国际碳市场机制能够促进各经济部门更广泛的减缓行动,更重要的是结合碳金融的手段来提高减缓效益,[1]当然,世界银行将在碳金融领域发挥强有力的支撑作用。国际排放交易协会是由加拿大电力公司、英国石油公司等数十家能源行业巨头在1999年共同创建的国际性的非营利组织,主要作用是为各类行为体参与碳市场机制提供服务,并致力于推动全球碳市场机制的发展。国际排放交易协会不仅密切关注国家、区域和国际碳市场机制的发展,还致力于推动不同碳市场机制的连接,即通过国际合作的方式来促进政策联通和制度衔接将不同的国家、区域和国际碳市场机制连接起来,形成更大规模的全球碳市场,发挥更大效用。因此,国际排放交易协会主张国际碳市场机制应当在国家和区域碳市场机制之间发挥桥梁的作用,其中,最为关键的是,新市场机制应该发挥一种转化的作用,将不同国家和区域碳市场中的各类减排单位,通过统一的规则和标准转化为同一种国际减排单位,让它们可以实现跨国自由流通,[2]以建成一种规模更大的全球碳市场。

总之,在气候谈判中,缔约各方围绕是否创建新的国际碳市场机制有着不一样的声音,相比之下,反对的声音太过弱小,反对的极个别国家面对的是渗透全球各行业的一股强大的碳市场机制的浪潮。除了鼓吹者之外,也有一些国家在冷静地观望,观望这一合作机制可能带来的任何制度成本和效益。令人欣慰的是,从各国提案来看,大部分国家都对环境完整性提出了更高要求,环境完整性是国际碳市场机制应当遵循的最根本原则,决定了国际碳市场机制是否能够有效地减缓气候变化。国家对环境完整性广泛积极的关注,也表明了其也是国家对国际碳市场机制的最大顾虑。环境完整性的保障取决于国际碳市场机制的监管、透明度、核算等一系列规则的设计和实施,虽然缔约各方均提出要保障环境完整性,但在具体的规则设计和实施的问题上也存在很多分歧。

---

[1] See *The World Bank Group Submission on the New Market-Based Mechanism*, UNFCCC (Sept. 17, 2014), http://unfccc.int/files/kyoto_protocol/mechanisms/application/pdf/wbg_nmm_submission.pdf.

[2] See *IETA Response to UNFCCC: FVA/NMM*, UNFCCC (Sept. 18, 2013), http://unfccc.int/files/cooperation_support/market_and_non-market_mechanisms/application/pdf/nmm_ieta_18092013.pdf.

三、《巴黎协定》国际碳市场机制的形态与结构之争

国际碳市场机制包含复杂的规则、程序以及技术规范和标准,参与和实施国际碳市场机制要求一国在国内进行法律与政策、组织机构等方面的安排和部署,会对国家产生额外的制度成本。不仅如此,已经建立碳市场机制的国家往往有着强势的规则话语权,甚至是制度霸权,在规则和标准方面的引领作用也尤为凸显,处在摸索阶段的国家往往受制于这种规则话语权,国家在国际规则和标准上受人摆布必然会影响国家在国际合作中的利益和待遇,因此,国家对规则和标准的创设格外关心。巴黎气候大会前,缔约方对新的国际碳市场机制的形态和结构也争执不下。

缔约方的争议根本上源于最初关于新国际碳市场机制构想的两项难以平衡的目标。全球低碳发展的战略目标之下,国际碳市场机制发挥着激励减缓行动与调动低碳投资的作用,这两点是缔约方会议最初酝酿国际碳市场机制时的目标定位,其中,减缓行动依靠绝大多数发展中国家,而低碳投资依靠发达国家,因此,国际碳市场机制将通过所有国家的参与来实现激励减缓行动和低碳投资的目标定位。与此同时,《京都议定书》国际碳市场机制一直以来存在的无效减缓问题也萦绕在缔约方各方的心头,因此,保障环境完整性,促进有效减缓也是国际碳市场机制的内在要求。但是,"普遍参与"和"有效减缓"在某种程度上存在不可调和的矛盾。第一,国际碳市场机制对发展中国家开放,必然要接受发展中国家难以有量化减排承诺的现实,核证减排机制的实施便不可避免,而核证减排机制常常导致无效减缓。第二,在治理模式上,确立国际机构的中心治理以及统一的规则与标准也会有助于有效减缓的实现,但是,多数发展中国家又担心中心治理模式对主权的干预,它们所要求的灵活性其实正是一种不受国际组织和其他国家干扰的自主灵活性。后《京都议定书》时代,大量的国家和区域碳市场机制诞生,当中还包括一些双边的核证减排机制,能够满足国家参与的灵活性,但这为有效减缓蒙上阴影,并且带来碳市场机制在规则和标准上的多元化和碎片化,更加不利于国际机构的统一规范和监管。各国在这些问题上认识不同,进而对国际碳市场机制的形态有着不同主张。缔约方对国际碳市场机制采用"碳配额交易"还是"碳信用交易",以及新国际碳市场机制与国家、区域碳市场机制的协调上立场不同,看法不一。

(一) 国际碳市场机制的形态之争

《京都议定书》为国际碳市场机制奠定了原初形态,即兼有"碳配额交易"与"碳信用交易"的混合形态。具体而言,国际排放交易机制是一种配额交易机制,清洁发展机制与联合履约机制是核证减排机制,两种类型的机制的主要区别是交易客体及其来源不同。核证减排机制的交易客体是碳信用,碳信用对应的是国家实施的减排活动所产生的减排量,一般而言,通过对比参考排放水平与实施了减排活动的实际排放水平,二者之间的排放差额就是减排活动实现的减排量,这种减排量经过第三方机构的核证后,再向特定的国内或国际组织申请核准并签发碳信用。而国际排放交易机制的交易客体是碳排放的配额数量(以下简称碳配额),由国际机构根据国家的减排承诺事先核准签发,缔约方不得超过配额排放,否则需要在市场上购买配额,因此被称为配额交易机制或总量交易机制。① 乍看之下,一个是事先签发配额,另一个是事后签发碳信用,除此之外,似乎别无不同,但是,二者最核心的区别在于参考排放水平不同,核证减排机制中的参考排放水平就是减排活动的排放基准线,是由参与的缔约方自主设定,而国际排放交易机制中的参考排放水平则根据国家承诺的减排目标确定,减排目标是固定不变的,而排放基准线则存在很大操作空间,因此,核证减排机制具有更大的灵活性,在实践中,碳信用是否代表真实的减排量也难以监管。新的国际碳市场机制采用"碳配额交易"还是"碳信用交易"从一开始就处于争议之中。

1. 碳信用交易形态

中国、马来西亚与印度尼西亚是谈判中支持国际碳市场机制采用核证减排机制的国家。中国对于国际排放交易机制一直较为保守,早在1998年"京都三机制"的技术规范还在谈判和讨论当中,"G77+中国"对于国际碳市场机制的态度是不接受量化减排目标,主张清洁发展机制应作为重点,他们甚至对联合履约机制也极为谨慎。如今,在新国际碳市场机制的谈判中,G77的成员国已有不少转变了看法,但中国的意见并未改变。中国在2012年的提案中主张《联合国气候变化框架公约》下的市场机制应当是基于项目的核证减排机制,其程

---

① See FCCC/TP/2014/9, para. 6.

序与规则应比照《京都议定书》的机制来制定。[1] 显然,中国除了认可清洁发展机制之外,对其他形态的机制持保留意见。当然,这也源于,中国在《京都议定书》时代是清洁发展机制的主要受益方,在制度上和实践中积累了比较丰富的经验。另外,马来西亚与印度尼西亚也坚持"碳信用交易"形态的国际碳市场机制。马来西亚在2012年的提案中主张任何新的市场机制应限于"抵消机制"(offsetting mechanism),并有助于对发展中国家进行低碳技术的转让,[2]所谓抵消机制就是核证减排机制,国家以碳信用抵消减排义务,故而又被称为抵消机制。2013年印度尼西亚提出建立在各种市场和非市场方法上的"各种方针框架"应旨在创造核证减排量,并用于国际抵消的目的。[3] 摩洛哥也是支持核证减排机制的国家,主张新市场机制应在技术和资金方面为激励国家适当减缓行动作出贡献,而这主要通过对实施国内减缓政策的国家签发核证减排量来实现。[4]

2. 配额交易形态

气候谈判中,最不发达国家对核证减排机制极为反对,其主张新国际碳市场机制应当只保留《京都议定书》的国际排放交易机制,并且只应允许发达国家与承诺了量化减排义务的发展中国家参与其中,[5]因为,确立了量化减排义务,明确了总量管制的目标,排放交易实现真实有效的减缓就更加有保障。此外,在《京都议定书》时期,最不发达国家长期在清洁发展机制下被边缘化,缔约方会议虽然强调在气候资金和技术方面给予最不发达国家特殊照顾,但是,缺乏稳定的投资环境和健全的基础设施使得最不发达国家在吸引投资方面长期处于劣势。[6] 而从国际气候治理的角度出发,最不发达国家对全球碳排放影响也不大,在全球减缓的问题上,它们的作用很有限,所获得的资源也很有限。

---

[1] See FCCC/AWGLCA/2012/MISC.4,p.6.
[2] See FCCC/AWGLCA/2012/MISC.4,p.15.
[3] See FCCC/SBSTA/2013/MISC.11,p.18.
[4] See FCCC/SBSTA/2013/MISC.9,p.28.
[5] See *Submission by Nepal on Behalf of the Least Developed Countries Group with Respect to a New Market Mechanism*, UNFCCC (Oct. 29, 2013), http://unfccc.int/files/cooperation_support/market_and_non-market_mechanisms/application/pdf/nmm_nepal_29102013.pdf.
[6] See Thanakvaro De Lopez & Ponlok Tin, *Clean Development Mechanism and Least Developed Countries:Changing the Rules for Greater Participation*, The Journal of Environment & Development, Vol. 18:4, p.436 – 452(2009).

因此，从国家利益的角度出发，核证减排机制并不能为最不发达国家带来可观的资源和利益，相反，这样的机制沦为发达国家转嫁减排义务的工具，反而会给它们带来更大的风险，因此，最不发达国家并不赞成建立核证减排机制。

3. 混合机制形态

从缔约方提案的情况来看，支持同时建立国际排放交易机制和核证减排机制的缔约方居多，包括欧盟、瑞士、新西兰、挪威、美国、巴西、南非等国家和区域组织，还有雨林国家联盟、小岛屿国家联盟等气候谈判联盟。其中，有着保守立场的是巴西与南非，他们主张新的国际碳市场机制应当与"京都三机制"形态类似。2013年南非主张新市场机制应当效仿清洁发展机制，在参与上，只有承诺了量化减排义务的国家才可以作为核证减排量的买方，通过资助发展中国家减排从而获得履行其减排义务的碳信用。① 同时，其主张"各种方针框架"下应创建统一的国际减排单位，只在承诺了量化减排义务的国家间相互转让。② 巴西与南非的立场大体一致，2015年2月巴西提出新市场机制应包括国际排放交易机制和清洁发展机制升级版（CDM+）。所谓的CDM+是指对清洁发展机制进行一项升级，核证减排量不仅可用来抵消减排义务，还可以用来抵消缔约方的资金义务，③体现出更大的灵活性。就国际排放交易机制而言，巴西认为应当是国际层面的排放交易机制，不包括区域和国家层面的排放交易机制。④ 因此，巴西与南非支持兼采"碳配额交易"与"碳信用交易"的混合形态的机制。

不少的欧洲国家支持混合形态的机制，瑞士明确提出新的国际碳市场机制应包括碳信用交易和碳配额交易，对于前者，应当由国际组织创设排放基准线，对于后者，应当确立明确的减排目标。⑤ 挪威提出新市场机制应当是一个双轨

---

① See *Submission by South Africa New Market-Based Approaches*, UNFCCC(Sept. 6,2013), https://unfccc.int/files/cooperation_support/market_and_non-market_mechanisms/application/pdf/nma_south_africa_06092013.pdf.

② See FCCC/SBSTA/2013/MISC. 11, p. 41.

③ See Steve Zwick, *REDD Is in the New Climate Text*, *But will It be an INDC*?, Ecosystem Market Place(Feb. 17,2015), http://www.ecosystemmarketplace.com/articles/redd-new-climate-text-will-indc.

④ See *Views of Brazil on the Guidance Referred to in Article 6*, *Paragraph 2*, *of the Paris Agreement*, UNFCCC (Oct. 2, 2016), https://www.unfccc.int/sites/SubmissionsStaging/Documents/525_262_131198656223045434-BRAZIL%20-%20Article%206.2%20final.pdf.

⑤ See FCCC/AWGLCA/2012/MISC. 4, p. 35.

体系,既要创建碳信用交易形态,对基准线以外的减排量核准签发核证减排量,也要创建碳配额交易形态,依据排放总量目标预先签发可交易的减排单位。①

欧盟在2013年的提案中提出,新市场机制应该覆盖经济各部门,在实施上应包括碳信用交易与碳配额交易两种形态,而缔约方在实施上享有灵活的选择权,可自愿选择在国内创建碳信用交易形态的机制或碳配额交易形态的机制。② 但整体而言,欧盟依然更加青睐碳配额交易形态的机制,其认为碳市场机制从单纯的抵消减排义务向产生净减排效益的转变是极为关键的,不仅可以实现预期的减排目标,更有助于解决目前国际碳市场的供需不平衡的问题。欧盟还呼吁对碳市场机制感兴趣的国家,应当逐渐从参与核证减排机制转向参与碳配额交易机制。③ 小岛屿国家联盟对此表示认同,事实上,小岛屿国家联盟对混合形态机制的支持较为勉强,主要是因为它们比较抵触和反对核证减排机制,认为缔约方过于依赖核证减排机制会弱化有力的减排承诺。因此,新市场机制若选择核证减排机制,需要对机制进行一番调整,不应仅着眼于减排义务的抵消,而是能够实现全球的实际净减排。④

(二)国家对《联合国气候变化框架公约》体系外碳市场机制的态度分歧

国际碳市场机制兼有激励"减缓行动"和促进"成本效益"的作用。就成本效益而言,国际碳市场机制可以实现低成本的减排。同时,《京都议定书》也鼓励国家自主性地创建国内碳市场机制,促进低成本减排。因此,随着国家、区域碳市场机制的不断创建,不同类型的碳配额和碳信用逐渐出现。同时,国家逐渐尝试连接国内和区域的碳市场机制,如加拿大魁北克与美国加州碳市场机制的连接,通过强化不同碳市场机制的制度衔接和减排单位的互认,一种类型的减排单位逐渐在其他的国家和区域碳市场中流通。不仅如此,单边和双边的核证减排机制也不断建立,如澳大利亚的碳农业倡议(carbon farming initiative)、日本的联合碳信用机制(joint credit mechanism)。单边和双边核证减排机制能够满足缔约方更大的灵活性,如日本双边抵消核证减排机制一旦启动,便在东

---

① See FCCC/SBSTA/2013/MISC.9, p.30.

② See *Submission by Lithuania and the European Commission on Behalf of the European Union and Its Member States*, UNFCCC (Sept. 12, 2013), https://unfccc.int/files/documentation/submissions_from_parties/application/pdf/nmm_lithuania_12092013.

③ See FCCC/SBSTA/2013/MISC.11, p.21.

④ See FCCC/AWGLCA/2012/MISC.4, p.19.

道国与投资国间设立联合委员会,依据各自国情灵活创设和调整实施规则和指南。① 因而,这类核证减排机制更有利于激励减缓行动,在清洁发展机制难以覆盖的一些国家和区域,这一类单边或双边核证减排机制或将发挥着促进国家适当减缓行动的关键作用。但是,存在的问题是,这些碳市场机制至今仍脱离《联合国气候变化框架公约》体系的规范,其所产生的减排单位在环境完整性上缺乏监管和保障。而且,这些核证减排机制所开展的减排活动在保障可持续发展与人权方面也存在不足和缺陷。

在后《京都议定书》时代,随着"京都三机制"的衰退,国家和区域碳市场机制不断发展,国际碳市场机制一步步地"去国际中心化",国家在碳市场机制上各自为政,多元的减排单位、碎片化的标准和规范、监管的弱化,以及信息的不透明,致使碳市场机制的发展愈加混乱无序,最终,所牺牲的是环境完整性。因此,在创建新的国际碳市场机制的过程中,如何协调和规范国家、区域碳市场机制困扰着缔约方会议,缔约方会议也反复强调促进更加"统一规范"和"中心治理"的国际碳市场机制,包括缔约方会议对新市场机制的统一授权和监管,②以及对"各种方针框架"下规范和标准的统一指导和制定,③特别是针对"各种方针框架",缔约方会议考虑建立统一的规范体系,用于识别《联合国气候变化框架公约》体系外的减排单位。④ 这一提议也引发了诸多讨论和争议,也有一些国家明确反对缔约方利用《联合国气候变化框架公约》体系外的减排单位来履行减排义务。

1. 反对《联合国气候变化框架公约》体系外的减排单位

《联合国气候变化框架公约》体系外的碳市场机制是指国家单方面创建的碳市场机制,或国家间双边、多边连接所形成的区域碳市场机制。国家碳市场机制与区域碳市场机制连接分别基于国家主权与双边或区域协定而产生,除了在技术层面适用行业内通用的规则和标准之外,在治理和监管上并不受《联合国气候变化框架公约》体系的规范。不少缔约方主张这一类游离于《联合国气候变化框架公约》体系之外的碳市场机制所产生的减排单位不应被国家用来

---

① See FCCC/SBSTA/2013/MISC.11,p.30.
② See 2/CP.17,FCCC/CP/2011/9/Add.1,para.83.
③ See 1/CP.18,FCCC/CP/2012/8/Add.1,para.45.
④ See FCCC/TP/2012/4,para.10.

履行减排义务。

小岛屿国家联盟特别关注国际碳市场机制的环境完整性,认为"京都三机制"受国际组织的监管,其尚且在减缓有效性上存在很大的不足,《联合国气候变化框架公约》体系外的国家、区域碳市场机制在环境完整性上更加难以保障。在国际层面承认这类机制,或在国际碳市场机制上采取任何"去国际中心化"的治理模式都势必损及《联合国气候变化框架公约》体系的公信力。唯有更统一、更强有力和更中心化的治理和监管才有可能修正"京都三机制"在实践中的不足。① 因此,小岛屿国家联盟认为可以被发达国家用来履行减排义务的减排单位应该包括:(1)由国际协定在国际层面创建的机制所产生的减排单位;(2)经过国际组织建立的核算体系所确认的减排单位;(3)国际组织设定排放基准线的减排项目所产生的减排单位;(4)在国际组织的监管下运行的碳市场机制所产生的减排单位;(5)不受国际组织的直接监督,但至少在缔约方大会的监管范围之内的碳市场机制所产生的减排单位。② 显然,小岛屿国家联盟总体上反对《联合国气候变化框架公约》体系外的减排单位。

巴西与南非支持清洁发展机制升级版以及国际排放交易机制,因而也反对《联合国气候变化框架公约》体系外的碳市场机制。南非主张"各种方针框架"应当只建立国际排放交易机制,仅对承诺了量化减排义务的国家开放。③ 此外,最不发达国家只赞成保留国际排放交易机制,对《联合国气候变化框架公约》体系之外的任何碳市场机制都表示反对。④

2. 支持《联合国气候变化框架公约》体系外的减排单位

总体上看,发达国家支持《联合国气候变化框架公约》体系外的碳市场机制。创建碳市场机制属于一国主权范围内的事项,也是应对气候变化的国内政策。而且,利用市场机制追求减排的成本效益是《联合国气候变化框架公约》一直推崇和鼓励的行为,只是其在环境完整性的保障上存在不足。因此,发达国家认为,可以通过在《联合国气候变化框架公约》体系下建立更严格的规范和标准去约束国家或区域碳市场机制,而没有必要彻底反对和否决。因此,发

---

① See FCCC/AWGLCA/2012/MISC.4, p.18.
② See FCCC/SBSTA/2013/MISC.11, p.33.
③ See FCCC/SBSTA/2013/MISC.11, p.41.
④ See FCCC/AWGLCA/2012/MISC.4/Add.3, p.4.

达国家提出建立一种"去国际中心化"的国际碳市场机制,尊重和促进缔约方在《联合国气候变化框架公约》体系外建立国家、双边或区域碳市场机制,但是,为了保障环境完整性,缔约方会议应当制定统一的标准来指导和规范《联合国气候变化框架公约》体系外的碳市场机制。

新西兰认为,缔约方可以使用各种不同的减排单位来履行其国家自主贡献,那么,这些国家、双边或区域碳市场机制将发挥关键的作用,应当在国际层面建立碳市场机制的最低的行为标准和实践指南,来对不同的碳市场机制进行指导和规范。①欧盟提出国家用以履行减排义务的减排单位将只能来自"京都三机制"、新市场机制以及"各种方针框架",②而在"各种方针框架"下可以建立统一的核算规则对《联合国气候变化框架公约》体系外的减排单位进行识别和转化,让不同的减排单位转变为统一的国际减排单位,进而对这些减排单位的交易和使用情况进行监测和跟踪。挪威也主张,国家对于跨境转让的不同类型的减排单位在定义、性质和具体要求上应达成一致。③因此,欧盟、挪威与新西兰并不反对国家、双边、区域碳市场机制以及所产生的减排单位,但是强调这些减排单位如果要被用来履行国际气候协定下的减排义务,就需要符合国际规则和标准,并接受国际机构的核查与监督。

日本在国内创建了核证减排机制,并积极推动建立双边的核证减排机制,因此,日本也极力地主张对《联合国气候变化框架公约》体系外的减排单位进行转化,由缔约方会议在排放基准线、减排量核算、碳信用核准以及信息披露方面确立统一的规则和标准。④美国提出国际碳市场机制的"非排他性"原则,具体指的是国家在参与国际碳市场机制的同时,应保留国家依据国情创建其他碳市场机制的自主权。而且,美国特别强调《联合国气候变化框架公约》体系外的核证减排机制对于低成本和高效率减排的意义。⑤虽然,美国也提到了《联合国气候变化框架公约》体系对其他碳市场机制的指导和规范作用,但并未提

---

① See *New Zealand Submission to the Subsidiary Body for Scientific and Technical Advice on Framework on Various Approaches*, UNFCCC (Sept. 23,2014) , https://unfccc.int/sites/default/files/new_zealand_-_sbsta_submission_on_the_framework.pdf.

② See FCCC/SBSTA/2013/MISC.11,p.23.

③ See FCCC/SBSTA/2013/MISC.11,p.37.

④ See FCCC/SBSTA/2013/MISC.11,p.26-28.

⑤ See FCCC/AWGLCA/2012/MISC.4,p.37.

出任何具体措施。环境完整性集团主张国家之间自愿转让减排单位以履行减排义务的行为应当被认可，但是这样的活动应当受到统一标准与指南的规范，这并非说一国国内减缓活动应受国际规范和约束，而只是其中涉及减排单位国际转让和履行减排义务的行为应当受统一规范。①

除了这些发达国家以外，雨林国家联盟也赞成《联合国气候变化框架公约》体系外减排单位的转化。它们认为缔约方自主创建的碳市场机制以及所产生的减排单位应当在国际层面被接受和认可，它们也提出了保障环境完整性的方法，即在国际层面创建一种"国际减排单位"（international reduction units），②任何碳市场机制所产生的减排单位在经过特定的程序转化为国际减排单位之后才可以被用来履行《联合国气候变化框架公约》体系下的减排义务。

关于新的国际碳市场机制的谈判分歧和争议事实上并不限于这两方面的问题，而且，随着谈判的推进，缔约方在技术规范的层面不断产生新的分歧。但是有关形态和结构的问题深刻地影响着《巴黎协定》国际碳市场机制的内容和框架。在不同的立场和态度中，主流的意见也非常明显。总体而言，就形态而言，赞成混合交易形态的国家显然更多，对《联合国气候变化框架公约》体系外的碳市场机制，显然包容者更多。但即便如此，缔约方会议在这两项问题上仍迟迟不能决定。2014 年附属科学和技术咨询机构初步拟定"核证减排机制""核证减排机制 + 国际排放交易机制""'去国际中心化'的核证减排机制"作为新的国际碳市场机制的三项备选方案。③ 2015 年前后，缔约方会议屡次三番地修改"巴黎协定草案"中的市场机制条款，从"多机制"（multiple mechanisms）、"多窗口机制"④（multi windows mechanism）到"一个机制"（a mechanism）⑤，草案措辞几番替换表明缔约方关于新国际碳市场机制的形态和结构有着颇为焦灼的争议和分歧。

---

① See *Environmental Integrity Group*, *Framework for Various Approaches*, UNFCCC（Sept. 9, 2013），https://unfccc.int/sites/default/files/fva_environmental_integrity_group.pdf.
② See FCCC/SBSTA/2013/MISC.11, p.3.
③ See FCCC/TP/2014/11, para.16 - 31.
④ FCCC/ADP/2015/L.6/Rev.1, p.10.
⑤ *Draft Paris Outcome*, Version 1 of 9 December 2015, Art.3 ter, UNFCCC（Dec. 9, 2015），https://unfccc.int/resource/docs/2015/cop21/eng/da01.pdf.

第五章 《巴黎协定》国际碳市场机制的内容与影响

"巴厘路线图"确立了实现减缓的"各种方针",并特别设立了公约长期合作行动特设工作组负责这一议题的研究,2012年多哈气候大会上,"各种方针"被分解为"各种方针框架"和"新市场机制"两个议题,而公约长期合作行动特设工作组也终止了工作议程。自2013年6月起,"各种方针框架"和"新市场机制"主要交由附属科学和技术咨询机构来负责,按照"缔约方提案—附属科学和技术咨询机构开展磋商—缔约方会议决议"的程序缓慢推进。在2015年的巴黎气候大会上,附属科学和技术咨询机构向缔约方大会提交了有关"各种方针框架"和"新市场机制"的有限成果,并最终形成了《巴黎协定》第6条的国际碳市场机制。

第一节 《巴黎协定》国际碳市场机制的内容

《巴黎协定》第6条规定了"合作机制",包括市场和非市场机制,其中第2款和第4款是国际碳市场机制。新的国际碳市场机制包含两个部分,"各种方针框架"议题下形成的"减缓成果国际转让机制",以及"新市场机制"议题下形成的"可持续发展机制"。《巴黎协定》的条款规定极为简单,仅明确了机制的基本宗旨、原则和模式。

2015年《通过〈巴黎协定〉决议》明确国际碳市场机制的具体规则和程序将由附属科学和技术咨询机构拟定草案,并于《巴黎协定》缔约方会议的公约缔约方会议(以下简称《巴黎协定》缔约方会议)(Conference of the Parties Serving as the Meeting of the Parties to the Paris Agreement, CMA)第1次会议通过。遗憾的是,由于缔约各方争议焦点太多,在2016年至2018年的历次联合国气候大会上均未能通过国际碳市场机制的规则和程序,而且,当中很多规则由于缔约方未能达成一致而悬置,草案文本中相应的规则存在多个备选方案,草案文本中凡是未能议定的条款均被置于中括号内,表示该条规则尚待进一步磋商和谈判议定。据统计,直到2018年第24届联合国气候大会结束时,《巴黎协定》各项机制就仅剩国际碳市场机制还存在大量的没有议定的规则,草案文本存在大量的中括号,其中第6条第2款有288个中括号,第6条第4款有298个中括号。① 2019年6月波恩气候会议形成了新的规则和程序的草案,各方满怀希望地在2019年第25届联合国气候大会上推动国际碳市场机制的规则和程序正式通过,但由于缔约方在几项核心问题上依旧争执不下,正式文本再次被搁置。2020年新冠疫情的暴发,本该举行的第26届联合国气候大会延期,导致国际碳市场机制的议定再次推延。

2021年第26届联合国气候大会在英国格拉斯哥小镇召开,此次会议是《巴黎协定》实施以来的第一次缔约方会议,而且又赶上《巴黎协定》缔约方首次更新国家自主贡献。除此之外,缔约方大会的关键任务是就已搁置6年之久的国际碳市场机制的规则和程序达成一致。因此,这次会议万众瞩目,参与的代表人数多达4万余人。

格拉斯哥气候大会前夕,各方围绕国际碳市场机制规则和程序的争议焦点已非常集中,主要包括:(1)相应调整的适用,第6条第2款机制下,国家自主贡献范围之外的减缓成果是否应当适用相应调整,以及第6条第4款是否适用相应调整。(2)全球排放的全面减缓(Overall Mitigation in Global Emissions, OMGE)是否适用于第6条。(3)第6条第4款机制的收益分成(share of proceeds)是否纳

---

① See COP25: *Key Outcomes Agreed at the UN Climate Talks in Madrid*, Carbon Brief (Dec. 15, 2019), https://www.carbonbrief.org/cop25-key-outcomes-agreed-at-the-un-climate-talks-in-madrid.

入适应基金。(4)清洁发展机制下的核证减排量跨期结转的问题。

第 26 届联合国气候大会一开始,附属科学和技术咨询机构在此前草案的基础上继续开展磋商,主要进行技术层面的讨论,也进一步凝聚规则共识,其间形成了 5 份磋商草案文本。2021 年 11 月 6 日附属科学和技术咨询机构形成了最后一份技术草案文本并提交缔约方会议进一步议定。[①] 缔约方会议在此基础上开展谈判,主要从政治层面消除分歧,达成共识,也先后形成了 5 份谈判草案文本。胶着的谈判使得原定于 11 月 12 日结束的格拉斯哥气候大会,又临时增加了 2 天的加时谈判。最终,《巴黎协定》第 6 条的规则手册于 2021 年 11 月 14 日通过,标志着国际碳市场机制的实施细则初步建立。

一、减缓成果国际转让机制

《巴黎协定》第 6 条第 2 款明确"缔约方在自愿基础上采取合作方法,并使用国际转让的减缓成果来实现国家自主贡献",这就是"各种方针框架"议题下形成的"减缓成果国际转让机制",是国际碳市场机制的第一项机制,简单讲,就是缔约方之间可以通过相互转让和交易减排量来履行减排义务,其中,交易的客体被称为"国际转让的减缓成果"(International Transferred Mitigation Outcomes,ITMOs)。

(一)ITMOs 的内涵

减缓成果国际转让机制首要的问题就是何为减缓成果,何为国际转让的减缓成果。

1. 减缓成果的内涵

减缓成果并非《巴黎协定》的一项新术语,事实上,在 2014 年附属科学和技术咨询机构所做的有关"各种方针"的技术文件中,已有了"减缓成果"一词。"基于市场的方法,是减缓成果的转让,正如碳市场体系和核证项目中,减缓成果由一个实体产生而由另一实体使用。"[②]该文件明确,"减缓成果"是指排放减少、排放清除,以及排放避免。[③] 仔细分辨可知,"减缓成果"并非排放减少单

---

① See FCCC/SBSTA/2021/L.6.
② FCCC/TP/2014/9,para.5.
③ See FCCC/TP/2014/9,ft.3.

位、排放清除单位、排放避免单位。换言之,减缓成果并非一种或一类减排单位。正如我们可以说"减排量"的交易,但"减排量"却绝非一种减排单位。依据该技术文件,减缓成果有着特殊的要求,其一,真实性。减缓成果相对于预先设立的排放基准线而言是实际的、真正的排放减少,避免错误或虚假的基准线造成碳泄漏。其二,永久性。减缓成果应当是不可逆、不反弹的。排放源的减少,即通过技术升级的直接减排绝大多数都是不可逆的。但通过碳汇清除排放量容易反弹,即增加的森林砍伐会折抵先前碳汇对二氧化碳的吸收,因此,对于森林碳汇的减缓成果需要特别检验其永久性。其三,额外性。减缓成果必须是额外产生的,即如果不实施特定的减缓活动就不会产生对应的减排量,这常常需要在碳排放的情景假设的基础上推算。其四,可核证性。减缓成果往往能够经特定机构依据特定方法评估与核证以满足真实性、永久性和额外性的标准。[①] 因此,减缓成果虽然并非减排单位,但它亦非减排的笼统称谓,而是《巴黎协定》创建的用以评价缔约方满足具体标准的减排水平的概念。在新的国际碳市场机制下,减缓成果是量化的减排,但并非仅指碳减排量,还包括任何实际产生减排效益的量化指标,诸如森林蓄积量、风电容量等。

2. ITMOs 的内涵

既然减缓成果并非新的国际减排单位,那么新的国际减排单位何在。追问统一的国际减排单位意义关键,若存在统一的国际减排单位,表明减缓成果国际转让机制在治理模式上更接近"国际中心"的治理模式;反之,则倾向于"自下而上"的治理模式。

2021 年格拉斯哥气候大会通过的"《巴黎协定》第 6 条第 2 款合作方法规则手册"(以下简称第 6 条第 2 款规则手册)明确了 ITMOs 的内涵。首先,ITMOs 是国际转让的减排量、清除量或其他类型的减缓效益,如适应行动或经济多样化计划或其他减缓方法所产生的协同减缓效益。[②] 其次,从合作的角度来讲,ITMOs 是一国授权转让用以实现另一国国家自主贡献,或者实现其他国际减缓目的的减排量,如,履行国际航空碳抵消和减排计划(Carbon Offsetting and Reduction Scheme for International Aviation, CORSIA)下的减排义务。最

---

① See FCCC/TP/2014/9, para. 26.
② See 2/CMA.3, FCCC/PA/CMA/2021/10/Add.1, Annex, para.1(a)(b).

后,《巴黎协定》第 6 条第 4 款可持续发展机制下产生的减缓成果在经过缔约方授权用于实现国家自主贡献或其他国际减缓目的时也将被转化为 ITMOs。① 可知,ITMOs 来源非常广泛,既包括参与的缔约方国内产生的减排量或其他形式的减缓成果,也包括通过《巴黎协定》第 6 条第 4 款机制产生的减缓成果,但无论何种,其在缔约方授权国际转让时统一称为 ITMOs。

但问题是,ITMOs 和减缓成果(Mitigation Outcomes, MOs)是什么关系呢? 从第 6 条第 2 款规则手册的规定来看,ITMOs 是减缓成果在缔约方授权国际转让时的称谓,但其又不仅仅是名称的变换,各类减缓成果在缔约方授权转让时需要经过特定的核算和程序才能转化为 ITMOs。因此,"缔约方授权"成为减缓成果转变为 ITMOs 的关键程序,2024 年第 29 届联合国气候变化大会通过的"与《巴黎协定》第 6 条第 2 款所述合作方法有关的事项"明确,减缓成果只有在得到首次转让的缔约方授权的情况下才能转让,②授权是由缔约方主管部门或其他授权机关对拟转让的减缓成果进行授权,具体按照缔约方会议的要求签发授权书,同时向缔约方会议规定的相关数据库或平台报送。按照第 6 条第 2 款规则手册的规定,"首次转让"除了包含一国首次转让另一国用以履行国家自主贡献的行为之外,还包含一国国内法上规定的履行其他国际减缓目的相关行为,如授权行为、签发行为、使用或注销行为。③ 换言之,缔约方所实现的减缓成果不仅在转让时需要授权,在履行其他国际减缓目的时也需要授权,提交授权书的同时按照第 6 条第 2 款规则手册规定的核算方法和标准进行量化与核算,减缓成果才得以转变为 ITMOs。

关于 ITMOs 的计量方法,第 6 条第 2 款规则手册指出,如果是温室气体减排量,ITMOs 按照 IPCC 的评估且经过缔约方会议通过的方法和指标,以公吨二氧化碳当量(tCO_2e)计量;如果是非温室气体指标(metrics),诸如可再生能源发电量等,则应当与缔约方国家自主贡献中的指标单位相一致。④ 可见,ITMOs 并非完全由公吨二氧化碳当量统一计量,而是存在两类计量单位,即温

---

① See 2/CMA.3, FCCC/PA/CMA/2021/10/Add.1, Annex, para.1(g).
② FCCC/PA/CMA/2024/L.15, para.11.
③ See 2/CMA.3, FCCC/PA/CMA/2021/10/Add.1, Annex, para.2.
④ 这种区分源于一些缔约方并未承诺全经济减排目标,而是承诺化石能源消费、再生能源占比或其他政策行动的目标。See 2/CMA.3, FCCC/PA/CMA/2021/10/Add.1, Annex, para.1(c).

室气体减排量以 tCO_2e 计量,非温室气体减排量则以其他相应的指标[如,可再生能源发电量(兆瓦时)、森林积蓄量(立方米)]计量。因此,很难再称 ITMOs 为一种国际减排单位,其不再像《京都议定书》国际碳市场机制下的 AAUs、CERs、ERUs 均以 tCO_2e 计量从而可以被视为国际减排单位。ITMOs 代表着各种减缓成果在国际转让机制下的统一名称,也代表着一套缔约方会议制定的核算规则和方法,任何缔约方国内产生的减排量、区域碳市场流通着的减排单位,只要按照 ITMOs 的核算方法和规则转化,均可以依据《巴黎协定》第 6 条第 2 款进行国际转让进而履行他国的国家自主贡献。

总体上看,减缓成果国际转让机制,是缔约方转让和使用 ITMOs 实现低成本减排的合作机制,其核心内容是对 ITMOs 的核算。此之外,还包括缔约方的参与条件、登记报告、运行管理等程序性规则。任何减缓成果在首次转让用以履行国家自主贡献或国际减缓目的时便称为 ITMOs。就性质来看,该合作机制类似于国际排放交易机制,只不过交易标的不再是缔约方会议根据减排目标事先核准签发的减排量,而是按照特定的核算规则和程序对减缓成果进行转化所形成的 ITMOs,交易是在《巴黎协定》的任何两个缔约方之间进行,亚洲开发银行认为该机制是一种双边合作机制,①是国家之间所进行的"ITMOs"的贸易。

(二)环境完整性的内涵

环境完整性(environmental integrity)是国际碳市场机制的一项基本原则,最早在《京都议定书》中确立。②《巴黎协定》第 6 条两次提及环境完整性,其中,第 6 条第 1 款明确了第 6 条合作机制的目的和宗旨,该条明确缔约方利用市场或非市场合作机制应当促进可持续发展和环境完整性。第 6 条第 2 款的减缓成果国际转让机制中单独强调缔约方参与机制应当确保环境完整性。因此,环境完整性无疑是国际碳市场机制的一个核心概念,然而,这一概念缺乏明确界定,无论是《巴黎协定》还是《通过〈巴黎协定〉决议》均缺乏解释。

与环境完整性相近的一个概念是"生态完整性",学界对这一概念有大量的分析,学者们普遍认为"生态完整性"的内涵非常丰富,其中,"完整性"所指

---

① See Asian Development Bank, *Decoding Article 6 of the Paris Agreement Version* II, ADB(Dec. 15,2020), https://www.adb.org/sites/default/files/publication/664051/article6-paris-agreement-v2.pdf.

② See 15/CP.7,FCCC/CP/2001/13/Add.2.

向的范围和层次非常广泛。首先,"完整性"是与野性、未受束缚的自然以及生命的自我创造能力相关联的,这种能力包括了组织、再生、繁殖、维持、适应、发展和演化自身,这些能力在自然系统的不同层次的空间结构上展现,也在地球漫长的物理和生物进化过程中得到体现。其次,"完整性"表示整个自然系统对自身具有价值的功能和组成的完整,包括支持生命的功能,提供各种物质和服务的功能,以及所具有的精神、科学和文化意义。①

"环境"和"生态"是相互关联的概念,但也有着细微的区别,生态侧重于自然系统内部的生物之间以及生物和环境之间的关系和作用,包括生命的进程、繁殖、适应和多样性,而环境更侧重于人类生存发展所依赖的外部要素和条件,②不仅包括了天然存在的自然因素,还包括经过人工改造的自然因素,如自然保护区、风景名胜区等。根据国际法协会的界定,环境指的是生物和非生物自然资源,特别是空气、水、土壤、动植物,以及这些因素之间的相互作用,还包括景观的特征。③ 因此,环境完整性与生态完整性也应当是一对相关联的概念,学界对生态完整性的概念界定有助于理解环境完整性的内涵。生态完整性指的是自然系统这个整体的完整性,包括系统的组成、功能和演化的完整性。环境完整性指的应当是人类生存和发展依赖的外部要素和条件的完整性,而且应当仅限于自然环境的完整性,具体包括自然环境中的所有的生物和非生物自然资源组成部分的完整性以及相互之间作用的完整性。当自然环境中的生物和非生物资源的组成是完整的,并且相互之间能够发生完整的作用,那么生物之间的关系以及生物和环境之间的关系才可能完整,比如,植物的生长依赖于光合作用,动物呼吸所需的氧气也来源于光合作用。反过来,自然系统完整的组成、功能和演化也决定着自然环境中各要素和条件的完整性,因此,环境完整性与生态完整性相辅相成。美国罗格斯大学的西米·R. 佩恩教授认为"环境完整性"表达了用以描述一个维持必要自然过程的健康自然系统的一系列复杂概念。④ 从组成部分和作用两个方面可以进一步概括环境完整性,第一,生

---

① See David Pimentel & Laura Westra et al., *Ecological Integrity: Integrating Environment, Conservation, and Health*, Island Press, 2000, p. 11.
② 参见陈百明:《何谓生态环境?》,载《中国环境报》2012年10月31日。
③ See Evironment, Institut De Droit International, Art. 1.
④ See Cymie R. Payne, *Defining the Environment: Enviromental Integrity*, in Environmental Protection and Transitions from Conflict to Peace: Clarifying Norms, Principles, and Practices, Oxford University Press, 2017, p. 42.

物和非生物自然资源组成部分的完整性,当然,是否完整取决于特定的地理条件,比如沙漠地区和森林地区在生物和非生物自然资源的组成上是不同的,二者在组成的完整性上也有着不同的评价标准。第二,生物和非生物自然资源的相互作用的完整性。自然系统的干扰、恢复、演替、循环等一系列自然过程本质上源于生物和非生物自然资源的各种复杂的生物、物理、化学作用,这些作用的完整性对于自然系统的健康、稳定、可持续性至关重要,因此,环境完整性包括生物和非生物自然资源组成部分的完整性以及各种资源之间的生物、物理和化学作用的完整性。

国际碳市场机制的环境完整性指的是在开展碳交易和减排项目合作的过程中确保各生物和非生物资源的组成和作用的完整性。国际碳市场机制是致力于低成本减排的合作机制,在这一合作机制中,参与各方首要考虑的是成本效益,诸如减排成本和减排潜力,核证减排量的价格、交易成本等因素,而机制可能会对各种生物和非生物资源产生负面影响,一些长期、复杂和隐性的负面影响或许难以被及时发现,最典型的负面影响便是"负减排"和"逆转风险"。负减排指的是碳市场机制存在的碳泄漏,减排量的交易使得全球温室气体排放不减反增。逆转风险指的是所实现的减排在未来被抵消和逆转,如,造林项目产生的碳汇由于森林砍伐被逆转。全球温室气体排放的增加改变了大气资源的组成成分,过量的温室气体排放对大气资源形成了一种破坏性的干扰,进而影响了生物和非生物资源围绕大气资源产生的一系列作用,比如,极端天气、海洋酸化、生物多样性锐减等均是一系列生物和非生物资源之间作用失调的表现,最终威胁人类的生存和发展。因此,全球温室气体排放的增加会损害环境完整性,保障环境完整性就应该避免该机制的实施导致温室气体的增加。[①] 具体而言,在减缓成果国际转让的过程中,要避免双重核算,避免一个 ITMOs 被重复计入缔约方的国家自主贡献,产生虚假减排,以及在开展减排项目的过程中,减排项目产生的核证减排量应当是额外的减排量,即相对于没有减排项目的情形下产生的减排量是额外的。

2021 年格拉斯哥气候大会通过的第 6 条第 2 款规则手册明确保障环境完

[①] See Lambert Schneider & Stephanie La Hoz Theuer, *Environmental Integrity of International Carbon Market Mechanisms under the Paris Agreement*, Climate Policy, Vol. 19:3, p. 386 – 400(2019).

整性的三个方面。① 第一，全球排放量没有净增加。强调缔约方参与和实施国际碳市场机制不会增加全球总体的温室气体排放。第二，设定保守的排放基线。要求缔约方设定保守的"一切照旧"排放情景更加有助于实现真实、额外的减排。第三，降低减缓不能持久的风险。强调缔约方实施国际碳市场机制应避免减排的逆转，实现长期永久的减排，这三点对应避免"负减排"和"逆转风险"。

但其实，国际碳市场机制对环境完整性的破坏并不仅限于"负减排"和"逆转风险"，减排项目也可能对当地的土壤、水、森林、动物等大气以外的其他生物和非生物资源造成各种危害和风险，这些问题曾经在清洁发展机制的实践中不断发生，也是清洁发展机制备受诟病之处。因此，保障碳市场机制的环境完整性还应当广泛地关注其他生物和非生物资源在机制实施过程中所受到的影响，即减排项目和碳交易对水、土地、能源等其他环境要素的不利影响，相比避免"负减排"和"逆转风险"，这是更广泛意义上的环境完整性的保障。

（三）减缓成果国际转让机制的内容

减缓成果的国际转让涉及机制的参与、ITMOs 的核算、转让、履行减排义务等活动，这些环节涉及的制度主要包括准入制度、治理制度、核算制度、透明度制度。

1. 准入制度

准入制度，即准入的条件、程序及其他要求，满足这些条件和要求，缔约方才可以参与减缓成果国际转让机制。《巴黎协定》并未明确规定减缓成果国际转让机制的参与条件，从第 6 条第 2 款可以解读出两项隐性的条件，即参与方必须是《巴黎协定》的缔约方，以及参与的缔约方需要提交国家自主贡献。2021 年第 6 条第 2 款规则手册第 4 段明确了缔约方参与减缓成果国际转让机制的条件，包括六项实体和程序要求。

（1）主体条件。参与方是《巴黎协定》的缔约方。这表明，首先，《巴黎协定》的非缔约方无法参与；其次，参与方必须是主权国家，即转让方和受让方均是国家，除国家之外的其他私实体不能直接转让或受让 ITMOs。实践中，减缓成果可能来自一国国内减排项目或减排政策，这样的减缓成果要根据特定的程

---

① See 2/CMA.3, FCCC/PA/CMA/2021/10/Add.1, Annex, para.18(h).

序向国际机构登记,并按照特定的核算规则转化为ITMOs,并在国家的授权下以国家的名义来转让和使用,私人实体并不能直接买卖ITMOs。

(2)国家自主贡献的程序要求。参与的缔约方应当按照《巴黎协定》第4条的要求编制、通报、保持连续的国家自主贡献。值得一提的是,在第26届联合国气候大会前期的谈判文本中,该条件还要求国家在编制、通报、保持国家自主贡献方面应符合4/CMA.1决议的规定。[①] 概括来讲,4/CMA.1决议规定了国家自主贡献的实施细则,当中详细规定了编制、通报和保持国家自主贡献方面的实质要求,诸如,国家自主贡献的内容应当包括基准年的量化信息、实施时限、范围和覆盖面、规划进程、假设和方法学方针等,国家应当保证国家自主贡献的内容清晰、透明和可理解。换言之,最初拟定的规则在国家自主贡献方面不仅对缔约方提出了行为要求,还提出了内容方面的要求。这一点其实非常关键,ITMOs包含一套核算的方法和规则,国家自主贡献的信息足够清晰、具体和可量化才能方便核算,便于国家参与机制,也方便国际机构对一国使用、转让ITMOs的情况予以监测和跟踪。然而,考虑到很多发展中国家在碳排放信息管理方面的能力建设严重不足,缔约方会议最终还是删除了实质内容的要求,只保留了行为要求,但是这也导致了国家自主贡献不清晰、不具体的缔约方如何参与机制成为一个不确定的问题。

(3)授权和使用的法律与政策依据。《巴黎协定》第6条第3款明确,使用国际转让的减缓成果来实现本协定下的国家自主贡献,应是自愿的,并得到参与的缔约方的允许,其中,缔约方允许即缔约方需要专门授权,2021年第6条第2款规则手册明确参与条件之一是缔约方需要制定和颁布有关"授权和使用ITMOs"的国内立法或政策,表明参与的缔约方对授权和使用ITMOs履行国家自主贡献应当有明确的立法或政策依据。ITMOs最终是用来履行国家自主贡献这样一项国际义务的,国内法上确认国际法上的义务实际上就是国际法向国内法的转化,即要求各缔约方将履行国际义务通过转化方式从国际法转化为国内法,为国家参与机制确立国内法律基础。

---

① See *Matters Relating to Article 6 of the Paris Agreement*: *Guidance on Cooperative Approaches Referred to in Article 6*, *Paragraph 2*, *of the Paris Agreement*, *Version 1 of 1 November* 2021, UNFCCC(Nov. 1,2021), https://unfccc.int/sites/default/files/resource/DT.SBSTA52-55.i15a.pdf.

(4)基础设施的保障。参与的缔约方应当按照缔约方会议的决议要求,在国内建立ITMOs的信息管理系统,用以ITMOs的登记、跟踪、授权等活动。这是要求缔约方为参与合作机制建立基础设施的保障。要求参与的缔约方建立ITMOs的注册登记系统,相当于要求交易双方必须各自拥有自己的"记账簿",保证交易明细能够记录下来。该条件也是对参与缔约方能力挑战较大的一项条件,相比一些在碳市场机制领域经验成熟的国家,大部分国家欠缺碳排放信息管理的经验,减缓成果国际转让机制的各项技术要求对它们来说更加陌生。为此,第6条第2款规则手册也规定了"国际登记"模式作为补充,即如果缔约方还未建立登记册,也可以向缔约方大会秘书处申请,在秘书处建立的"国际登记册"申请账号,开展登记、注册和跟踪ITMOs的活动。[①]

(5)国家清单报告的程序要求。参与的缔约方需要提交最新的温室气体人为源排放量和汇清除量的国家清单报告。国家清单报告是《巴黎协定》透明度机制的内容,2018年卡托维茨气候大会形成的透明度规则手册(18/CMA.1)明确国家清单报告应当包含《巴黎协定》第6条活动涵盖的范围,[②]即ITMOs对应的减排量以及使用情况应当在国家清单报告中体现,反映国家的真实排放量。

(6)结果要求。缔约方参与第6条第2款合作机制应当有助于实施本国国家自主贡献与长期低碳发展战略,并且有助于实现《巴黎协定》的长期目标。该条件的初衷是保障合作机制的目的——促进减排和低碳转型,并服务于《巴黎协定》的温控目标,避免其沦为缔约方逃避减排义务的工具。但是,这一要求必须具体化为一项规则来保障目的的实现,例如,在要求缔约方参与机制时履行一项前置的程序性义务,实施一项碳排放影响评估,对ITMOs的转让和使用如何促进本国减排以及如何贡献全球减缓或低碳转型作出评估,国际组织在核准签发ITMOs时应当结合评估报告与实际情况进行必要的审查,以判断是否实现预期目标,决定是否批准签发ITMOs。

2. 治理制度

国际碳市场机制的治理制度,指的是管理和规范缔约方参与机制的组织机

---

① See 2/CMA.3,FCCC/PA/CMA/2021/10/Add.1,Annex,para.30.
② See 18/CMA.1,FCCC/PA/CMA/2018/3/Add.2,para.48.

构及其职权和作用。一般而言,国际合作机制的管理由多边机制来负责,《联合国气候变化框架公约》体系中负责国际气候治理的多边机制是缔约方会议、秘书处以及缔约方会议授权建立的其他多边主义的组织和机构,诸如此类的机构如果在管理方面具有监督、问责的职权,那么,治理的模式就倾向于"中心治理"模式,如果其仅仅发挥着指导、建议性质的作用,则偏向于"弱中心治理"模式,如果完全没有管理、规范或决策的作用,仅仅发挥服务性的作用,则在治理上采用的就是"去中心化"的模式。

《巴黎协定》第6条第2款明确,以国际转让减缓成果实现国家自主贡献,应促进可持续发展、确保环境完整与透明,包括在治理方面,运用稳健的核算,依据《巴黎协定》缔约方会议通过的指导规则确保避免双重核算,按照该条款,由缔约方会议来负责该机制的治理,具体的职权包括核算和规则制定权,那么,缔约方会议在机制的治理上采取的是什么模式,所谓的核算和规则制定权对参与的缔约方究竟意味着什么?

(1)治理模式的争议与选择

在第6条第2款及规则手册的谈判过程中,治理模式是各方的一个争议焦点。伞形集团国家、立场相近发展中国家等谈判联盟强调第6条第2款合作机制应当更加尊重国家的自主决定权,国际组织的管理应当只限于制定统一的核算规则和方法。非洲谈判小组、巴西、环境完整性集团、最不发达国家、小岛屿国家联盟等谈判联盟则更加青睐"中心化"的治理模式,由缔约方会议授权特定的国际机构负责管理和监督合作机制的实施和开展。[①] 亚洲开发银行曾在2018年为减缓成果国际转让机制设计了四种可选的治理模式:①"强中心治理"模式,由缔约方会议授权的国际机构负责ITMOs的签发与核算,以及对国家之间转让ITMOs进行监管等。②"适中中心治理"模式,缔约方会议保留规则和标准的制定权,以及评估和监督的权力,在此之外缔约方享有自主权。③"弱中心治理"模式,缔约方会议在机制运行上只发挥指导作用,并不享有监督和管理的权力。④"去中心治理"模式,缔约方在机制的运行与合作的开展

---

① See Michael A. Mehling, *Governing Cooperative Approaches under the Paris Agreement*, Ecology Law Quarterly, Vol. 46:3, p. 765 - 828(2019).

上享有充分的自主权。①

2018 年形成的规则手册草案针对第 6 条第 2 款的治理拟定了两种可选模式：模式一，缔约方会议负责制定核算的规则与方法，并对 ITMOs 是否符合相关规则进行审查；缔约方会议负责核准 ITMOs 的签发；国家间转让 ITMOs 需向缔约方会议授权的国际机构申请，该机构负责对 ITMOs 的转让进行事前和事后的监督，并审议 ITMOs 的转让是否合规，包括对第三方机构的环境完整性的评估进行审议。按照亚洲开发银行的标准，这一模式下，缔约方会议享有规则制定权、监督和管理权，因此，是一种"强中心治理"模式。模式二，缔约方会议不负责 ITMOs 的批准，而是建立专家审议机制，针对参与缔约方核算、转让和使用 ITMOs 的合规性进行事前事后的审议，②按照亚洲开发银行的标准，这一模式下，缔约方会议享有监督和评估的权力，相当于"适中中心治理"模式。无论如何，草案的两项备选方案都强调缔约方会议对 ITMOs 转让等情况进行审议，保障环境完整性。

（2）弱中心治理模式

第 6 条第 2 款规则手册最终选择了"弱中心治理"模式。

首先，缔约方会议的规则制定权。缔约方会议负责制定和通过有关 ITMOs 核算、登记、转让、审议等方面的规则和程序，虽然缔约方会议所制定的这些规则在性质上属于国际软法，并且对国家参与机制发挥着指导的作用，但是这些规则也是判断国家参与机制的相关行为和活动是否合规的唯一依据，对国家行为发挥着一定程度的规范作用。

其次，技术专家评审。第 6 条第 2 款规则手册建立了"第 6 条技术专家评审"的制度，以集中评审（centralized review）或书面评审（desk review）的形式审议缔约方参与第 6 条第 2 款合作机制的行为与活动是否合规，并提出改进的建议。③ 第 6 条技术专家评审在适用效果上是促进性和引导性的，而非对抗性和惩罚性。事实上，《巴黎协定》第 13 条透明度机制对技术专家评审早有规定，

---

① See *Decoding Article 6 of the Paris Agreement*, ADB（Apr. 9, 2018）, https://www.adb.org/sites/default/files/publication/418831/article6-paris-agreement.pdf.

② See *Informal Document Containing the Draft Elements of Guidance on Cooperative Approaches Referred to in Article 6, Paragraph 2, of the Paris Agreement*, SBSTA. 48. Informal. 2, UNFCCC（Mar. 16, 2018）, https://unfccc.int/sites/default/files/resource/docs/2018/sbsta/eng/sbsta48.informal.2.pdf.

③ See 2/CMA. 3, FCCC/PA/CMA/2021/10/Add. 1, Annex, para. 25.

18/CMA.1 决议对此进行了细化,主要评审缔约方实施国家自主贡献、国家信息通报、资助等信息,目的是提高透明度,同时查明缔约方能力建设的不足,以便提供相应的援助。① 但是第6条第2款技术专家评审与《巴黎协定》透明度机制下的技术专家评审相互独立,前者的评审报告还应提交后者进一步审议。②

最后,秘书处发挥着促进和指导作用。①对缔约方的基础设施的支持。秘书处为缺乏登记册的缔约方建立国际登记册以便缔约方参与。②一致性审查。秘书处负责"一致性审查"(consistency check),审查缔约方提交的第6条数据库的所有信息是否符合规则手册,若存在不符之处,秘书处应当提示缔约方注意。③ 这里,"提示"既非问责,也无强制力。因此,一致性审查也不是监督,仍然是支持和促进的性质。③信息枢纽。秘书处建立和维护"集中核算与报告平台"(Centralized Accounting and Reporting Platform, CARP),④该平台是第6条第2款的信息枢纽,通过收集和汇总缔约方在参与机制过程中所提交的信息,最大限度地保障透明度,具体包括:其一,接收和公开信息。接收缔约方提交的有关参与合作机制的国家报告等信息、技术专家的评审报告、秘书处的一致性审查报告,并保障信息公开。其二,信息报送。"集中核算与报告平台"需要向缔约方会议报送有关国家信息通报、ITMOs 跟踪与核算等信息的年度报告。可见,"集中核算与报告平台"是缔约方会议、缔约方以及秘书处之间的信息媒介。

总而言之,规则的指导性、评审的促进性、审查的支持性,均使得第6条第2款机制在治理上表现出"包容性"而非"对抗性",缔约方会议、秘书处以及其他特别建立的组织在治理过程中发挥着指导、促进、建议、支持的作用,因此,第6条第2款合作机制采取的是"弱中心治理"模式。

3. 核算制度

《巴黎协定》第6条第2款明确应当依据缔约方会议通过的决议及相关规则手册,对缔约方转让、使用 ITMOs 进行核算。核算制度,是减缓成果国际转让机制的核心,也是保障环境完整性的关键。通过准确地计量与核算,确保缔约方所转让的减缓成果是真实、可核实且不重复的,这有助于避免双重核算,保

---

① See 18/CMA.1, FCCC/PA/CMA/2018/3/Add.2, para. 152 – 154.
② See 2/CMA.3, FCCC/PA/CMA/2021/10/Add.1, Annex, para. 28.
③ See 2/CMA.3, FCCC/PA/CMA/2021/10/Add.1, Annex, para. 33(a).
④ See 2/CMA.3, FCCC/PA/CMA/2021/10/Add.1, Annex, para. 35 – 36.

障缔约方转让和使用 ITMOs 不会导致额外的碳排放。

(1) 双重核算的风险

双重核算是第 6 条第 2 款合作机制可能存在的风险,也是大部分国家所担心的问题。双重核算是指,一个 ITMOs 在受让方用来履行本国的国家自主贡献之后,转让方以该 ITMOs 是其本国产生的减缓成果为由再次用来履行国家自主贡献,也就是一个 ITMOs 被重复计算,从而实际上导致了更多的排放,有损于环境完整性原则。

在《京都议定书》清洁发展机制下,由于发展中国家未承诺量化减排义务,减排项目产生的核证减排量被发达国家购买用来履行减排义务的同时,也被视为发展中国家贡献的减排量,因此,清洁发展机制普遍地存在双重核算的问题。《巴黎协定》下,所有缔约方承担着实现国家自主贡献的义务,因此,避免缔约方在转让 ITMOs 过程中产生双重核算至关重要。此外,《巴黎协定》下,缔约方所承诺的不同类型、不同内容的国家自主贡献带来了核算的复杂性,并且也加大了双重核算的风险。就目前缔约方所提交的国家自主贡献而言,在内容上,有量化减排目标,有碳强度、能源强度等目标,还有政策和行动的目标。在范围上,一些国家自主贡献涵盖全经济各部门,而另一些只涵盖部分经济部门。在时间跨度上,一些国家提出了一年期目标(single-year target),如我国承诺到 2030 年,单位国内生产总值二氧化碳排放比 2005 年下降 65% 以上。[①] 另一些国家承诺了多年期目标(multi-year target),如沙特阿拉伯承诺实施相应措施,以便从 2020 年到 2030 年,每年减少 278 $MtCO_2e$ 温室气体排放量。[②] 因此,国家通过转让 ITMOs 履行不同内容、不同范围以及不同时间跨度的减排承诺,保障核算的准确性异常复杂和困难。

正因为核算对于环境完整性的重要性,绝大多数缔约方坚持稳健核算(robust accounting),《巴黎协定》第 6 条也一再重申避免双重核算。但由于技术难度高,多数发展中国家望而却步,希望能够保障国家在核算上相当的自主

[①] 参见《中国落实国家自主贡献成效和新目标新举措》,载联合国气候变化框架公约官网 2021 年 10 月 28 日,https://unfccc.int/sites/default/files/NDC/2022-06/中国落实国家自主贡献成效和新目标新举措.pdf。

[②] See Kingdom of Saudi Arabia, *Updated First Nationally Determined Contribution*, UNFCCC (Dec. 23, 2021), https://unfccc.int/NDCREG。

权和灵活性。故而,具体到第 6 条第 2 款规则手册的谈判中,核算制度又成为争议焦点,缔约方会议面临着如何保障准确和便捷核算的难题。

(2)避免双重核算——相应调整

2018 年卡托维茨会议通过的"一揽子"协议中,在有关透明度的规则手册中提出了一项避免双重核算的制度安排——相应调整(corresponding adjustment),即缔约方在国家自主贡献的进展报告中应当根据 ITMOs 的转让情况对减排量进行相应调整,[1]相应调整是对国家自主贡献中减排目标的调整,所进行的调整要以信息概要的形式反映在国家排放清单中。调整的目的是为确保每一个 ITMOs 在履行国家自主贡献上只能使用一次,也即,在完成 ITMOs 的转让并实现了受让方的国家自主贡献之后,转让方不得再以 ITMOs 履行本国国家自主贡献。具体的调整方法是在首次转让后,在转让方的国家自主贡献中提高减排量(意味着该国需要额外减少 ITMOs 所对应的排放量),而受让方在其自主贡献中减少相应的减排量(意味着该国可以额外产生 ITMOs 所对应的排放量)。2021 年第 6 条第 2 款规则手册(第 6—15 段)明确了相应调整的方法和原则。

首先,相应调整的适用。第一,适用对象。相应调整适用于所有类型的 ITMOs,无论其是以公吨二氧化碳当量计量,还是以缔约方决定的非温室气体指标计量。第二,适用的原则。①透明度原则。相应调整要保障信息透明,调整的过程与结果的信息要对缔约各方公开,相应调整的透明度也是整个《巴黎协定》透明度框架的一部分。事实上,"弱中心治理"模式对于信息透明是很不利的,缺乏多边机制对核算的直接监督,而技术专家评审总体上又表现为指导性,而非强制性,因此,相应调整基本上依靠参与缔约方相互监督,不免会有暗箱操作、信息造假或串通欺诈的隐患。②准确性原则。相应调整要保证准确性。非温室气体指标的 ITMOs 本身存在准确核算的难题,更不用说国际转让中的相应调整。例如,马来西亚和印度尼西亚都种植有棕榈树吸收二氧化碳,但据报告,马来西亚棕榈树的固碳能力是印度尼西亚的 4 倍。[2] 假设上述两个

---

[1] See 18/CMA.1,FCCC/PA/CMA/2018/3/Add.2,para.77(d)。

[2] See Chris Mooney et al., *Countries' Climate Pledges Built on Flawed Data：Post Investigation Finds*, The Washington Post(Nov. 7, 2021), https：//www.washingtonpost.com/climate-environment/interactive/2021/greenhouse-gas-emissions-pledges-data/。

国家均承诺棕榈树的蓄积量目标,并且他们之间进行棕榈树蓄积量的ITMOs(以 m³ 为单位)的转让,这便是典型的非温室气体指标ITMOs的转让。在这种情况下,相应调整虽然在统一单位之间进行,但考虑到固碳能力不同,所转让的ITMOs在两个国家代表的减排量不同,因此,相应调整需要考虑到这一特殊情形以保证减排量核算的准确性。③完整性原则。相应调整的完整性是环境完整性的内容之一,因此,应当保证在相应调整后,国际转让不会导致更多的排放。④可比性原则。缔约方应当按照缔约方会议制定的方法和程序进行相应调整,确保不同缔约方间的核算信息具有可比性,进而便于跟踪缔约方国家自主贡献的实施进展。⑤一致性原则。相应调整的实施与缔约方国家自主贡献的实施相一致。如前所述,缔约方国家自主贡献类型不同,相应调整所调整的实际上是国家自主贡献中的减排量,因此,相应调整应当在范围、时间跨度、指标等方面与国家自主贡献的实施保持一致性。

其次,相应调整的方法。相应调整包括ITMOs总量(total amount)的调整和ITMOs数量(quantity)的调整。ITMOs总量是指整个国家自主贡献执行期内,累计首次转让和使用ITMOs的总数量,ITMOs数量是指缔约方单次或年度首次转让和使用ITMOs的数量。相应调整既要进行缔约方单次或年度首次转让和使用ITMOs数量的调整,还要进行整个国家自主贡献执行期内累计首次转让和使用ITMOs总量的调整。

ITMOs总量的调整因缔约方承诺类型不同分为:①一年期国家自主贡献的相应调整。在这种情况下,缔约方承诺的国家自主贡献目标对应某一年。相应调整具有两种方法可以选择:第一,年度调整法。将国家自主贡献目标按照实施年份划定多年度排放轨迹或排放预算,进而以每一年度首次转让和使用的ITMOs总量在国家自主贡献对应年份的排放轨迹或排放预算下分别进行调整。第二,平均累加法。计算年度首次转让和使用的ITMOs总量,再以年度首次转让和使用ITMOs的总量除以国家自主贡献执行期覆盖的年份数,得出国家自主贡献执行期内缔约方首次转让和使用ITMOs的年度平均量,最后以年度平均量对应国家自主贡献特定年份的排放量进行调整。②多年期国家自主贡献的调整。这种情况要先进行年度调整,即缔约方按照国家自主贡献目标划定多年度排放轨迹或排放预算,进而以每一年首次转让和使用的ITMOs总量在国家自主贡献对应年份的排放轨迹或排放预算下分别进行调整。除了年度调整,还要在执行期结束时根据整个国家自主贡献执行期内累计首次转让和使用的ITMOs总量对多年的累计排放量进行调整,[①]以确保多年度的累计排放量不超出国家自主贡献的整体排放预算。

ITMOs数量的调整因ITMOs计量单位不同而有所区分。

①公吨二氧化碳当量的ITMOs。相应调整可直接针对缔约方国家自主贡献中的碳排放目标或排放预算进行调整,具体方法:第一,在减缓成果发生的相应年份增加首次转让的ITMOs数量。第二,在ITMOs使用的相应年份扣除所使用的ITMOs数量,并保证减缓成果是在同一执行期内发生和使用。

②非温室气体指标的ITMOs。非温室气体指标并不以公吨二氧化碳当量为计量单位,缔约方所转让和使用的ITMOs并不能直接针对国家自主贡献进行调整。因此,在前述ITMOs总量调整这一步与公吨二氧化碳当量的ITMOs的调整方法是不同的。具体而言,缔约方应当为国家自主贡献中的非温室气体指标建立"指标登记册账户",诸如,风电容量ITMOs(MW-ITMOs)账户,记录有关风能发电量产生的减缓成果的转让和使用,每一笔ITMOs的转让和使用应首先在相应指标登记册账户中进行年度指标调整,具体按照前述一年期或多年期目标下的方法计算年度调整指标。然后,以年度调整指标对缔约方国家自主贡献中的非温室气体指标年度水平(如风力发电量目标)进行调整,因为非温室气体指标体现的是减排贡献,所以这一步的调整方法则与上述温室气体ITMOs的调整方法恰好相反。第一,在减缓成果发生的相应年份扣除首次转让的ITMOs的数量。第二,在ITMOs使用的相应年份增加所使用的ITMOs的数量,并保证减缓成果是在同一执行期内发生和使用的。

③非量化的政策和措施。一些缔约方在国家自主贡献中承诺了非量化的减排政策或措施,如巴林承诺在沿海地区采取具有减缓协同效应的适应措施。这样的承诺目标不具有量化指标,但如果该缔约方采取了超过其国家自主贡献目标的行动和措施,同样可以将其产生的减缓成果转让他国。在这种情况下,相应调整应当首先按照国家自主贡献目标和类型划定年度排放预算,以缔约方承诺的减排政策措施所减少的额外排放,对国家自主贡献的减缓政策和措施所

[①] 参见银朔、段茂盛:《〈巴黎协定〉市场机制中的相应调整方法》,载《气候变化研究进展》2023年第4期。

对应的排放预算进行相应调整,具体方法是增加首次转让的 ITMOs 的数量,扣除使用的 ITMOs 的数量。

4. 透明度制度

透明度制度是缔约方参与机制的信息公开的制度,包括"自下而上"的缔约方信息通报与"自上而下"的信息披露。透明度制度在《巴黎协定》中有专门条款规定,是《巴黎协定》的核心制度之一。《巴黎协定》在碳排放的管理上采取了催化性和促进性的思路,国家的减排承诺变得多元且灵活,在这种情况下,透明度就变得极为重要了。因为,有效的信息公开无形中营造了一种"互相监督"的环境,使得缔约方的承诺和行动受制于这种无形的"互相监督",并且有助于提高国家对国际气候治理体系的信任。[①] 因此,不仅《巴黎协定》规定了透明度条款,卡托维茨会议还形成了透明度规则手册,格拉斯哥气候会议进一步完善形成了《巴黎协定》透明度的实施细则。

正是因为《巴黎协定》及缔约方会议决议已经对透明度框架做了具体安排,在有关第 6 条第 2 款谈判中,一些缔约方不大同意在第 6 条第 2 款规则手册中再行制定透明度规则,它们认为国家参与第 6 条第 2 款合作机制,应当直接适用《巴黎协定》的透明度制度,避免因不同谈判小组对同一制度做出矛盾或不一致的安排。[②] 但是,第 6 条第 2 款合作机制的透明度与《巴黎协定》透明度框架在内容上有所不同,第 6 条第 2 款透明度主要涉及缔约方参与机制产生的一系列信息的通报与公开,而这些信息当中,有关缔约方履约进展的信息需要缔约方单独履行《巴黎协定》透明度框架下的信息通报义务,主要就是提交两年期透明度报告(biennial transparency report)。

2018 年卡托维茨会议基本形成了透明度的规则手册,但第 6 条国际碳市场机制未能完成谈判,为避免与日后制定的规则出现冲突,卡托维茨的透明度决议文件只在两年期透明度报告下对第 6 条第 2 款的信息通报做了基本要求,着重强调缔约方参与机制应当通报有关避免双重核算的相关信息,包括相应调

[①] See Daniel Klein et al., *The Paris Agreement on Climate Change: Analysis and Commentary*, Oxford University Press, 2017, p. 301.

[②] 《巴黎协定》透明度制度和第 6 条的规则手册谈判是分别进行的,一些缔约方担心第 6 条谈判组中因缺乏专门的透明度技术专家而导致制定矛盾的规则。See Michael A. Mehling, *Governing Cooperative Approaches under the Paris Agreement*, Ecology Law Quarterly, Vol. 46:3, p. 765 – 828(2019).

整和稳健核算。2021年第6条第2款规则手册建立了完整的透明度制度(第18—24段),主要是缔约方的信息通报制度。第6条第2款合作机制的信息通报较为复杂,总体上分为三项报告:首次报告、年度信息报告、定期信息报告。

首先,首次报告是缔约方首次参与第6条第2款合作机制应当提交的报告,具体是在缔约方首次转让或使用ITMOs之前向第6条技术专家评审组提交,专家组在完成审议后上报《巴黎协定》透明度框架下的技术专家评审组进行复审,复审后提交至第6条第2款建立的"集中核算与报告平台"公开。首次报告的信息包括是否满足参与条件,国家自主贡献的类型、范围及量化的减排目标,ITMOs指标,相应调整的方法,缔约方授权文件,保障环境完整性的措施,社会、经济、环境风险防控措施,保障人权和可持续发展的措施。从报告的时间和信息可以看出,首次报告主要的作用在于通过信息通报和审议对缔约方参与机制进行一个系统完整的判断和评估,以跟踪和防范可能存在的各种风险。

其次,年度信息报告是缔约方在转让和使用ITMOs的下一年度的4月15日之前向第6条数据库提交的信息,主要包括参与各方的信息,ITMOs的使用、转让、获取、持有、注销的信息,ITMOs涵盖的经济部门,减缓活动的类型。缔约方会议为第6条建立了专门的数据库,以便跟踪、监测缔约方利用市场和非市场机制履约的情况,年度信息报告主要就是参与机制的缔约方向该数据库申报前一年的ITMOs的数据情况。

最后,定期信息报告是缔约方每两年提交一次的信息,包括两种类型。其一,缔约方在两年期的透明度报告中汇总其参与第6条第2款机制履行国家自主贡献的信息,作为《巴黎协定》透明度框架下的信息通报的一部分,目的是跟踪缔约方履行和实现国家自主贡献的进展。其二,缔约方每两年向第6条数据库提交的信息。缔约方除了每年向第6条数据库提交ITMOs数据之外,每两年还需报告ITMOs对应的排放量,包括年度转让、使用的排放量、实现的净排放量、相应调整的总量、调整后的年度排放预算和指标预算等信息。

综上,第6条第2款机制下的信息通报和《巴黎协定》的透明度框架存在交叉,交叉的部分是定期信息中的两年期透明度报告,其是秘书处为了核实履约情况而对缔约方以ITMOs履约的情况单独进行的跟踪。除此之外,首次报告和年度报告以及定期报告下的第6条数据库的信息通报,均是第6条第2款合作机制内的透明度制度,前者是为了在缔约方参与机制前进行事先审查,后者则是对ITMOs情况进行事后跟踪。图5-1显示了依据第6条第2款规则手册的减缓成果国际转让的流程,具体包括:首先,ITMOs的授权转让。缔约方A授权国内产生的减缓成果按照第6条第2款核算方法转让于缔约方B,转让的减缓成果统一记为ITMOs。其次,相应调整。ITMOs一经授权转让,缔约双方均应按照要求对于转让的ITMOs对应的排放量在其国家自主贡献中予以调整。再次,报告程序。缔约方首次参与ITMOs(包括转让和使用)应当向第6条第2款技术专家评审提交首次报告,第6条第2款技术专家评审在评审完后应提交《巴黎协定》透明度框架下的技术专家评审组。同时,缔约方A、B还应向"集中核算与报告平台"下的第6条数据库提交关于ITMOs数量以及对应排放量情况的年度报告和定期报告,此外,缔约方双方在两年期透明度报告中还应汇报以ITMOs履行国家自主贡献的情况。最后,审查程序。秘书处负责对缔约方提交第6条数据库的信息的"一致性审查",在审查不符时提示缔约方更正。

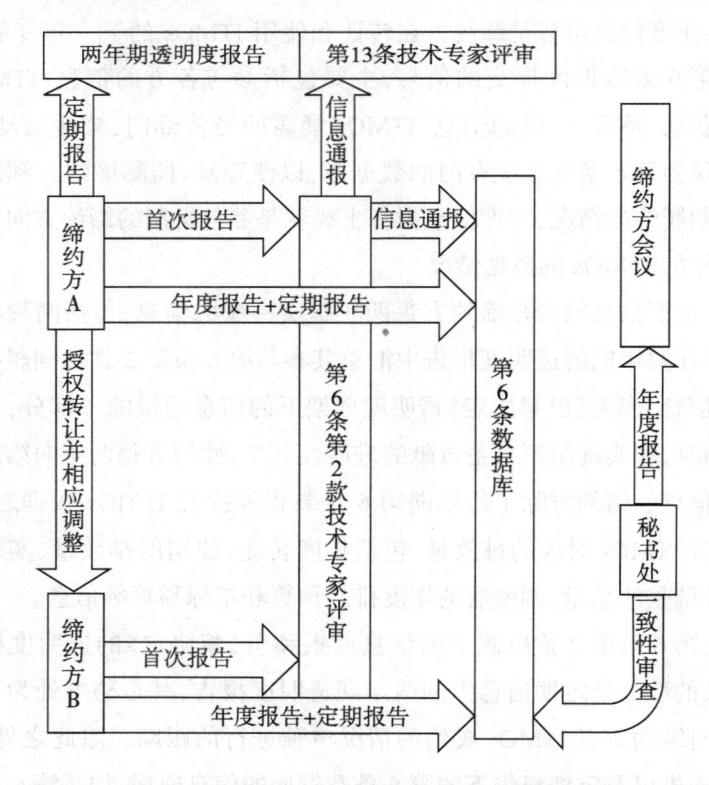

图5-1 依据第6条第2款规则手册的减缓成果国际转让的流程

二、可持续发展机制

《巴黎协定》第6条第4款建立了一个由缔约方会议授权和指导的核证减排机制,学界称其为"减缓机制"(mitigation mechanism,MM)或可持续发展机制(sustainable development mechanism,SDM)。

(一)可持续发展机制的形态分析

可持续发展机制在性质上是一种基线与信用机制,或者说抵消机制、核证减排机制。基线与信用机制具有抵消性和额外性两个特征,从《巴黎协定》第6条第4款可以看出,可持续发展机制具有抵消性和额外性的特征。

1. 可持续发展机制的抵消性

"抵消减排义务"即"抵消性"是基线与信用机制的特征之一。《京都议定书》下的联合履约机制和清洁发展机制都是抵消机制,参与合作的一国资助另一国实施减排项目,并受让减排项目所产生的核证减排量,以此抵消本国的减排义务,这便是抵消机制名称的由来。抵消性体现着这一合作机制的互惠互利,发达国家提供资金和技术,发展中国家提供低成本的减排空间,因此,抵消性不仅是基线与信用机制的特征,也是发达国家愿意提供资金和技术的前提。《巴黎协定》第6条第4款第3项明确可持续发展机制应促进东道缔约方减少排放水平,以便从减缓活动导致的减排中受益,也可被另一缔约方用来履行国家自主贡献。该条款的意思就是减排项目在一国产生的减排量可以抵消另一国的国家自主贡献。《巴黎协定》时代,国家自主贡献是缔约方自主承诺的减排义务,抵消国家自主贡献也就是抵消减排义务,可持续发展机制既然可以实现减排义务的抵消,也就拥有了如同清洁发展机制一样的"抵消性"。

2. 可持续发展机制的额外性

基线与信用机制的抵消性以"额外性"为前提,额外性是该机制的另一特征。清洁发展机制与联合履约机制均明确减缓项目活动应产生额外的减排量,额外的减排量参照的一个标准就是排放基准线,即未实施项目活动时的排放水平。[①] 换言之,额外性是指基线与信用机制下减缓活动应产生排放基准线以外的减排量,唯有这部分减排量才可转让或抵消。额外性是保障环境完整性的关键,"确保发达国家的任何排放不得超过所核证的减排量,不得增加抵消机制

---

① See 3/CMP.1,FCCC/KP/CMP/2005/8/Add.1,para.43-44.

所允许的排放量",①否则发展中国家的减排会被发达国家增加的排放所冲抵。

《通过〈巴黎协定〉决议》明确可持续发展机制以"对于反之也会产生的任何减排量而言是额外的"②为基础,即"额外性"。2021年格拉斯哥气候大会通过的《巴黎协定》第6条第4款机制的规则、模式和程序(以下简称第6条第4款规则手册)进一步明确了可持续发展机制的额外性。

首先,额外性是缔约方参与可持续发展机制的条件。开展减排项目的一方(东道国)应当在参与之前向该机制的监管机构说明其将采取何种基准线方法来计算和认证项目的额外性减排,③这是缔约方参与可持续发展机制前必须履行的一项程序,是参与机制的前提条件。其次,额外性是减排项目得以开展的条件。在项目设计阶段,东道国需要对活动产生的额外性减排进一步阐释说明,④无论东道国在项目设计上采用哪种基准线方法,额外性是不可或缺的。最后,额外性是核证减排量的条件。基线与信用机制下的减排量能够转化为可转让的排放信用需要经过"核证"。《京都议定书》规定清洁发展机制下减排项目产生的减排量是否满足真实、可测量、长期效益以及额外性的条件需要经过特定机构和实体的核查与认证。同样,《通过〈巴黎协定〉决议》明确可持续发展机制的监管机构应当指定运营实体对减缓活动产生的减排量进行核查与认证。⑤依据第6条第4款规则手册,监管机构指定运营实体对减排项目产生的减排是否符合缔约方会议通过的相关规则和程序进行审查,进而对符合规定的减排量做出书面认证,⑥对减排的核查与认证的重点内容之一就是判断其是否是额外的减排量。总而言之,可持续发展机制具有抵消性和额外性的特征,在形态上是一种基线与信用机制。

(二)可持续发展机制的治理模式

《巴黎协定》第6条第4款明确可持续发展机制受缔约方会议指定机构的监督,似乎表明该机制采用一种中心治理模式,但由于《巴黎协定》并未明确监督的内容和范围,缔约方在随后的规则手册的谈判过程中对于治理模式仍然存在争议。

---

① David Hone, Additionality and Article 6 of the Paris Agreement, Shell Climate Change (Apr. 27, 2018), https://blogs.shell.com/2018/04/27/additionality-and-article-6-of-the-paris-agreement/.
② 1/CP.21, FCCC/CP/2015/10/Add.1, para.37(d).
③ See 3/CMA.3, FCCC/PA/CMA/2021/10/Add.1, Annex, para.27(a).
④ 3/CMA.3, FCCC/PA/CMA/2021/10/Add.1, Annex, para.32(b).
⑤ 1/CP.21, FCCC/CP/2015/10/Add.1, para.37(e).
⑥ 3/CMA.3, FCCC/PA/CMA/2021/10/Add.1, Annex, para.51.

1. 治理模式的争议

在第 6 条第 4 款规则的谈判过程中,治理模式存在很大争议。欧盟[1]、最不发达国家[2]、南非[3]、巴西[4]等国家和区域均坚持采用中心治理模式,保障有效减缓。但部分发展中国家表示反对,诸如沙特阿拉伯主张可持续发展机制应当采用"自下而上"的治理模式,尊重各国致力于减排的多元合作模式,并能够促进各国不断创新合作模式。[5] 印度尼西亚担心"中心治理"过于政治化,从而为部分大国所操控,因此,其建议监管机构的主要职责应当是一种更加偏向技术性的指导。[6] 故此,2018 年 3 月附属科学和技术咨询机构拟定的第 6 条第 4 款规则手册草案对于可持续发展机制的治理模式保留了三种可选方案:中心治理、东道国驱动的治理、混合治理。[7] 第一,中心治理,缔约方会议建立监管机构负责机制运行的管理和监督,具体包括负责减缓活动的登记、基准线和监测方法

---

[1] See *Submission by Estonia and the European Commission on Behalf of the European Union and its Member States*, UNFCCC(Oct. 6, 2017), https://www4.unfccc.int/sites/SubmissionsStaging/Documents/783_345_131521998212429269-EE-06-10-SBSTA%2010%20a-b-c_EU%20Submission%20on%20Art%206.pdf.

[2] See *LDC Submission on Matters Relating under Article 6, Paragraph 4 of the Paris Agreement*, UNFCCC(Oct. 4, 2017), https://www4.unfccc.int/sites/SubmissionsStaging/Documents/786_345_131545219331063552-LDC%20Group%20Submission%20on%20Article%206.4%20.pdf.

[3] See *Matters Relating to Article 6 of the Paris Agreement, Rules, Modalities and Procedures for the Mechanism Established by Article 6, Paragraph 4, of the Paris Agreement*, UNFCCC(Oct. 2, 2017), https://www4.unfccc.int/sites/SubmissionsStaging/Documents/53_345_131539359318648770-Submission%20by%20South%20Africa%20Article%206-4%20October%202017%20version%204.pdf.

[4] See *Views of Brazil on the Process Related to the Rules, Modalities and Procedures for the Mechanism Established by Article 6, Paragraph 4, of the Paris Agreement*, UNFCCC(Oct. 5, 2017), https://www4.unfccc.int/sites/SubmissionsStaging/Documents/525_270_131198656711178821-BRAZIL%20-%20Article%206.4%20final.pdf.

[5] See *Saudi Arabia's Submission on Behalf of the Arab Group on Articles 6.2 and 6.4*, UNFCCC(Oct. 1, 2017), https://www4.unfccc.int/sites/SubmissionsStaging/Documents/102_317_131375779687492508-Arab%20Group%20Submission%20on%20Articles%206.2%20%206.4%20(Revised%20Version)%20(002).pdf.

[6] See *Submission by the Republic of Indonesia Views on Article 6 of the Paris Agreement*, UNFCCC(Oct. 8, 2017), https://www4.unfccc.int/sites/SubmissionsStaging/Documents/453_317_131385173989629595-Indonesia%20Submission%20on%20Art%206PA%20-%20FINAL%206%20May%202017.pdf.

[7] See *Informal Document Containing the Draft Elements of the Rules, Modalities and Procedures for the Mechanism Established by Article 6, Paragraph 4, of the Paris Agreement*, SBSTA48. Informal. 3, UNFCCC(Mar. 16, 2018), https://unfccc.int/sites/default/files/resource/docs/2018/sbsta/eng/sbsta48.informal.3.pdf.

的制定、核证运营实体的指定、减排信用的签发、透明度体系的建立和实施。第二，东道国驱动的治理，其实就是"去中心化"治理模式，两个国家进行减排项目合作，则由开展减排项目的一方（东道国）负责管理和监督，相应的规则制定与实施由东道国负责。第三，混合治理模式。兼采"中心治理"和"东道国驱动的治理"模式，缔约方可以自愿选择，但对于东道国驱动的治理，国际监督机构仍享有一定的监管权力，包括对减缓活动的实施是否合规进行审查。这三种方案大体上也代表了缔约方在参与机制的灵活性和自主权方面的不同立场。

2. 可持续发展机制的中心治理

2021年格拉斯哥气候大会最终确立了可持续发展机制的"中心治理"模式，中心治理的核心组织是监管机构，由缔约方会议指定，第6条第4款规则手册在《巴黎协定》的基础上明确了监管机构的组成与职权。可持续发展机制正是因为采用了国际层面的"中心治理"模式，从而被认为是《巴黎协定》所建立的唯一一个统一的国际碳市场机制。

（1）监管机构的组成

监管机构在委员的组成和地域分布上主要还是借鉴了清洁发展机制的经验。[1] 第6条第4款规则手册明确监管机构由12位委员组成，在委员的分布上应当体现公平和广泛的地域代表性。12名委员中的10名分别来自5个联合国区域集团[2]、1名来自最不发达国家、1名来自小岛屿发展中国家，委员均由缔约方会议选派和任命，同时缔约方会议还要为每名委员再另选1名候补委员。由于《巴黎协定》没有了附件一和非附件一缔约方的区分，因此，可持续发展机制监管机构的委员组成也自然无法沿用清洁发展机制执行理事会的附件一和非附件一国家席位分配的方法，而是相应地提高了联合国区域集团代表的比重。联合国区域集团的地域代表性虽然饱受争议，[3]但至今仍然作为联合国及其专门机构职位分配的非官方标准，其在地域代表性上并无其他方案可以替

---

[1] 清洁发展机制执行理事会（CDM EB）共10名委员，其中5名来自联合国5个区域集团，2名来自附件一缔约方、2名来自非附件一缔约方、1名来自小岛发展中国家。

[2] 非洲集团（54个国家）、亚洲集团（53个国家）、东欧集团（23个国家）、拉丁美洲和加勒比国家集团（33个国家）、西欧和其他国家集团（29个国家），以色列不属于任何集团。

[3] See Ramesh Thakur eds., *What Is Equitable Geographic Representation in the Twenty-first Century*, United Nations University（Mar. 26,1999）, https://archive.unu.edu/unupress/equitable.pdf.

代。小岛屿发展中国家是 1992 年联合国环境与发展大会确认的国家集团,大会通过的《21 世纪议程》明确小岛屿发展中国家在生态上的脆弱性决定了其在环境保护的国际合作方面应当受到优先关注,[①]这种优先关注应当不仅包括特别援助,还包括在国际谈判和决策中的必要的作用。因此,清洁发展机制执行理事会在委员组成上也专门为小岛屿发展中国家保留了 1 个席位。可持续发展机制监管机构在委员组成上的另一个改变就是增加了最不发达国家的 1 个席位,最不发达国家是联合国经社理事会附属的发展政策委员会根据国民总收入、人力资源指数以及经济和环境脆弱性三项因素来认定的,截至 2023 年 12 月共有 44 个国家。最不发达国家与小岛屿发展中国家都是气候变化极为脆弱的国家,有 7 个小岛屿发展中国家同时是最不发达国家。相比之下,小岛屿发展中国家的脆弱性主要来自其地理环境因素,最不发达国家还包括经济发展因素。

总体上看,监管机构的委员席位设定是以地域代表性为基础,同时兼顾了气候脆弱性的国家。决策权分配中的地域代表性体现了形式平等,清洁发展机制执行理事会在地域代表性之外又设定的附件一和非附件一国家的席位,背后反映的仍是"形式平等"的思路,即清洁发展机制主要是附件一和非附件一缔约方之间的合作,那么决策权理应由双方平等分配。但问题是,小岛屿发展中国家因为自身地理条件的劣势以及最不发达国家因经济发展的不利因素并没有平等地分享到清洁发展机制的惠益,反而深受减排义务的抵消带来的不利影响。可见,形式平等未能实现气候正义,因此,清洁发展机制执行理事会为小岛屿发展中国家设定单独的席位,这背后体现的是"实质平等"的思路,即当形式平等不能达到令人满意的结果时,差别待遇用来实现实质平等。[②] 通过差异化的决策权来弥补气候变化脆弱国家在享有实体权利上的劣势地位,可持续发展机制为最不发达国家设定了单独席位,这是"实质平等"思路进一步具体化的表现。

(2)监管机构的职权

监管机构享有广泛的管理和监督机制运行的权力。就管理而言,包括制定

---

① 参见《21 世纪议程》第 17 章第 101 条第(C)款。
② See Philippe Cullet, *Differential*, in Lavanya Rajamani & Jacqueline Peel eds. , The Oxford Handbook of International Environmental Law(2nd), Oxford University Press, 2021, p. 321.

实施细则和程序、批准减缓活动的基准线方法、登记减缓活动、设立和管理登记册、核准和签发减排信用、授权和指定核查机构、研究可持续发展的评估方法、支持透明度体系的建设、实施环境与社会保障措施。就监督而言,一方面,对国家参与机制的形式监督,包括对东道国授权核查机构的审批和监督,对国家制定和实施基准线方法的审批和监督。形式监督主要是审查国家是否按照缔约方会议的要求建章立制。另一方面,对减缓活动的实质监督。实质监督主要审查减缓活动是否会带来有利(或不利)影响,包括减缓活动如何实现国家自主贡献、能否促进可持续发展、有无侵犯人权、能否实现全球净减排、有无其他社会和环境风险等。

可持续发展机制相比清洁发展机制强化了实质监督,增加了对减排项目在可持续发展、人权保障、环境和社会风险保障方面的监管。清洁发展机制备受争议的便是其在可持续发展与人权保障方面的负面影响,虽然促进发展中国家的可持续发展是该机制的设立初衷。但在具体的项目实施上,市场因素仍然发挥主导作用,利益相关方的诉求常常被忽视,东道国政府也听之任之,减排项目常常对当地社区的生态环境带来不利影响,同时还造成对土著民等弱势群体的人权侵犯。[1] 故此,在可持续发展机制规则手册的谈判过程中,一些土著民群体、非政府组织呼吁新机制不应当仅仅关注如何实现低成本减排,要将人权保障和可持续发展放在首要地位,吸取清洁发展机制的经验教训,[2]强烈要求新机制应当建立环境与社会风险保障,妥善处理项目运行中产生的社会冲突和矛盾,同时,建立可持续发展评价制度,评估项目的实施对于可持续发展的影响和贡献。一般而言,项目投资方基于成本收益的考虑会设法规避环境与社会风险保障以及可持续发展评估这些会增加成本的活动。一些发展中国家也反对在国际合作机制下推行统一的可持续发展标准,他们坚持可持续发展的政策安排和行动是一国主权事项,不应该受他国或国际组织的干扰。

一边是土著民群体和非政府组织的强烈呼吁,一边是碳交易投资者的极力

---

[1] See Basil Ugochukwu, *Challenges of Integrating SDGs in Market-Based Climate Mitigation Projects under the Paris Agreement*, McGill International Journal of Sustainable Development Law and Policy, Vol. 16: 1, p. 115 – 135(2020).

[2] See Jocelyn Timperley, *Carbon Offsets Have Patchy Human Rights Record, Now UN Talks Erode Safeguards*, Climate Home News, https://www.climatechangenews.com/2019/12/09/carbon-offsets-patchy-human-rights-record-now-un-talks-erode-safeguards/.

反对,加之发展中国家的重重疑虑,谈判各方在这一问题上也存在复杂的争议。最终,第 6 条第 4 款规则手册明确监管机构负责机制下的可持续发展、环境与社会的保障。首先,在可持续发展上,第 6 条第 4 款规则手册明确应当创建一些可持续发展效应的评价工具和方法,但是务必要考虑到可持续发展是国家主权事项。其次,在环境与社会的保障上,第 6 条第 4 款规则手册明确实施有利的环境与社会保障制度,包括对环境资源、人权、劳动力等广泛的环境与社会要素的保障,具体的制度安排由监管机构于 2024 年 5 月陆续通过,包括风险防控机制、沟通机制、申诉机制。

(三) 可持续发展机制的额外性评估

额外性评估,即评估减排项目是否能够产生额外的减排量,从而决定了减排项目能否登记在可持续发展机制下,并获得核证减排量。额外性评估是减排项目的运营方在项目登记前必须履行的一项程序,项目运营方按照监管机构制定的方法和程序证明减排项目的额外性,并经过指定机构的核查,进而提交监管机构审核和登记。当中,至关重要的便是证明方法。第 6 条第 4 款规则手册明确了额外性的证明方法,包括法律政策分析和投资分析。[1] 首先,法律政策分析指的是项目运营方需要证明减排项目是缔约方国内有关减排的法律和政策要求之外的减排活动。其次,关于投资分析,项目业主要证明如果没有可持续发展机制的激励,减排项目无法开展。或者说,在缺乏可持续发展机制激励的情形下,减排项目在同类项目投资中缺乏商业竞争力。事实上,这是清洁发展机制的额外性评估一直以来运用的方法。而且,除了以上两项方法之外,还有 CDM 激励的考虑 (serious consideration of CDM)[2]、障碍分析 (barriers analysis)[3]、常规行动分析 (common practice analysis)[4] 三项方法。但是障碍分析因为难以充分证明而逐渐被淘汰,常规行动分析在实践中也较少被援用,

---

[1] "要证明额外性,应进行严谨的评估,表明如果没有该机制的激励措施,考虑到包括立法在内的所有相关国家政策,该项活动就不会发生,还应表明减缓措施超过了法律或法规要求的任何减缓,并采取保守做法……" See 3/CMA.3, FCCC/PA/CMA/2021/10/Add.1, Annex, para.38.

[2] 项目业主需要证明在项目启动和实施时已经充分考虑了 CDM 的激励,而非项目实施过程中(甚至项目已经完结时),项目业主因追求核证减排量带来的额外收益而选择将项目登记为 CDM 项目,在这种情况下,减排项目不具有额外性。

[3] 障碍分析是证明减排项目在缔约方国内实施存在技术和资金等方面的障碍,需要额外的技术、资金支持。

[4] 常规实践分析指通过分析减排项目是否属于已经实施了的常规项目或其他常规行动。

CDM 激励的考虑仅适用于部分项目。① 因此,法律政策分析和投资分析是清洁发展机制额外性评估的核心方法。

可持续发展机制的额外性评估保留了法律政策分析和投资分析两项方法。但考虑到可持续发展机制的特殊性,额外性的评估还应该包括一个关键的环节,即分析减排项目和国家自主贡献的关系,证明减排项目是国家自主贡献以外的减排活动。可持续发展机制允许任何提交国家自主贡献的缔约方参与,减排项目产生的核证减排量将被缔约方用来履行国家自主贡献。因此,项目业主需要证明减排项目是缔约方为实现国家自主贡献所必要的活动之外的。反之,如果减排项目本身是国家自主贡献所包含的,则相当于可持续发展机制资助的是缔约方本来应该实施的减排行动,如此一来,减排项目所产生的核证减排量很容易被同时计入东道国和受让国的国家自主贡献,产生双重核算,导致全球温室气体排放增加,环境完整性无法保障。但是,国家自主贡献的额外性分析可能会对缔约方承诺有力的国家自主贡献目标产生反向激励,缔约方为了追求减排项目的额外性而承诺较为宽松的国家自主贡献目标。因此,国家自主贡献的分析应当包括对国家自主贡献目标是否趋紧的分析。具体而言,首先,项目业主在项目设计书中分析和说明项目所涉及的行业或部门的国家自主贡献目标的趋紧程度。其次,监管机构指定的第三方机构对这一分析作出独立评估。最后,监管机构参考分析和评估作出是否批准项目的决定。但是,无论是第三方机构的评估还是监管机构的参考都应围绕减排项目的额外性进行,避免对缔约方提出加强和更新国家自主贡献目标的要求,干预缔约方编制国家自主贡献的权利。

（四）可持续发展机制的收益分成

《巴黎协定》第 6 条第 6 款规定了可持续发展机制的收益分成(share of proceeds),明确机制下碳信用的交易所产生的部分收益应当纳入适应基金(adaption fund)以资助气候变化脆弱的发展中国家建立和提高适应能力,同时负担机制运行的行政费用。收益分成并非《巴黎协定》的创新,《京都议定书》

---

① See David Freestone & Charlotte Streck, *Legal Aspects of Carbon Trading: Kyoto, Copenhagen, and Beyond*, Oxford University Press, 2009, p. 251.

早就规定了清洁发展机制的收益分成,[1]其中,所签发的核证减排量的2%纳入适应基金,具体由世界银行负责出售2%的核证减排量,并将所得价款转入适应基金。行政费用则直接收取,并采用阶梯价,缔约方在同一年度首次转让的核证减排量在15,000 tCO_2e 范围内,则收取0.1美元/tCO_2e,超过则收取0.2美元/tCO_2e。收益分成体现了"气候补偿"的原则,其实质是发达国家对于发展中国家在应对气候变化上的经济补偿。

既然涉及发达国家对发展中国家的补偿,则必然存在异议,在《巴黎协定》国际碳市场机制的谈判中,收益分成也是争议焦点之一。争议点包括如下两个方面。

第一,要不要收益分成。"G77+中国"、非洲谈判小组、金砖国家、最不发达国家集团均极力主张建立可持续发展机制的收益分成,其中,非洲谈判小组将收益分成确立为其参与谈判的最优先关注事项。而美国反对收益分成,美国甚至将收益分成确立为其参与谈判的红线,[2]美国认为收益分成是一种变相的交易税,会造成市场扭曲。然而,清洁发展机制早已规定了收益分成,可持续发展机制要取代清洁发展机制,在实施细则上至少不应该"开倒车"。而且,发达国家迟迟不兑现其气候资金义务,收益分成在一定程度上弥补气候适应资金的巨大缺口,因此,绝大多数发展中国家和最不发达国家不能接受收益分成的条款被删除,故而,《巴黎协定》最终保留了可持续发展机制的收益分成。

第二,《巴黎协定》第6条第2款是否适用收益分成,即国家之间转让ITMOs也应收取相应的行政费用和基金费用。这一争议更加焦灼,发展中国家认为,"京都三机制"曾经也都适用收益分成,因此,《巴黎协定》国际碳市场也应当适用收益分成。最不发达国家和小岛屿发展中国家主张,如果收益分成将第6条第2款排除在外,那么交易主体基于成本收益的核算会考虑创建本国国内的核证减排机制。[3]言下之意,这会导致缔约方对第6条第4款弃之不用,

---

[1] 《京都议定书》第12条第8款。

[2] See *COP25: Key Outcomes Agreed at the UN Climate Talks in Madrid*, Carbon Brief (Dec. 15, 2019), https://www.carbonbrief.org/cop25-key-outcomes-agreed-at-the-un-climate-talks-in-madrid#7adaptation.

[3] See *Submission to the SBSTA Chair by the Kingdom of Bhutan on Behalf of the Least Developed Countries Group*, UNFCCC (Mar. 31, 2021), https://www4.unfccc.int/sites/SubmissionsStaging/Documents/202104211416---Financing%20for%20adaptation%20Share%20of%20Proceeds%20(Article%206.2%20and%20Article%206.4).pdf.

那么以第6条第4款激励国家适当减缓行动和资助发展中国家适应能力建设的作用也就难以发挥。但发达国家纷纷反对,认为第6条第2款不同于第6条第4款,其并非一个受缔约方会议监管的"自上而下"的机制,作为一项"自下而上"的双边合作机制,并没有统一的管理机构,况且,各国的减缓成果类型各异,适用收益分成缺乏可操作性。实质上,发达国家反对的根本原因仍然是商业利益,第6条第2款机制面向所有缔约方,ITMOs范围又很广,因此,ITMOs的交易量可能会非常大,产生的商业利润也会非常可观,如果每一笔交易都将抽取分成,对发达国家而言,将损失不小的商业利益。在这一问题上,发达国家的集体反对对发展中国家形成了极大的政治阻力,因此,《巴黎协定》第6条第2款对收益分成干脆只字未提。虽然,在随后的规则手册的谈判中,发展中国家仍旧不断要求重新讨论这一问题,但是,发达国家认为《巴黎协定》既然没有明确第6条第2款的收益分成,规则手册等实施细则不应该在缺乏根本法律依据的情况下擅自为缔约方设定额外的义务。

2018年卡托维茨气候大会形成的第6条第2款规则手册草案初步确立了缔约方参与第6条第2款合作机制应当(shall or should)适用收益分成,用于资助发展中国家适应气候变化,但是,其同时使用了shall和should表明在是否将第6条第2款机制的收益分成确立为一项法律义务问题上,缔约方会议仍旧举棋不定。而且,关于适用收益分成的具体范围,该文件拟定了四种可选方案:①适用于类似第6条第4款的基线与信用机制;②适用于缔约方实施的基线与信用机制;③适用于所有合作机制;④适用于买受人获得的所有ITMOs。[1] 2021年格拉斯哥气候大会一开始,这一争议焦点又重新摆在了谈判桌上,附属科学和技术咨询机构形成的第一稿谈判草案文本中,缔约方参与合作机制适用收益分成的措辞已发生变化,变成了"应当或强烈鼓励"(shall or are strongly encouraged to)。[2] 在谈判中,虽然G77的成员国仍旧竭力争取保留先前的谈判

---

[1] See Matters Relating to Article 6 of the Paris Agreement: Guidance on Cooperative Approaches Referred to in Article 6, Paragraph 2, of the Paris Agreement, Version 2 of 8 December 2018, UNFCCC (Dec. 8, 2018), https://unfccc.int/sites/default/files/resource/SBSTA49_11a_DT_v2.pdf.

[2] See Matters Relating to Article 6 of the Paris Agreement: Guidance on Cooperative Approaches Referred to in Article 6, Paragraph 2, of the Paris Agreement, Version 1 of 1 November 2021, UNFCCC (Nov. 1, 2021), https://unfccc.int/sites/default/files/resource/DT.SBSTA52-55.i15a.pdf.

成果,非洲国家也将该问题确立为谈判红线。① 但发达国家,特别是美国不愿妥协。最终,第 6 条第 4 款规则手册明确可持续发展机制下产生的减排信用一经签发将收取 5% 的费用纳入适应基金,②而第 6 条第 2 款规则手册仅仅规定了"强烈鼓励"参与机制的缔约方和利害关系方承诺为适应提供资源或向适应基金捐款。③ 换言之,可持续发展机制的收益分成是强制适用的,而第 6 条第 2 款机制的收益分成是自愿性的。2024 年第 29 届联合国气候大会通过的"关于根据《巴黎协定》第 6 条第 4 款所建立机制的进一步指导意见"对受益分成作出了补充规定,明确在最不发达国家和小岛屿发展中国家所开展的可持续发展机制的减排活动免于缴纳收益分成,④这意在对资助最不发达国家和小岛屿发展中国家开展减排活动形成更大的激励,改善他们在清洁发展机制中被边缘化的情况。

(五)全球排放的全面减缓

全球排放的全面减缓(overall mitigation of global emissions, OMGE),是《巴黎协定》国际碳市场机制的一项创新,目的是保障环境完整性,保证缔约方参与机制不会产生额外的排放量,即避免碳泄漏,实现净减排。

德班气候大会明确建立新国际碳市场机制的目标之后,一些气候脆弱的国家强调新市场机制不应局限于"抵消减排义务",而是能够真正有助于实现全面减缓。从谈判的实际情况来看,缔约方对新机制应该实现全面减缓这一点比较能够达成一致,但难题在于新机制究竟应该如何设计才能保障全面减缓。早在 2013 年,最不发达国家就提出了一种方案,缔约方在使用碳信用来履行国家自主贡献时应当将其中的一部分注销。⑤ 也就是说,只能有一定比例的碳信用用来履行减排义务,这一主张在当时并未得到普遍支持。"京都三机制"存在的碳泄漏问题正是由于碳信用被受让方用来履行减排义务,致使一国产生的减排被另一国增加的排放所冲抵,那么避免碳泄漏的方法自然就是禁止受让方以

---

① See Chloé Farand, *African Nations Settled for "Moral Pact" with U. S. on Adaptation Finance at COP*26, Climate Home News(Nov. 19, 2021), https://www.climatechangenews.com/2021/11/19/african-nations-settled-moral-pact-us-adaptation-finance-cop26/.
② See 3/CMA. 3, FCCC/PA/CMA/2021/10/Add. 1, Annex, para. 67.
③ See 2/CMA. 3, FCCC/PA/CMA/2021/10/Add. 1, Annex, para. 37.
④ See FCCC/PA/CMA/2024/L. 16, para. 19&20.
⑤ See FCCC/SBSTA/2013/MISC. 9, p. 5.

碳信用履行国际义务。事实上,最不发达国家的上述提案遵循的就是这个思路,只不过并不是完全禁止缔约方利用碳信用抵消减排义务,而是限制缔约方抵消义务。

《巴黎协定》第 6 条第 4 款明确将实现全球排放的全面减缓作为可持续发展机制的宗旨之一,在第 6 条第 4 款规则手册的谈判中,如何保障全球排放的全面减缓便成了议题之一。2017 年小岛屿国家联盟提出了实现全面减缓的具体方法,核心便是在碳信用签发时注销其中的一部分,所注销的减排量不能被任何缔约方用来履行减排义务,为保证这一点,东道方和投资方都应当在其国家自主贡献中对所注销的减排量进行相应调整,保证这部分减排量不计入国家自主贡献当中。① 例如,甲国受乙国资助实施减排项目产生了 100 吨二氧化碳的减排量,经核证后产生了 100 个 ITMOs 可以转让,但是监管机构在签发时注销 20 个 ITMOs,那么甲乙两国在其国家自主贡献中分别可以计入的减排量将只有 80 吨二氧化碳,而注销的 20 吨二氧化碳则代表着实现的净减排。

这一方法事实上跟收益分成相类似,因此,在谈判中,一些发达国家产生了同收益分成一样的质疑,担心这样会人为地抬高碳价,干扰市场,会使得可持续发展机制失去吸引力。故此,谈判各方又拟定了两种替代方案,包括自愿注销和保守基线。② 所谓保守基线,即要求项目东道国设定更高的排放基准线,例如,减排项目本来设定 20 吨二氧化碳的排放基准线,为了实现更高的减排,将基准线提高至 60 吨二氧化碳,那么一个减排量达到 100 吨二氧化碳的项目将只能产生 40 吨二氧化碳的减排量,这样受让方将只能利用 40 吨二氧化碳的减排量去履行国家自主贡献。这样一来,用于抵消义务的减排量少了,显然更有利于实现全面减缓。但问题是,排放基准线一般由东道国或者项目运营方设定,保守基线缺乏监管,说到底靠的是东道国或项目运营方的自我约束。相比之下,碳信用的注销更具有约束力,具体在签发碳信用的时候,由签发机构直接

---

① See *Submission to the Articles 6.2 and 6.4 of the Paris Agreement by the Republic of the Maldives on Behalf of the Alliance of Small Island States*, UNFCCC (Apr. 27, 2017), https://www4.unfccc.int/sites/SubmissionsStaging/Documents/167_318_131382305846319606-AOSIS_Submission_Art%206%202%20and%206%204%20of%20%20PA.27.04.2017.FINAL.pdf.

② See Simon Evans & Josh Gabbatiss, *How "Article 6" Carbon Markets Could "Make Or Break" the Paris Agreement*, Carbon Brief (Dec. 25, 2021), https://www.carbonbrief.org/in-depth-q-and-a-how-article-6-carbon-markets-could-make-or-break-the-paris-agreement.

将一定量的碳信用转入注销账户,碳信用的签发由可持续发展机制的监管机构负责,因此,注销由监管机构统一监督和执行,更能保障约束力。谈判中,一些缔约方又提出了自愿注销,即缔约方自愿注销,而非强制注销。然而,小岛屿发展中国家等气候脆弱的国家坚决反对,他们清楚仅凭道德义务根本无法约束国家和商业机构的自利本性。最终,第6条第4款规则手册保留了强制注销和自愿注销两种方式,可持续发展机制产生的碳信用,其中的2%强制注销,超过2%的碳信用由缔约方自愿注销。此外,与收益分成同样争议的问题是,注销是否适用于第6条第2款机制,从第6条第2款规则手册来看,国际转让减缓成果适用自愿注销,①这很大程度上削弱了全面减缓的约束力。

(六)可持续发展机制下减排量的相应调整

相应调整旨在避免双重核算,第6条第2款明确了减缓成果的国际转让应避免双重核算,第6条第4款机制下的核证减排量(6.4ERs)的转让也应避免双重核算。《巴黎协定》第6条第5款特别强调可持续发展机制下产生的减排只能被用来履行一个缔约方的国家自主贡献。为了实现这一点,缔约方会议原定方案是第6条第4款机制产生的核证减排量一经签发,就对东道国的配额账户以及国家自主贡献进行相应调整,以避免随后碳信用转让或履行国家自主贡献时发生双重核算。然而,《巴黎协定》第6条第4款第3项的一个模糊不清的表述,引发了可持续发展机制是否以及如何适用相应调整的争议。

1.界定不明引发缔约方争议

早在2016年的缔约方提案中,巴西就明确主张"相应调整"只适用于减缓成果国际转让,不应适用于可持续发展机制,②理由在于,《巴黎协定》第6条第4款第3项明确"可持续发展机制旨在促进缔约方减少排放水平,以便从减缓活动导致的减排中受益,这也可以被另一缔约方用来履行其国家自主贡献"。该条款从文义上来讲是指可持续发展机制下的项目,东道国在减排水平上可以受益于在本国开展的减排项目,而这一减排水平也可以被其他缔约方用来履行

---

① See 2/CMA. 3, FCCC/PA/CMA/2021/10/Add. 1, Annex, para. 39.
② See *Views of Brazil on the Process Related to the Rules, Modalities and Procedures for the Mechanism Established by Article 6, Paragraph 4, of the Paris Agreement*, UNFCCC(Oct. 2,2016), https://www4. unfccc. int/sites/SubmissionsStaging/Documents/525 _270 _1311986567111788 21-BRAZIL% 20-% 20Article% 206. 4% 20final. pdf.

国家自主贡献。后半句显然指的是可持续发展机制下的核证减排量(6.4ERs)国际转让的问题。大多数缔约方认为,该条款"也可以……"的表述事实上赋予了缔约方一种选择权,东道国可以用这部分减排量履行自己的国家自主贡献,从中受益,也可以转让另一国履行他国国家自主贡献。而且,《巴黎协定》第 6 条第 5 款也明确了两者只能二选一,不得重复使用和计算。

然而,巴西认为东道国受益的减排水平与其他缔约方用来履行国家自主贡献相互独立、互不干扰。因为排放水平体现在国家排放清单当中,是一国当前排放和未来排放趋势的直观数据。减排项目必然会影响一国的排放水平,最终反映在国家排放清单中,减排项目导致国家排放减少,这是不可改变的事实,不能通过任何事后行为(如相应调整)去改变。[①] 这一争议实质上源于《巴黎协定》模糊不清的表述,从语义上分析,"受益于"(benefit from)是一个状态,A 受益于 B,A 是被动承受的,B 是主动影响的。因此,减排项目对东道国排放水平的影响不是其可以选择承受或不承受的,但减排项目产生的核证减排量便可以选择用或不用,即"被用来"(be used)则是一个行为,是可以选择做或不做。由此可见,巴西认为缔约方并非要在"本国受益于减排"和"转让另一国履行国家自主贡献"之间作出,而是在要不要转让另一国履行国家自主贡献上作出选择。无论东道国是否选择转让这部分减排量,都无法改变其本国排放水平"受益"的事实状态。

巴西反对意见的精巧设计在于其坚持将排放水平的影响和核证减排量的使用区分开来。这一反对意见背后体现的仍是国家的利益诉求,巴西期望可持续发展机制能够延续清洁发展机制的运作机理,即东道国除了将减排项目产生的减排量转让之外,随后在其本国减排水平中再次计入这部分减排量。然而,《巴黎协定》不同于《京都议定书》,《京都议定书》下,发展中国家承担的是自愿减排义务,而《巴黎协定》下,发展中国家要受国家自主贡献的约束,因此,《巴黎协定》第 6 条第 5 款就是要避免发展中国家一边做着减排量的买卖,一边声称实现了国家自主贡献。

[①] See *Views of Brazil on the Process Related to the Rules, Modalities and Procedures for the Mechanism Established by Article 6, Paragraph 4, of the Paris Agreement*, UNFCCC(Oct. 2,2016),para. 22 - 24, https://www4. unfccc. int/sites/SubmissionsStaging/Documents/525 _ 270 _ 131198656711178821-BRAZIL%20-%20Article%206. 4%20final. pdf.

2. 相应调整的范围和程序

由于遭受大部分缔约方的反对,2017 年巴西两次提案澄清意见,称其所主张的第 6 条第 4 款不适用相应调整,指的是缔约方参与可持续发展机制所产生的核证减排量若未被用来履行国家自主贡献,或转让另一国履行他国的国家自主贡献,则不应对这部分核证减排量适用相应调整,一旦这部分核证减排量被用来履行国家自主贡献,或者是发生了国际转让的情形,相应调整毫无疑问应当适用。[①] 巴西进一步提出,不应该在核证减排量签发时就进行调整,而是在使用或者转让时进行调整,这表面上看是有关调整的程序问题,但其实是对相应调整的适用范围进行了限制,相应调整只适用于用来履行国家自主贡献的核证减排量,而非可持续发展机制产生的所有核证减排量。[②] 2018 年,巴西和印度进一步提出限制相应调整的适用范围,他们主张缔约方围绕未纳入国家自主贡献的行业、部门或经济领域在可持续发展机制下产生的核证减排量,不应适用调整,因为,东道国的国家自主贡献目标不会受到这部分减排的影响,却要因为核证减排量的转让而在国家自主贡献中增加对应的排放,这实质上增加了国家额外的减排义务,导致"项目运营方获益、国家买单"的不合理情形,[③]而且,这也会导致发展中国家被迫扩大其国家自主贡献的范围。[④] 2018 年波恩气候会议落幕时,由于各方争执不下,附属科学和技术咨询机构草拟的第 6 条第 4 款规则手册针对巴西的两项反对意见分别拟了备选方案,包括仅对缔约方国家自主贡献内的行业和部门产生的减排量适用相应调整,以及相应调整只适用于

[①] See *Views of Brazil on the Process Related to the Rules, Modalities and Procedures for the Mechanism Established by Article 6, Paragraph 4, of the Paris Agreement*, UNFCCC (Mar. 31, 2017), https://www4. unfccc. int/sites/SubmissionsStaging/Documents/525 _ 318 _ 131354420270499165-BRAZIL% 20-% 20Article% 206. 4. % 20SBSTA46% 20May% 202017. % 20FINAL. pdf.

[②] See *Views of Brazil on the Process Related to the Rules, Modalities and Procedures for the Mechanism Established by Article 6, Paragraph 4, of the Paris Agreement*, UNFCCC (Oct. 10, 2017), https://www4. unfccc. int/sites/SubmissionsStaging/Documents/73 _ 345 _ 131520606207054109-BRAZIL% 20-% 20Article% 206. 4% 20FINAL. pdf.

[③] See *Decoding Article 6 of the Paris Agreement Version II*, ADB (Dec. 15, 2020), https://www. adb. org/sites/default/files/publication/664051/article6-paris-agreement-v2. pdf.

[④] See Bhasker Tripathi, *Article 6: Will Corresponding Adjustments Tool Stop Double Counting?*, CarbonCopy (Jan. 24, 2022), https://carboncopy. info/article-6-will-corresponding-adjustments-tool-stop-double-counting/.

转让的核证减排量。① 2019 年马德里气候大会为了平息该争议,谈判各方提出了一项权宜之计,一方面,原则上坚持相应调整应当面向可持续发展机制下的所有核证减排量。另一方面,设定一个排除期限(opt-out period),在此期间,那些未包含在国家自主贡献的部门或经济领域所产生核证减排量则无须调整,然而,由于欧盟的强烈反对,这一方案也未能通过。

2021 年格拉斯哥气候大会的最后关头该问题出现了转机,日本提出在缔约方授权以核证减排量履行国家自主贡献时进行相应调整。② 换言之,从此前的"签发时调整""转让或使用时调整"变为"授权时调整"。此番变化其实是一个折中方案,一方面,东道国拥有了是否对核证减排量进行相应调整的选择权,另一方面,这保证了所有用来履行国家自主贡献或进行国际转让的核证减排量都得适用相应调整。这一方案一经提出立即获得巴西的支持,并且最终被正式通过。具体而言,第 6 条第 4 款规则手册明确可持续发展机制所产生的核证减排量只有经过缔约方授权,才可用于履行国家自主贡献或国际减缓目的,具体由东道国向监管机构提交授权声明。③ 但是,按照这一方案,那些未授权的核证减排量如何利用成为一个疑问,2022 年在埃及举行的沙姆沙伊赫气候大会通过了一项规则填补了这一漏洞,可持续发展机制所产生的核证减排量如果未经东道国授权并适用相应调整,则不得用于履行国家自主贡献或国际减缓目标,但可以在国内私营部门的基于结果的气候融资、国内碳市场机制或其他碳定价措施中被利用,作为实施减排项目的企业对东道国国内减排水平的贡献。④

2024 年第 29 届联合国气候大会通过的"关于根据《巴黎协定》第 6 条第 4 款所建立机制的进一步指导意见"完善了授权的程序性规定。首先,凡是授权履行国家自主贡献或国际减缓目的的 6.4ERs 统一称为"为减缓作贡献的 6.4ERs",可持续发展机制的登记册管理人在签发 6.4ERs 的同时要标注减排

---

① See *Informal Document Containing the Draft Elements of the Rules, Modalities and Procedures for the Mechanism Established by Article 6, Paragraph 4, of the Paris Agreement*, SBSTA48. Informal. 3, UNFCCC(Mar. 16, 2018), https://unfccc.int/sites/default/files/resource/docs/2018/sbsta/eng/sbsta48.informal.3.pdf.

② See *COP26: Key Outcomes Agreed at the UN Climate Talks in Glasgow*, Carbon Brief(Nov. 15, 2021), https://www.carbonbrief.org/cop26-key-outcomes-agreed-at-the-un-climate-talks-in-glasgow.

③ 3/CMA.3, FCCC/PA/CMA/2021/10/Add.1, Annex, para.42.

④ See 7/CMA.4, FCCC/PA/CMA/2022/10/Add.2, Annex Ⅰ, para.29.

单位的授权情况,并鼓励缔约方在监管机构规定的日期内尽早提交授权声明。① 其次,缔约方可以不授权6.4ERs用于履行国家自主贡献或国际减缓目的,也可以授权全部或部分6.4ERs用于履行国家自主贡献或国际减缓目的,还可以请求登记册管理人先行签发"为减缓作贡献的6.4ERs",缔约方在随后指定日期内补交授权声明,②即先签发,后授权。最后,授权签发的"为减缓作贡献的6.4ERs"要按照收益分成和全球排放的全面减缓适用相应调整。③

(七)清洁发展机制向可持续发展机制的过渡

清洁发展机制向可持续发展机制的过渡包括两个问题,第一,清洁发展机制下已注册或批准的项目能否过渡到可持续发展机制。第二,已经获准签发的核证减排量(CERs)能否跨期结转?这两个问题的实质是清洁发展机制与可持续发展机制的衔接问题,④是谈判中又一个争议点。

1. 为何要过渡?

清洁发展机制的过渡实质上关涉两方面的问题,一方面,《京都议定书》第二承诺期届满后CDM项目及CERs的合法性问题。《多哈修正案》明确第二承诺期内(2013—2020)附件一缔约方可以继续参与和实施清洁发展机制,但是要转让和获取核证减排量(CERs)则需要履行特定减排承诺的义务。⑤ 言下之意,清洁发展机制在第二承诺期内是继续有效的,那么缔约方在第二承诺期内参与和实施的CDM项目以及获得、持有的CERs原则上是具有法律效力的,可以转让于附件一缔约方履行其在第二承诺期内的减排义务。然而,《多哈修正案》生效一个月后,第二承诺期便已届满,而且,第二承诺期内承诺量化减排义务的缔约方占全球排放的比例不到13%,⑥而可供使用的CERs数量却远超于此。换言之,CERs是远远的供大于求,这也是导致CERs价格大跌的原因。因此,已注册的CDM项目以及已签发的CERs原则上是有效的,但实际上却不

---

① FCCC/PA/CMA/2024/L.16,para.10.
② FCCC/PA/CMA/2024/L.16,para.11.
③ FCCC/PA/CMA/2024/L.16,para.12.
④ 2018年2月第6条第4款的谈判草案中还规定了联合履约机制的过渡规则。换言之,最初的谈判试图解决《京都议定书》与《巴黎协定》基线与信用机制的衔接问题,但卡托维茨大会的最终谈判案文只保留了清洁发展机制的过渡规则。
⑤ See 1/CMP.8,FCCC/KP/CMP/2012/13/Add.1,para.13.
⑥ See Benoit Mayer,*The Curious Fate of the Doha Amendment*,EJIL Talk(Dec.31,2021),https://www.ejiltalk.org/the-curious-fate-of-the-doha-amendment/.

再具有流通性,产生了合法性危机。

另一方面,投资者对国际碳市场的信心。如果因为《京都议定书》第二承诺期的结束而直接否认已注册的 CDM 项目和已签发 CERs 的法律效力,将不利于稳固投资者对碳市场的信心。在可持续发展机制的谈判中,中国、印度、巴西、阿拉伯国家等诸多发展中国家具有强烈的 CDM 项目及 CERs 跨期结转的诉求。这一诉求不仅为了保障国家利益,还为了推动稳定的气候投资。在《京都议定书》时代,中国、印度、巴西等发展中国家是清洁发展机制主要的东道方,也是大部分 CERs 的持有者,这些发展中国家期望已经获准的项目能够继续实施,已签发的碳信用能够继续交易,否则,那些低碳投资者们将会对碳信用交易的市场失去信心,从而也就失去投资的动力,缺少私营部门的气候投资力量,也不利于发展中国家实现有力的减缓目标,因此,清洁发展机制的过渡也是必要的。

2. 清洁发展机制过渡的争议

虽然一些发展中国家赞成清洁发展机制的过渡,但发达国家也提出了两方面的异议。第一,法律基础存疑。欧盟和新西兰主张《巴黎协定》以及《通过〈巴黎协定〉决议》均没有规定清洁发展机制过渡的法律依据,[1]唯有《通过〈巴黎协定〉决议》提出《巴黎协定》第 6 条第 4 款机制应当借鉴现有的其他机制的方法和经验,[2]并未提及 CDM 项目以及 CERs 结转的问题,反而鼓励缔约方自愿注销 CERs。[3] 从法理上讲,《巴黎协定》和《京都议定书》作为相互独立的条约各自建立的机制也是相互独立的。在《巴黎协定》未规定新机制与京都三机制关系的情况下,CDM 项目不能当然地向可持续发展机制下结转,CERs 也不能当然地用来履行国家自主贡献。第二,对全面减缓的不利影响。清洁发展机制的过渡之所以争议之大主要缘于其关系到全球排放的全面减缓,其中,尤其以 CERs 跨期结转的争议最为棘手。反对的缔约方主张,如果承认 CERs 来履行国家自主贡献,相当于在《巴黎协定》之外凭空产生了不少用以抵消国家自主贡献的碳信用,将会对全面减缓带来不利影响,因此,最不发达国家、小岛屿

---

[1] See Wolfgang Obergassel & Friederike Asche, *Shaping the Paris Mechanisms Part Ⅲ an Update on Submissions on Article 6 of the Paris Agreement*, Wuppertal Institute for Climate(Oct. 10,2017), https://epub.wupperinst.org/frontdoor/deliver/index/docId/6987/file/6987_Paris_Mechanisms.pdf.

[2] See 1/CP. 21,FCCC/CP/2015/10/Add. 1,para. 37(f).

[3] See 1/CP. 21,FCCC/CP/2015/10/Add. 1,para. 106.

发展中国家、拉美及加勒比国家等气候脆弱的国家均强烈反对。因此，这一争议点背后反映的不仅仅是经济利益之争，还有经济利益和环境效益的冲突。

3. 利益平衡的结果

面对清洁发展机制过渡的缔约方争论，谈判小组仍然运用利益平衡的策略，以求实现各方意见的"最大公约数"。首先，就 CDM 项目的跨期结转问题，缔约方间的"最大公约数"比较容易达成，因为，《京都议定书》第二承诺期已经结束，在可持续发展机制正式运行之前，如果不允许 CDM 项目过渡，在此期间注册或批准的 CDM 项目必然会停摆，导致很多减缓活动无法开展。因此，第 6 条第 4 款规则手册规定，满足特定条件的 CDM 项目可以过渡到可持续发展机制。2024 年第 29 届联合国气候大会进一步明确造林和再造林项目可以过渡。[①] 过渡的 CDM 项目必须在项目类型、方法学、减排效益、环境与社会影响等方面符合监管机构制定的条件和标准。在程序上，需要项目参与方于 2025 年 12 月 31 日前向东道国主管部门和秘书处同时提交过渡申请，在提交过渡申请后，项目参与方要开展"全球利益相关方磋商"，即听取所有参与方、利益相关方以及《联合国气候变化框架公约》组织所承认的其他机构的意见，继而，项目的过渡申请由项目东道国主管部门于 2025 年 12 月 31 日前向监管机构出具批准书，并接受秘书处的形式审查和实质审查，审查项目设计书等文件是否齐备，额外性等是否符合第 6 条第 4 款机制的要求，符合条件的项目才可通过。目前，造林和再造林项目被允许先行过渡，而其他 CDM 项目是否能够过渡以及如何过渡有待缔约方会议进一步确定。

其次，CERs 跨期结转涉及的利益冲突和问题更为复杂，其涉及的不仅仅是发展中国家的个体利益与全球减缓的公共利益之间平衡的问题，还涉及提振投资信心，稳定碳价的问题。2018 年卡托维兹气候大会期间第 6 条第 4 款规则手册草案在 CERs 结转上保留了两种备选方案，包括有条件的结转和禁止结转，[②]在发达国家和发展中国家的彼此妥协下，第 6 条第 4 款规则手册最终确立

---

① See FCCC/PA/CMA/2024/L. 16, para. 21.
② See *Draft Text on Matters Relating to Article. 6 of the Paris Agreement: Rules, Modalities and Procedures for the Mechanism Established by Article 6, Paragraph 4, of the Paris Agreement*, Version 2 of 8 December, UNFCCC (Dec. 8, 2018), https://unfccc.int/sites/default/files/resource/SBSTA49_11b_DT_v2.pdf.

了有条件的跨期结转，按照条件，能够跨期结转的核证减排量只限于《京都议定书》第二承诺期内所注册的 CDM 项目产生的，并且在第二承诺期内所签发的 CERs，其中，临时核证减排量（tCERs）和长期核证减排量（lCERs）被禁止跨期结转，[①]tCERs 和 lCERs 是清洁发展机制下森林碳汇项目产生的减排量，这两类碳信用一直不被欧盟排放交易体系接受，因此，在国际碳市场中这两种碳信用价格低廉。可持续发展机制将这两类碳信用排除在外，显然是为了避免低价碳信用冲击碳价。此外，允许结转的 CERs 也只能被用来履行缔约方首轮提交的国家自主贡献。

（八）可持续发展机制的环境与社会保障

可持续发展机制的环境完整性保障不仅包括避免"负减排"和"逆转风险"，还包括防范其他环境风险，为此，应当建立环境风险的预防与管理体系。同时，《巴黎协定》序言中明确缔约方采取行动应对气候变化时，应考虑对人权、健康权、当地社区权利，以及土著民、移徙者、儿童、妇女等群体的权利，可持续发展机制作为应对气候变化的工具当然要保护和促进受机制影响的个人和群体的基本权利，因此，可持续发展机制还应当建立社会保障体系。但是，《巴黎协定》和《通过〈巴黎协定〉决议》对环境与社会保障并未明确规定，这一问题在《巴黎协定》通过后的历次气候谈判中也缺乏广泛关注。直至 2022 年欧盟的一次提案之后，该问题引起了缔约方会议的关注。2022 年 8 月欧盟在气候谈判中提出保障环境完整性应当包括对社会与环境的全面保障，[②]欧盟的提案也得到了一些非政府组织代表的支持，引起了缔约方会议的关注。2022 年第 27 届联合国气候变化大会期间，《巴黎协定》缔约方会议通过的缔约方参与第 6 条合作机制应当提交的"初次报告和更新报告"与"两年期透明度报告"的指导意见的草案文件中，均有"缔约方应当在相关报告中说明其在参与合作机制

[①] 临时核证减排量与长期核证减排量是清洁发展机制下造林和再造林项目活动发放的核证减排量，在有效期上与一般的核证减排量有所不同，前者只有 5 年的有效期，故而称为临时核证减排量，而后者在该 lCERs 涉及的林业项目的计入期内均有效，林业项目从投入产生减排效益周期较长，达几十年之长，故而称为长期核证减排量。

[②] See Submission by Czech Republic and the European Commission on Behalf of the European Union and Its Member States, UNFCCC（Aug. 29, 2022）, https：//www4. unfccc. int/sites/SubmissionsStaging/Documents/202208311601---CZ-2022-08-31%20EU%20submission%20on%20elements%20of%20Article%206.4.pdf.

的过程中所采取的防范环境、经济和社会风险的措施"的要求。① 可见,《巴黎协定》缔约方会议接受了欧盟有关环境与社会保障的诉求,对缔约方提出环境与社会保障的要求,并有意将缔约方实施的环境与社会保障纳入透明度体系。但是,环境与社会保障需要建立具体的制度,包括保障范围、保障措施、保障程序等,《巴黎协定》缔约方会议将环境与社会保障的制度内容委托可持续发展机制的监管机构研究和起草。

2024 年第 29 届联合国气候大会召开前,可持续发展机制的监管机构陆续建立了环境与社会保障的三项机制。首先,风险防控机制。该机制强制性地适用于可持续发展机制下的所有减排项目。具体而言,项目参与方应当在项目的生命周期内识别、评估与项目有关的潜在的环境与社会风险,具体要在能源、大气、土地、水、生态与自然资源、人权、劳动力、健康与安全等 11 项环境与社会保障要素中识别和评估,并制定和执行风险预防和控制的行动计划。② 风险防控机制在环境与社会保障方面发挥着"预警"和"系统性管理"的作用,通过预警和管理,促进项目的有效实施。其次,沟通机制,监管机构、秘书处、方法学专家组和认证专家组应当与利益相关方在项目生命周期的各环节进行沟通。③ 沟通机制在环境与社会风险保障方面发挥着"预防"作用,即通过事前和事中的沟通一方面促进合作机制的各项规则和标准的改进和完善,另一方面促进各方对于规则和标准的理解,以此防范合作项目的环境与社会风险,避免损害结果发生,保障项目的有效实施。最后,申诉机制,允许在社会、环境或经济方面受到项目不利影响的个人、群体或企业向秘书处提出申诉,进而由秘书处建立的申诉小组对申诉作出判断,具体可以要求项目参与方进行整改。④ 申诉机制在环境与社会风险保障方面发挥着"矫正"作用,通过矫正来防范和限制项目产生的不利影响。总之,这三项机制在减排项目的整个生命周期内通过识别、评估、预防、管理和矫正等多重手段,尽可能防范和应对潜在的各种风险,保障项目的有效实施,同时,也体现出可持续发展机制保障更广泛意义上的环境完整性。

---

① See FCCC/PA/CMA/2022/L.15, Annex V & VI.
② See A6.4 – TOOL – AC – 001.
③ See A6.4 – PROC – GOV – 007.
④ See A6.4 – PROC – GOV – 006.

依据第6条第4款规则手册可持续发展机制的流程大致如图5-2所示，主要包括，首先，项目的申请和批准。项目方向本国政府申请减缓项目立项，本国政府经国内程序批准，并向SDM监管机构申请登记，SDM监管机构指定核查机构对项目的资质进行独立审查，核查机构将评审结果通报SDM监管机构，满足条件则批准登记。同时，监管机构还要另行批准项目所适用的方法学。其次，项目的实施和监督。在批准登记后，项目方按照要求和批准的方法学实施项目，并受东道国政府监督，而SDM监管机构对于项目实施进行必要的实质监督。最后，减排量的核证与签发。项目产生的减排量需要经过SDM指定核查机构进行核证，SDM监管机构在得到核查机构的核证报告后核准签发减排量(6.4ERs)，具体由第6条第4款登记处的登记行政官(由秘书处官员兼任)签发，其中5%转入适应基金的账户，2%转入注销账户，剩余的减排量转入东道国账户。

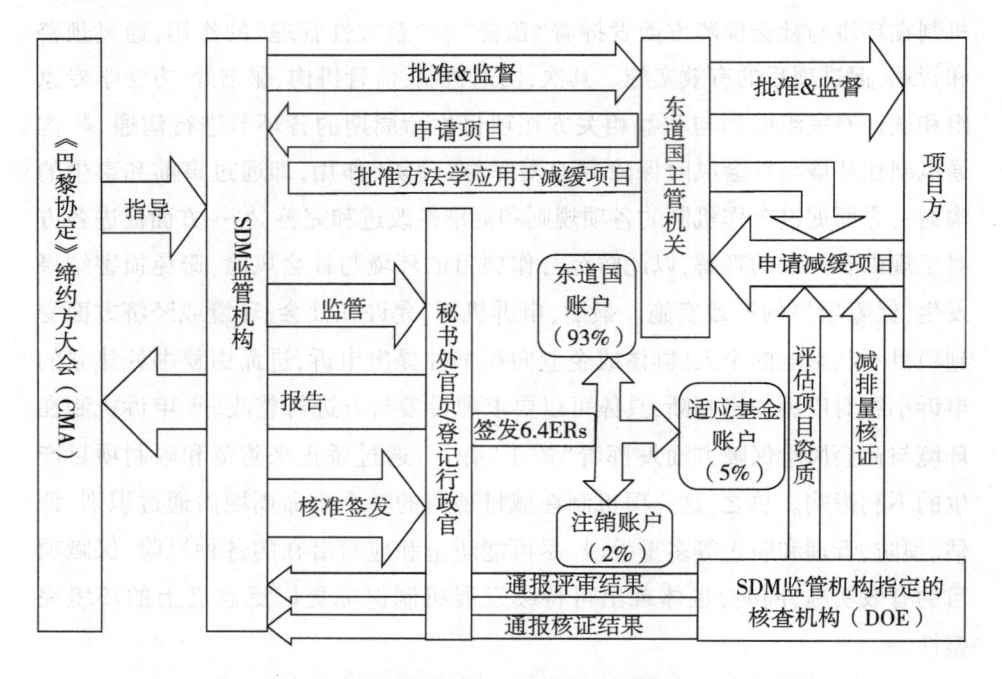

图5-2 依据第6条第4款规则手册可持续发展机制的流程

第二节 《巴黎协定》国际碳市场机制的趋向与影响

《巴黎协定》的快速生效使得相关实施细则的谈判大幅提前,缔约方会议原计划在《巴黎协定》第一届缔约方大会第三次会议上通过新国际碳市场机制的各项规则和程序,但是,由于谈判各方异常焦灼的争议和冲突,严重影响了谈判的进程。自 2015 年《巴黎协定》通过,历时 9 年的艰辛谈判,《巴黎协定》国际碳市场机制的各项规则和程序大体上确立了下来,新的国际碳市场机制正式运行指日可待。结合《巴黎协定》和缔约方会议通过的规则和程序,可以对《巴黎协定》国际碳市场机制的发展趋势判断一二。进而,基于这种判断,可以在一定程度上预测新国际碳市场机制对全球气候治理、碳市场连接以及碳货币发展的影响。

一、《巴黎协定》国际碳市场机制的新趋向

理解和认识《巴黎协定》国际碳市场机制不仅需要分析机制的内容,了解机制的运行,还需要对机制所具有的新的变化进行重点分析,新的国际碳市场机制相比《京都议定书》所建立的国际碳市场发生了怎样的变化,深入地分析这种变化有助于判断和理解其对国际碳市场机制的整体发展将会产生的影响。

(一)国际排放交易机制的消亡

新国际碳市场机制的建立标志着国际排放交易机制的消亡。国际排放交易机制,即《京都议定书》第 17 条规定的机制,是一种总量交易机制(cap-and-trade)。总量交易机制以排放的总量管制为前提,控排主体在总量管制之下以排放许可证为交易客体。其中,总量管制包括总量管制目标和强制减排义务两方面。在《京都议定书》中,总量管制目标与强制减排义务规定在同一条款中,"附件一缔约方个别或共同确保其排放总量不超过附件 B 所载的量化限制和减排承诺和依据本条计算的分配数量,以使其在 2008 年至 2012 年这些气体全部排放量从 1990 年的水平减少 5%",其中,"附件一国家不得超过其承诺排放限度"代表着强制减排义务,"从 1990 年排放水平减少 5%"则是总量管制目标。强制减排义务是实现总量管制目标的手段,总量管制目标则是强制减排义

务的目的,两者共同构成碳排放的国际管制。缔约方会议依据各国在1990年的基准排放量以及第一承诺期的减排目标计算出各国在第一承诺期内的总排放量,进而,按照总排放量分配给各国特定量的分配数量单位(AAUs)作为第一承诺期内的排放许可证。缔约方在各自减排承诺限度内的排放是被认可的,超过限度排放则需要向他国购买排放许可证。因此,排放许可是国际排放交易机制的核心,它依赖总量管制目标与强制减排义务而存在,并以《京都议定书》为法律依据。

《巴黎协定》以国家自主贡献取代了碳排放的国际管制,总量管制目标和强制减排义务均不复存在,进而,国际层面的排放许可也不复存在,国际排放交易机制难以为继。

首先,强制减排义务和总量管制目标不复存在。一方面,"国家自主贡献"取代了"双轨制"减排义务模式,国家自主贡献在性质上属于"行为义务"而非"结果义务",围绕附件一缔约方建立的强制减排义务便不复存在。另一方面,《巴黎协定》规定的2℃目标不能被看作总量管制目标。一般而言,总量目标是以基准年排放比表达的,无论是量化减排目标还是碳强度目标,皆以排放值或排放比表达。2℃可以称为温升目标、气温目标,[①]却难以称为排放的总量管制目标。而且,《巴黎协定》第3条规定缔约方将(are to)采取有力度的努力,实现该气温目标,而并未规定缔约方"应该"(shall)采取有力度的努力,实现气温目标,言下之意,缔约方并不承担实现气温目标的法律义务,[②]因而,更谈不上总量管制。如此,缺乏管制目标和强制义务,国际层面的碳排放管制不复存在。

其次,排放许可阙如。《巴黎协定》缺乏碳排放的国际管制,必然也就没有了管制下的排放许可。《京都议定书》下的分配数量单位实际上代表着附件B缔约方在减排承诺的限度内被允许的排放量,虽然,分配数量单位(AAUs)与核证减排量(CERs)、减排单位(ERUs)都可以被转让或用来抵消减排义务,但前者与后两者存在区别,前者是根据缔约方的减排目标事先确立的排放许可单位,代表的是被允许的排放量,后两者是事后经过核证所产生的减排单位,代表

[①] 《巴黎协定》第4条第1款称之为"气温目标"。
[②] See Benoit Mayer, *Temperature Targets and State Obligations on the Mitigation of Climate Change*, Journal of Environmental Law, Vol. 33:3, p. 585 – 610(2021).

的是减排量。《巴黎协定》国际碳市场机制中不存在这种事先确立的排放许可单位,可持续发展机制下的 6.4ERs 是典型的核证减排量,而 ITMOs 情况相对复杂,可能会包括各国、各区域碳交易体系中的不同的单位,一些是核证减排量,一些是国家内部的排放许可单位,但无论如何,国际层面的排放许可单位不复存在。国家自主贡献开创的"催化式"履约,彻底打破了国际排放许可赖以存在的国际管制,国际排放交易机制难以为继。国际排放交易机制是"京都三机制"中最能体现"强制性"色彩的"管制型"市场机制,正是这样一项机制的存在,使得《京都议定书》建构的国际碳市场堪称典范,后来的国家和区域碳市场机制的建立都受到国际排放交易机制的影响,在《巴黎协定》时代,国际排放交易机制不复存在,对国际碳市场也会产生很大的影响。

(二)部门核证减排机制有待确立

基于部门的核证减排机制(sector-based crediting mechanism)(以下简称部门核证减排机制),指的是核证减排机制围绕"部门"(sectors)开展减缓活动,这里的"部门"指的是经济各部门,就减缓而言,"部门"是"全经济"(economy-wide)的下位概念。其在《联合国气候变化框架公约》的审议与报告体系中有统一的分类,诸如能源部门、运输部门。[①] 国际气候条约对于围绕"部门"开展减缓措施也早已有相关规定。例如,《联合国气候变化框架公约》第 4 条第 1 款第(c)项规定,在所有有关部门,包括能源、运输、工业、农业、林业和废物管理部门,促进有益减缓的技术应用和转让。再如,《京都议定书》第 2 条第 1 款第(a)项规定,应当增强本国经济有关部门的能源效率和适当改革。[②] "巴厘路线图"更是确立了"部门合作方针"与"具体部门的行动",作为加强减缓的国家和国际行动的方法。部门核证减排机制是在某一特定部门内创建和实施的核证减排机制,其与《京都议定书》的核证减排机制略有不同,后者主要是以项目的形式开展减排活动,故而,又被称为基于项目的核证减排机制(project-based crediting mechanism,以下简称项目核证减排机制)。相比项目核证减排机制,部门核证减排机制具有一定的优势,《巴黎协定》可持续发展机制将在传统的

[①] 参见《联合国气候变化框架公约》报告审议指南附件二,载联合国气候变化框架公约官网,http://unfccc.int/files/national_reports/annex_i_ghg_inventories/application/octet-stream/2006_ipcc_guidelines.7z。

[②] 《京都议定书》第 2 条第 1 款第(a)项。

项目核证减排机制之外拓展部门核证减排机制,这一点从国际谈判中已有所体现。

1. 部门核证减排机制的由来

部门核证减排机制与清洁发展机制都属于核证减排机制,不同之处在于排放基准线不同,前者的排放基准线是在整个部门层面划定,后者则以项目为单位划定基准线。部门核证减排机制很早就有学者提出,甚至在"京都三机制"还未正式运行,理论界和实务界就已有部门核证减排机制的设想。

2001年澳大利亚国立大学教授塞德里克·菲利伯特提出了一种新类型的减排目标,即"部门减排目标"。具体而言,《京都议定书》附件B国家承诺的减排目标是涵盖全经济各部门的目标,是关于国家总体排放水平的承诺,而部门减排目标是全经济的某一个或某几个部门的减排目标,既可以是部门的总量排放目标,也可以是部门的碳强度目标。塞德里克教授认为,在缺乏国家总体减排目标的情形下,"部门减排目标"可以发挥补充作用。[1] 换言之,既然不能约束国家的总体排放水平,至少对其特定的一个或几个经济部门的碳排放进行约束,这样也有助于弥补全球减缓因国家减排的约束不足而迟滞的困境。而且,相比国家总体减排目标,"部门减排目标"的涵盖范围较小,更具有灵活性,对经济的影响也相对更小,发展中国家更容易接受。如果国家承诺了部门减排目标,那么,在该经济部门下开展清洁发展机制的项目合作,这样的项目就被称为"部门型CDM项目"(sector-based CDM, S-CDM),这是联合国拉丁美洲和加勒比经济委员会可持续发展与人类住区司司长何塞·路易斯·萨马涅戈提出的概念,其主张国家可以在部门、亚部门以及跨部门层面开展CDM项目。诸如,一国水泥产业现代化的政策变革就是一项部门层面的CDM项目;一个针对所有天然气发电厂的能效标准改革项目就是一项亚部门的CDM项目;对一个城市的交通和照明进行更为清洁和高能效的改造则是一项跨部门的CDM项目。[2] S-CDM与CDM在程序上并无不同,所产生的核证减排量也可以在国际碳市场中转让,二者不同之处就在于项目所涵盖的范围,S-CDM的涵盖范围

---

[1] See Cédric Philibert & Jonathan Pershing, *Considering the Options: Climate Targets for All Countries*, Climate Policy, Vol.1:2, p.211-227(2001).

[2] See Kevin A. Baumert & Odile Blanchard et al., *Building on the Kyoto Protocol: Options for Protecting the Climate*, World Resource Insititute, 2002, p.92.

要大得多。

理论界和实务界提出的"部门减排目标"以及"部门型 CDM 项目"引起了经济合作与发展组织(OECD)的关注,为了促进更有力的减缓行动以及减缓的成本效益,OECD 提出了"扩大市场机制的规模"(scaling-up market mechanisms),既然,国际社会呼吁从整体上扩大减缓行动的规模,那么,方法之一就是在部门层面采取行动,[1]扩大市场机制规模的途径之一就是在部门层面开展核证减排机制,一些专家认为这种方式可以激励国家在部门层面采取减缓政策,实施减排活动。[2]《京都议定书》清洁发展机制一直以来也为激励发展中国家的减缓行动发挥着重要作用,但是,基于项目的核证减排机制在形式上太过零散,难以激励有规模的减缓行动。因此,在部门层面开展核证减排机制有望促进一国整个部门的减缓行动。例如,国家在电力部门发布了一项清洁能源的政策,该政策的实施产生了低于电力部门"一切照旧"情景(business as usual)的排放水平,那么,该项目可以申请核证减排机制的资助,以额外产生的减排量申请签发核证减排量。

除国家层面的部门核证减排机制之外,还有一种全球层面的部门核证减排机制的设想,即在一个特定部门达成一项全球减排协定,围绕该部门创建核证减排机制,覆盖不同国家的同一个部门,[3]绕过国家主权直接规范该部门下的企业和其他私营实体的排放行为。这一构想源于气候谈判一直以来的"国家中心主义"的困境。《联合国气候变化框架公约》体系下,无论是减排义务、资金义务还是技术转让的义务,国家一直是主要的行为体和利益方,政府的不作为是义务得不到履行、行动难以落实、目标无法实现的最大障碍。因此,为弥补国家的不作为和不主动作为,非国家行为体逐渐被纳入国际气候治理中。例如,联合国大会决议通过的"国际航空碳抵消和减排计划"(CORSIA)[4]是首个全球层面的部门核证减排机制,其对参与的国家国内的航空碳排放产生总体约

---

[1] See *Scaling-Up Market Mechanisms*, OECD(May 15,2005), https://www.oecd.org/fr/env/cc/scaling-upmarketmechanisms.htm.

[2] See André Aasrud & Richard Baron et al., *Sectoral Market Mechanisms: Issues for Negotiation and Domestic Implementation*, COM/ENV/EPOC/IEA/SLT(2009)5, OECD/IEA,2009, p.14.

[3] See Martina Bosi & Jane Ellis, *Exploring Options for "Sectoral Crediting Mechanisms"*, COM/ENV/EPOC/IEA/SLT(2005)1, OECD/IEA,2005, p.6.

[4] A39 – WP/530, p.59.

束,参与国国内的航空公司负有特定的减排义务,并可以相互转让和交易认可的碳信用来履行减排义务。

2. 部门核证减排机制的优势

部门核证减排机制是作为清洁发展机制的改进方案被提出,其在激励减缓、消除竞争劣势、保障环境完整性以及优化交易成本方面都更具优势。

(1) 促进减缓效益

部门核证减排机制的建立使得特定部门的减排政策以及其他具有减缓效益的行动都有望获得资助,[1]显然会对国家制定和实施减缓政策,积极在部门层面开展减缓行动形成激励。IPCC 曾提出将气候政策融入国家和部门政策发展的非气候目标当中对于减缓气候变化更有效率,[2]而部门核证减排机制有助于鼓励国家在各部门的政策制定的过程中纳入减缓气候变化的因素。例如,在能源政策中加强对可再生能源的支持,或者在交通政策中鼓励使用低碳交通工具等,这可以使各部门的减缓政策更加综合与协调,通过各部门减缓政策的协调在整体上去调整和转变经济发展的模式,如此,相比基于项目的核证减排机制,这样的方式会产生更高的环境效益,在更广泛的领域产生减缓。不仅如此,发展中国家因参与部门核证减排机制而制定和实施的减缓政策将整体上提升国家的减排能力和潜力,促进国家进一步提升自主贡献的目标。

(2) 消除竞争劣势

部门核证减排机制可以在一定程度上消除国家对贸易竞争的顾虑。一般而言,温室气体减排措施会在短期内增加企业的生产成本,影响其在国际贸易中的竞争力,以及国家在国际贸易中的比较优势。这是一些发达国家不愿承诺绝对减排目标的原因,他们认为仅发达国家承诺减排义务只会给发展中国家创造更加有利的贸易竞争的机会。全球层面的部门核证减排机制下,不同国家的同一部门将受到统一的排放约束,这有助于消除部分国家因为减排义务而处于贸易竞争劣势的情形。2008 年欧盟议会通过法案决定将航空业纳入欧盟碳市

---

[1] See Martina Bosi & Jane Ellis, *Exploring Options for "Sectoral Crediting Mechanisms"*, COM/ENV/EPOC/IEA/SLT(2005)1, OECD/IEA, 2005, p. 9.

[2] See Bert Metz et al., *Climate Change 2001: Mitigation, Contribution of Working Group III to the Third Assessment Report of the Intergovernmental Panel on Climate Change*, Cambridge University Press, 2001, p. 12.

场机制,要求进出欧盟全境机场的航班的航空运营商参与排放量交易计划,欧盟此举引起各国强烈反对,理由无外乎是各国对欧盟此举削弱他国航空公司的国际竞争力的反感,欧盟最终妥协的条件也是国际民航组织应尽早建立对所有航空公司一视同仁的全球减排体系。①

(3)缓解项目核证减排机制的灵活性弊端

部门核证减排机制与基于项目的核证减排机制存在的最大区别是排放基准线的划定方式不同,首先,部门核证减排机制的排放基准线并不由投资方来划定,而是由国际组织或国家机构围绕特定的部门统一划定,②这有助于遏制企业伪造排放基准线的情形。其次,基于项目的核证减排机制的基准线划定主要参考的是排放表现良好的情形,排放表现不佳的情形并未被考虑,导致所划定的基准线存在"以偏概全"的问题,而部门核证减排机制的基准线划定将综合考虑部门整体排放表现(包括同一部门下减排表现良好的情形与排放表现不佳的情形),所得出的排放基准线更为准确,也更有利于保障环境有效性,③因此,部门核证减排机制可以缓解基于项目的核证减排机制所存在的灵活性弊端。

3. 国际谈判中的部门核证减排机制

部门核证减排机制是欧盟最先在公约长期合作行动特设工作组的谈判中提出,最初的构想是在发展中国家的全经济各部门预先设立排放基准线,低于基准线的排放可以获得核证减排量,超过基准线的排放也无须受罚,这被称为"无损"的部门核证减排机制(no-lose sectoral crediting mechanism),④正是因为对发展中国家"无损"而被普遍接受。缔约方认为碳市场机制应当在经济各部门广泛地促进气候友好型政策,因此,一些缔约方提出在"部门"层面开展核证减排机制,并取代清洁发展机制。⑤ 气候友好型政策是国家适当减缓行动

---

① 参见曾静静、曲建升:《欧盟航空碳税及其国际影响》,载《气候变化研究进展》2012 年第 4 期。

② See Richard Baron & Jane Ellis, *Sectoral Crediting Mechanism for Greenhouse Gas Mitigation: Institutional and Operational and Issues*, COM/ENV/EPOC/IEA/SLT(2006)4, OECD/IEA, 2006, p. 19 – 24.

③ See Andrew Prag & Gregory Briner, *Crossing the Threshold: Ambitious Baselines for the UNFCCC New Market-Based Mechanism*, OECD/IEA, Climate Change Expert Group Papers, 2012, p. 21.

④ See Joëlle de Sépibus & Andreas Tuerk, *New Market-based Mechanisms Post – 2012: Institutional Options and Governance Challenges When Establishing a Sectoral Crediting Mechanism*, SSRN(Sept. 30, 2011), https://ssrn.com/abstract = 1935802.

⑤ See Christiana Figueres & Charlotte Streck, *Enhanced Financial Mechanisms for Post – 2012 Mitigation*, Policy Research Working Paper for World Development Report, World Bank, 2009, p. 23.

(NAMAs)的重要内容,因而,2009 年公约长期合作行动特设工作组拟定通过部门核证减排机制激励国家在经济发展的各领域、部门以及行业广泛地开展减缓行动。① 在公约长期合作行动特设工作组终止谈判之后,附属科学和技术咨询机构在拟新市场机制规则的过程中便将部门核证减排机制作为备选方案。②

但是,缔约各方对此仍有着不同的立场。具体而言,中国、印度、沙特、埃及等国家更倾向于采用基于项目的核证减排机制,它们组成的立场相近发展中国家在气候谈判中一直以来被视为"保守派"的代表,③因此,它们对部门型机制的模式创新比较谨慎。相当一部分国家对部门核证减排机制持有开放的态度,如,南非、澳大利亚、新西兰、挪威以及非洲谈判小组代表的国家,它们总体上主张新市场机制不应局限于项目层面的减缓活动,可以包括部门层面或者其他类型的减缓活动。欧盟和小岛屿国家联盟均是较早在国际谈判中提出部门核证减排机制的组织。欧盟认为核证减排机制可以在全经济各部门开展,但应由缔约方自主选择要纳入核证减排机制的部门,可以是部门或者亚部门。④ 小岛屿国家联盟的立场非常谨慎,它们认为能够纳入核证减排机制的部门应该是亟须大量减排、排放数据较为完整,以及有着可持续发展意义的部门,诸如电力行业、钢铁和水泥生产行业等。⑤ 小岛屿国家联盟甚至主张,新市场机制在初始运行阶段应限于项目层面的活动,如果国际机构有意向部门层面去拓展,则必须建立更为有力的保障环境完整性的规则。⑥ 雨林国家联盟也是很早就提出了部门核证减排机制,但它们主要的诉求就是将 REDD + 纳入新市场机制,⑦但是,当《巴黎协定》最终并没有如愿以偿地将 REDD + 纳入可持续发展机制

---

① See FCCC/AWGLCA/2009/INF. 2 ,para. 33 ,47.

② See FCCC/SBSTA/2013/L. 8 ,para. 5(e).

③ 参见[印度]乔伊迪普·格普塔、[印度]德舍卡·曼达尔:《气候谈判桌上的集团博弈》,载中外对话网 2014 年 12 月 1 日,https://chinadialogue. net/zh/3/42568/。

④ See FCCC/SBSTA/2013/MISC. 9 ,p. 22.

⑤ See *Submission by Nauru on Behalf of the Alliance of Small Island States*, UNFCCC (Nov. 12, 2013), https://unfccc. int/files/cooperation_support/market_and_non-market_mechanisms/application/pdf/nmm_aosis_12112013. pdf.

⑥ See *Submission to the Articles 6. 2 and 6. 4 of the Paris Agreement by the Republic of the Maldives on Behalf of the Alliance of Small Island States* (Apr. 27, 2017), https://www4. unfccc. int/sites/SubmissionsStaging/Documents/167_318_131382305846319606-AOSIS_Submission_Art%206% 202% 20and% 206% 204% 20of% 20% 20PA. 27. 04. 2017. FINAL. pdf.

⑦ See FCCC/SBSTA/2013/MISC. 11 ,p. 7.

之后,雨林国家联盟对这一问题也就失去了兴趣。①

总体上看,气候谈判中并无明确反对部门核证减排机制的国家,而且,积极支持的国家不少,更多的国家保持着观望的态度。在这样的情况下,2021年第6条第4款规则手册明确在新市场机制下注册的减排活动可以是监管机构批准的项目、活动方案或其他类型的活动。② 该条款中的"其他类型的活动"是典型的开放性规定,可以将其解释为包括缔约方在部门层面开展的减缓活动,但是,缺乏明确的规定以及缔约方会议的解释,部门核证减排机制很难说已经正式确立,这一问题还有待缔约方会议进一步明确。从缔约各方的立场来看,部门核证减排机制是核证减排机制未来发展和创新的一种可能的趋势。

二、《巴黎协定》国际碳市场机制的影响

《巴黎协定》国际碳市场机制为碳市场连接建立了法律基础,将促进国家、区域碳市场的连接,进而影响全球碳市场以及碳货币的形成和发展。新的国际碳市场机制将对减缓承诺和减缓行动产生正向的激励作用,但同时对国际气候治理的效能也会带来不确定的影响。

(一)对全球气候治理的利弊

1. 激励国家提高减排承诺

《巴黎协定》通过后引发各界悲观的情绪,主要是因为国家自主贡献与《巴黎协定》气温目标之间的差距。《巴黎协定》确立了两项温控目标,长期最低目标是将全球平均气温较前工业化时期上升幅度控制在2℃以内,长期努力目标是进一步控制在1.5℃以内。然而,已经提交的国家自主贡献不足以实现《巴黎协定》的长期最低目标。据统计,已提交的国家自主贡献,包括在2021年格拉斯哥气候大会上缔约方承诺的减排量,将使得全球温室气体排放在2030年仍然达到1.5℃目标应有排放的两倍之多。③ 联合国环境规划署公布的《2023

---

① See *Submission by Democratic Republic of Congo on Behalf of the CfRN*(Mar. 10,2017), http://www4. unfccc. int/sites/SubmissionPortal/Documents/588_318_131355627122242505-CfRN%20SOVs%20art. %206. 4--UNFCCC%20SUBMISSION%20COPY. pdf.

② See 3/CMA. 3,FCCC/PA/CMA/2021/10/Add. 1,Annex,para. 31(b).

③ See *Glasgow's One Degree 2030 Credibility Gap:Net Zero's Lip Service to Climate Action*,Climate Action Tracker(Nov. 9,2021),https://climateactiontracker. org/press/Glasgows-one-degree-2030-credibility-gap-net-zeros-lip-service-to-climate-action/.

年排放差距报告》提出,即便已提交的国家自主贡献能够完全实施,全球气温在本世纪末也将升2.5—2.9℃,如果要实现2℃目标,在现有的国家自主贡献的基础上还要再减排14亿吨二氧化碳。[1] 可见,已提交的国家自主贡献整体上与《巴黎协定》气温目标仍存在较大差距。而且,已提交的国家自主贡献也具有较大的提升空间,负责跟踪各国减排行动的气候行动追踪小组(Climate Action Tracker)对各国国家自主贡献进行了评级,评级的标准是国家自主贡献是否符合1.5℃目标。截至2025年1月,有10个国家的减排承诺被认定为"勉强充分"(almost sufficient),即需要适度改进才可以符合要求;有30个国家的减排承诺被认为是不够充分的,其中15个国家的减排承诺"不充分"(insufficient),即减排承诺需要实质性改进才能够符合1.5℃目标的要求;6个国家高度不充分(highly insufficient),即减排承诺不仅不符合要求,而且会导致排放上升;9个国家严重不充分(critically insufficient),即国家的减排承诺反映出极少的减排行动或几乎根本没有减排行动。[2] 国家怠于提出有力的减排目标具有复杂的原因,如经济发展水平低、高度依赖化石能源的生产结构、技术和资金限制、政治和社会压力、气候公平问题等,而且这些原因通常是复杂交织的,在减排承诺方面依靠传统的强制手段并不奏效,因此,《巴黎协定》以自愿性减排取代了强制性减排,但是,如果不能对自愿性减排提供充分的激励,仍然无法解决国家减排承诺无力的问题。国际碳市场机制在激励国家作出更充分的减排承诺方面具有一定的作用,国家参与国际碳市场机制,通过开展功能性合作,可以吸引有利于减排的技术和资金,帮助国家解决能力方面的问题,更重要的是,国家参与部门核证减排机制,开展制度性的合作,有助于帮助国家深入化解制度性的障碍,培养国家实施减排的可行能力,帮助国家发掘本国的减排潜力,进而,国家才有可能提出更有力的减排承诺。

2. 激励减缓行动

除了国家减排承诺无力的问题之外,事实上,目前已经实施的气候政策和措施与各国承诺水平依然存在差距。换言之,很多国家并没有兑现承诺,如果

---

[1] See *Emissions Gap Report* 2023: *Broken Record*, United Nations Environment Programme, 2023, p. 21–22.

[2] See *Rating System*, Climate Action Tracker (Sept. 2024), https://climateactiontracker.org/countries/.

按照目前各国实际实施的减缓措施来计算,21世纪末全球气温将有66%的可能升至3℃。[1] 这样来看,《巴黎协定》的确难以让人抱有乐观的态度。自愿减排交易机制被视为潜在的激励减缓行动的机制,通过碳信用的交易激励企业采取更积极的减排行动,可持续发展机制作为一项国际性的自愿减排交易机制,不仅可以激励企业采取行动,还可以激励国家实施减缓行动。从目前《巴黎协定》的条款和缔约方会议的决议来看,相较于《京都议定书》的核证减排机制,《巴黎协定》的核证减排机制虽然被简化成一个机制,但是,其内容实际上被扩大了。首先,核证减排机制的"活动"范围扩大。《京都议定书》核证减排机制的活动形式主要是"项目",内容主要是与减排相关的技术升级和可再生能源投资项目。《巴黎协定》可持续发展机制则以"活动"(activity)取代了"项目"(project),减缓活动范围非常广泛,不再局限于技术层面的投资项目,而是深入制度层面的减缓行动,包括国家的减缓政策、具有减缓效益的计划与方案,这将对国家广泛地开展减缓行动产生激励。其次,核证减排量的类型增加。《京都议定书》核证减排机制下的核证减排量主要是温室气体减排量,而可持续发展机制下,不仅仅是温室气体减排量,非温室气体减排指标同样也可以是核证减排量。最后,核证减排机制的参与主体增加。《京都议定书》核证减排机制下,合作是"格式化"的,发展中国家只能作为项目东道方,实质上限制了参与的主体,可持续发展机制下的东道方可以是任何提交了国家自主贡献的缔约方,其在参与主体上实现了"去身份化",在准入资格方面更加公平,一定程度上将促进发展中国家的参与。一方面,核证减排量可以激励发展中国家国内的减缓行动;另一方面,发展中国家也可以作为投资方,资助欠发达国家开展减缓行动,这也会增加核证减排量的需求。参与主体的多元化、活动形式的多样化以及减缓成果的丰富化最终会强化机制对减缓行动的激励。如果将核证减排机制比作"碳商品"的生产活动,那么可持续发展机制通过开发新的生产方法、拓宽原材料的供应源,以及广泛许可生产商,无疑会增加"碳商品"的生产活动与产量。因此,《巴黎协定》时代,可持续发展机制通过拓展参与主体、活动形式与减缓成果,将激励更广泛的减缓行动,这也是缔约方会议创建新市场机制的

---

[1] See *Emissions Gap Report* 2023: *Broken Record*, United Nations Environment Programme, 2023, p. 22.

初衷。

不过,可持续发展机制能够激励减缓行动,这仅是理论分析的结论,在实践中却绝非如此轻易实现。核证减排机制激励减缓行动的能力主要依赖于核证减排量的供应和需求,而这一点根植于国家的可持续发展的空间和低成本减排的需求。《巴黎协定》时代,发达国家虽无强制减排义务,但仍要受其自主承诺的量化减排义务的约束,低成本实现国家自主贡献仍然是购买减排量的原动力。而发展中国家面临着的可持续发展的问题和需求提供了广阔的低碳投资空间。有了低成本减排需要和减排投资空间,便可以刺激碳信用的需求,诱导国家和企业开展减缓活动。国际排放交易机制的难以为继将消解"京都三机制"构筑的强制减排交易市场,但与国际排放交易机制消亡相对照的是核证减排机制的延展,将有可能带来核证减排机制的兴起,形成全球性的自愿减排交易市场。

3. 无效减缓的隐患

碳泄漏,即碳排放转移,是无效减缓的表现形式之一。碳市场本身就存在碳泄漏的风险,单边减排措施产生的排放许可证在转让后可为另一方换取排放空间。[1] 国际碳市场中,无论是配额交易还是碳信用交易均有碳泄漏的风险。国际排放交易机制造成发达国家产业外移,增加发展中国家的排放。碳信用交易下,不受排放管制的区域和国家的减缓措施所获取的核证减排量在转让后也会造成全球排放量的增加。

《巴黎协定》国际碳市场机制依然存在碳泄漏的隐患。具体而言,《巴黎协定》第6条第2款减缓成果国际转让机制下,形式多元、内容丰富的减排指标在经过统一的核算规则转化为 ITMOs 之后可以在国家间转让,纵然,统一的核算规则对各国的减排指标可以进行统一标准的量化与评价。但是,就非温室气体减排指标而言,其真实的减排效益是难以评价的,一些减排指标在排放方面还存在反弹的可能,如森林蓄积量,转让这些减排指标不可避免地存在着碳泄漏的隐患。有学者提出,国家自主贡献消除了国家间减排义务的"非对称性",在

---

[1] See Edenhofer et al. , *Climate Change* 2014: *Mitigation of Climate Change*, *Contribution of Working Group* Ⅲ *to the Fifth Assessment Report of the Intergovernmental Panel on Climate Change*, Cambridge University Press, 2014, p. 237.

一定程度上可以缓解碳泄漏,[①]但取消总量管制的《巴黎协定》并未取消国际碳市场机制,总量管制阙如导致国际层面的总量交易机制的消亡,取而代之的是更加"去中心化"的跨国双边碳交易。如此,作为交易客体的"ITMOs"在生产过程中缺乏总量管制,唯一的依据就是国家自主贡献,这唯一的评价环境有效性的依据却缺乏法律拘束力,在这种情况下,商业利益恐怕会被再次置于优先位置,国家轻视甚至无视环境效益,市场机制的灵活性恐怕会被滥用,进而为有效减缓蒙上阴影。

相比《京都议定书》核证减排机制,可持续发展机制的作用发生了轻微的变化,该机制不再纯粹地作为促进低成本减排的工具,而是作为对更加广泛的减缓行动的激励手段,特别是对发展中国家减缓行动的激励。而为充分地发挥这一作用,可持续发展机制不得不更加重视普遍参与以及机制的灵活性。核证减排机制在《京都议定书》时代产生了很多"不良信用记录",监管不到位致使减排项目泛滥、欺诈之风盛行。而《巴黎协定》时代,总量管制不复存在,市场机制更加灵活,参与主体更加普遍,减缓成果更加多元,无疑将提升监管难度,增加欺诈与虚假减排的风险,保障环境完整性的难度更高。在监管不力的情况下,自愿性的减排交易市场必然更加鱼龙混杂,充斥其中的商业利益和经济效益将以牺牲全球的有效减缓为代价。

(二)对碳市场机制连接的推动

1. 碳市场机制连接的内涵

碳市场机制连接,是指两个或两个以上的国家、区域碳市场机制通过建立共同的规则和标准,形成跨国家、跨区域的碳市场机制,从而为从事跨国家、跨区域的碳交易活动建立基础和依据。碳市场机制连接是《联合国气候变化框架公约》体系之外的活动,但与《巴黎协定》国际碳市场机制关系密切。国家创建碳市场机制是主权行为,也是在《联合国气候变化框架公约》体系下被接受和鼓励的行为。而且,国家参与国际碳市场机制需要构建和完善国内碳交易的制度与规范,因此,国际碳市场机制的运行对于国家和区域碳市场机制建构本来就具有推动作用。由于各个国家和区域碳市场机制的碳价差异,减排成本不同,在价格信号的传递下,排放主体会为了寻求更低的减排成本而推动碳市场

[①] 参见陈贻健:《论碳泄露的法律规制及其协调》,载《学海》2016年第6期。

机制的连接,相连接的碳市场机制也会在碳价格方面逐渐协调统一,两个不同碳价的交易机制连接,在碳价较高的碳市场机制中,买方会从碳价较低的碳市场机制中购买碳排放权,同样,在碳价较低的碳市场机制中,卖方会在碳价较高的碳市场机制中出售碳排放权,直至两个碳市场机制的价格逐渐趋于相同。[1]因此,成本效益仍旧是碳市场机制连接的主要动因。碳市场机制的连接会增加市场流动性,进而有利于消除碳价的大幅波动,这往往也是增强投资和交易主体可预期性的关键。相互连接的碳市场机制在交易和监管上逐渐有了共同的规则和程序,因此会带来交易费用和行政成本的大幅缩减。但与此同时,碳市场机制连接也会增加政府的管控难度和监管风险。

碳市场机制连接按照连接方式不同可分为直接连接和间接连接。直接连接是指两个或多个碳市场机制直接相互连接。直接连接通常需要一种政治确认,但在形式上较为灵活,既可以是两国政府间有法律约束力的协定或条约,也可以是一项非法律约束力的政治安排或承诺,如,政府备忘录。[2] 两个碳市场机制也可以通过连接同一个交易体系形成间接连接,典型的如国家和区域碳市场机制通过连接清洁发展机制形成间接连接。间接连接则通常只需要一国法律政策的安排。碳市场机制连接还可划分为单边连接、双边连接和诸边连接。单边连接就是碳市场机制的单向连接,即 A 交易机制的配额可在 B 交易机制流通,反向则不允许。如,挪威碳市场机制接受欧盟碳排放交易体系第一阶段的配额,但欧盟碳排放交易体系并不承认挪威碳市场的配额。[3] 双边连接,即 A、B 交易机制互相认可彼此的配额。如,欧盟碳排放交易体系与瑞士碳市场机制在 2017 年 11 月正式签署连接协定,明确"欧盟碳排放交易体系下的参与者可使用瑞士碳市场机制下的配额来履约,反向也可以"。[4] 诸边连接,即两个

---

[1] See Catherine Leining & Judd Ormsby et al., *Evolution of the New Zealand Emissions Trading Scheme:Linking*, Motu Economic and Public Policy Research,2017, p. 3.

[2] See Michael A. Mehling, *Bridging the Transatlantic Divide:Legal Aspects of a Link between Regional Carbon Markets in Europe and the United States*, Sustainable Development Law and Policy, Vol. 7:2, p. 46 – 51(2007).

[3] See Andreas Tuerk & Michael Mehling et al., *Linking Carbon Markets:Concepts, Case Studies and Pathways*, Climate Policy, Vol. 9:4, p. 341 – 357(2009).

[4] *EU and Switzerland Sign Agreement to Link Emissions Trading Systems*, European Commission (Nov. 23, 2017), https://ec.europa.eu/clima/news/eu-and-switzerland-sign-agreement-link-emissions-trading-systems_en.

以上的碳市场机制连接,是一种更加区域化的连接,当中可以有直接连接,也可以有间接连接。

2. 碳市场机制连接的规则桥梁

《巴黎协定》第 6 条第 2 款减缓成果国际转让有助于推动碳市场机制的连接,凡是通过国际转让履行国家自主贡献或其他国际减缓目的的减缓成果都要依据 ITMOs 的统一核算规则,"ITMOs 的本质就是囊括各种类型的排放权,这些排放权可能构成两个或两个以上的参与国相互连接的基础"。[①] 参与减缓成果国际转让机制会推动国家和区域碳市场机制的相关制度、规则和标准的衔接,首先,参与减缓成果国际转让机制的国家要依据《巴黎协定》第 6 条第 2 款以及缔约方会议的决议建立和完善相关规则和制度,包括核算制度、透明度和监测规则、监管执法、环境完整性的保障等,因此,这必然会促进国家和区域碳市场机制的制度、规则和标准的趋同化,从而为制度衔接创造条件和基础。其次,减缓成果的互认,通过参与减缓成果国际转让机制会促进国家相互承认不同的减缓成果,而这也是国家和区域碳市场机制连接的关键环节。最后,减缓成果国际转让机制的成功实施需要各国协调彼此的国家自主贡献,加强国家自主贡献的相互兼容,如在涵盖的领域和部门、减排的指标等方面保持兼容。因此,参与机制会倒逼国家调整国家自主贡献的内容,这也为连接碳市场机制创造有利条件。总之,国家通过参与减缓成果国际转让机制将为碳市场机制的连接建立规则和制度衔接的桥梁,进而为碳市场机制的连接创造条件和基础。

"各种方针框架"议题谈判的初衷也在于鼓励国家自主创建碳市场机制,以及碳市场机制的连接。碳市场机制代表着国家单方面的减缓行动,但各自为政的碳市场机制不免相互竞争,且会加剧碳泄漏,在实质减缓和经济性减排方面均存在不利影响。因此,缔约各方以及支持碳市场机制的组织机构也期望建立一个有着统一规则和标准并且涵盖全球排放量的全球碳市场。《京都议定书》通过"国际排放交易机制"尝试建立统一排放权的全球碳市场,但美国、加拿大纷纷退约,"自上而下"地创建全球碳市场的思路已告失败。相反,各国纷纷建立具有不同规则和标准的碳市场机制。例如,美、加在其国内分别创建有

---

① [新加坡]彼得·扎曼、[英]亚当·赫德利:《监管框架以支持碳市场链接概念文件》,载世界银行网 2016 年 4 月 26 日, https://thedocs.worldbank.org/en/doc/740971467928323843-0020022016/original/TheRegulatoryFrameworktosupporttheNCMlinkingmodelCNTranslation.pdf。

加利福尼亚碳市场机制和魁北克碳市场机制,而且二者在2014年建立了连接。这一区域碳市场会影响全球碳排放总量,但却脱离《联合国气候变化框架公约》体系的约束与规范。此外,近年来还有国家开始探索双边抵消信用机制(bilateral offset credit mechanism,BOCM),典型的如日本,其拒绝参与《京都议定书》第二承诺期,并在国内创建联合碳信用机制(JCM),与其他发展中国家签署核证减排机制的双边协定。在管理上,日本与东道国政府代表组成的"联合委员会"担任机制的管理机构,[1]脱离《联合国气候变化框架公约》体系的监管,为环境完整性蒙上阴影。除了发达国家,后《京都议定书》时代,一些发展中国家也逐渐建立碳市场机制,如,2011年哈萨克斯坦建立的国家碳市场机制,2015年韩国建立碳市场机制,2021年运行的中国全国碳市场等。因此,全球碳市场并未实现"一体化",实际上是以分割的国家、区域碳市场机制的形态存在,[2]而且,随着国家和区域碳市场机制不断创建,全球碳市场的碎片化只怕会越来越严重。《巴黎协定》减缓成果国际转让机制就是通过建立统一的规则和标准来规范国家和区域碳市场机制,试图改变全球碳市场碎片化的现状,进而推动全球碳市场的"一体化"。因此,相比《京都议定书》国际排放交易机制,减缓成果国际转让机制可以视为一种"自下而上"地创建全球碳市场的思路,而其中的碳市场机制的连接就是"自下而上"创建全球碳市场的关键一环。

(三)对碳货币的影响

1. 碳货币及碳货币本位

碳货币(carbon currency),国家或国际机构签发的碳信用,因为具备货币的某些属性与功能而被视为一种虚拟货币或类货币。碳货币之说源于"京都三机制",但更早在20世纪90年代就有学者提出碳货币。在国际层面基于一国人口预期与经济活动签发"碳券"(carbon chits),国家只能在所获得的碳券的数量范围内排放,超过限度排放则需要从其他国家购买碳券,因此,20世纪90年代就有学者认为碳券将在未来的国际贸易中成为一种虚拟货币。[3] 后来

---

[1] See *Joint Crediting Mechanism: An Emerging Bilateral Crediting Mechanism*, Asian Development Bank, 2016, p. 8.

[2] 参见曲如晓、吴洁:《国际碳市场的发展以及对中国的启示》,载《国外社会科学》2010年第6期。

[3] See Christopher Anderson, *Carbon Currency Proposed to Cut Emissions*, Nature, Vol. 348, p. 5 (1990).

的碳市场机制基本上就是按照这一原理设计的,无论是国际碳市场还是国家碳市场,都存在有约束力的国际规则或国家立法确认的碳信用。碳信用被视为一种"商品",其内含大气资源的使用和限制,是国家通过创造供需而产生的商品。但货币是商品交换发展到一定程度的产物,随着碳市场机制的发展,有学者察觉到碳信用具有一般货币的某些属性和功能,而可能成为一种新型货币。具体而言,碳信用因一国政府或国际组织的背书而具有信用基础,可在特定区域内自由流通。核算规则成为碳信用的估值标准,即一个碳信用等同于多少碳排放量。不同的碳信用代表着不同的碳排放量从而具有不同的价值。一开始,碳信用的流通仅限于特定区域,但随着碳市场机制的连接,碳信用逐渐实现跨区域的流通。[1] 碳信用可以储存、借贷和变现,因而有了价值储存的功能。[2] 如此,碳信用因具有计价和价值存储特征,能够满足一般货币所具备的交易和支付功能,有了成为货币的可能。但相比传统货币,碳货币的脆弱性尤为明显,碳信用依赖于国家和国际立法,国家局限于特定阶段的减排目标和政策并不能为碳信用建立稳定的流通性。"碳货币基于可用能源的周期性分配,如果未被使用,碳货币期满将无效。"[3]相比之下,国际秩序更为脆弱,国际合作也极易被打破,因此,建立在国家和国际立法上的碳货币也缺乏稳定持续的信用基础。[4] 现实来看,也是如此,《京都议定书》的国际排放交易机制仅对附件 B 缔约方开放,分配数量单位(AAUs)因此并未广泛地获得政府背书。清洁发展机制下的碳信用虽然对所有国家开放,但一些环境质量低劣的碳信用不被认可。例如,欧盟 2011 年通过法令明确特定减排项目所产生的碳信用在欧盟碳排放交易体系中被限制使用和交易。[5]《多哈修正案》虽已艰难生效,但《京都议定书》第二承诺期已期限届满,"京都三机制"下的碳信用有效的国际法基础不复存在,只

---

[1] See Jillian Button, *Carbon: Commodity or Currency? The Case for International Carbon Market Based on the Currency Model*, Harvard Environmental Law Review, Vol. 32, p. 571 – 596(2008).

[2] See Philippe Descheneau, *The Currencies of Carbon: Carbon Money and Its Social Meaning*, Environmental Politics, Vol. 21:4, p. 604 – 620(2012).

[3] Patrick Wood, *Carbon Currency: A New Beginning for Technocracy?*, OK-SAFE(Jan. 26, 2010), http://www.ok-safe.com/files/documents/1/Carbon_Currency_A_New_Beginning_for_Technocracy.pdf.

[4] See David F. Victor & Joshua C. House, *A New Currency: Climate Change and Carbon Credits*, Harvard International Review, Vol. 26:2, p. 56 – 59(2004).

[5] See Commission Regulation, No. 550/2011, Official Journal of the European Union Legislation 149, Jun. 7, 2011.

能通过在《巴黎协定》可持续发展机制下跨期结转从而获得新的法律基础。

碳货币本位(carbon currency standard),即碳货币如黄金、白银一般,成为国际货币体系中新的计价标准和储备单位。自《京都议定书》国际碳市场机制创建以来,碳交易在最初几年呈井喷式增长,几近超越石油,成为新的大宗商品交易市场。一些学者在这一新生的商品贸易中看到了国际货币多元化发展的希望,并试图设计国际货币体系变革的路径。有"碳—主权货币"路径,正如"二战"前后,独领风骚的英镑与美元皆源自"煤炭"与"石油"的贸易,通过"计价货币—储备货币—锚货币"一步步奠定国际货币本位一样,新的主权货币将搭载碳市场的"便车"进入国际货币体系当中。[1] 有"超主权碳货币"路径,以统一标准促进主权碳货币的趋同,进而建立全球性中央银行统一发行碳货币,实现"主权碳货币—趋同化—统一碳货币"的演变。[2] 还有学者提出独立碳货币作为补充货币与主权货币并存。[3] 碳货币具有稀缺性、普遍接受性以及可计量性,因此在理论上具有成为国际货币的可能性,在兼具商品性与主权信用的基础上,成为新型的"商品信用本位",可以缓解贵金属稀缺与主权信用危机带来的国际货币体系风险。[4] 此外,碳货币本位还被认为有着环境意义,货币的价值评估不再依据一国GDP,而与国家的碳排放源和碳汇相绑定,国家在肆意挥霍其碳预算的时候便要冒着货币贬值的风险,这对国家的排放可以形成约束。[5] 因此,在改革国际货币体系以及推进减缓气候变化上,碳货币本位被认为是一个契机。但事实上,碳货币的稀缺性依赖于国家和国际减排目标,假如减排目标被撤销,碳信用的稀缺性便荡然无存。碳货币的普遍接受性也来自国家与国际立法,本质上仍依赖于主权信用,故此,碳货币本位仍未跳脱传统主权信用本位的藩篱,同样存在因主权信用危机而来的风险。迄今,有关碳货币及碳货币本位的研究仍旧处于理论争鸣的阶段,多少带有预测和猜想的色彩。实

---

[1] 参见王颖、管清友:《碳交易计价结算货币:理论、现实与选择》,载《当代亚太》2009年第1期。
[2] 参见徐文舸:《"碳货币方案":国际货币发行机制的一种新构想》,载《国际金融》2010年第10期。
[3] 参见张旭:《关于碳货币理论研究的述评》,载《经济学家》2015年第2期。
[4] 参见王颖、管清友:《碳货币本位设想:基于全新的体系建构》,载《世界经济与政治》2009年第12期。
[5] See John R. Poter & Steve Wratten, *Move on to a Carbon Currency Standard*, Nature, Vol. 506, p. 295(2014).

践中,碳信用还是被视为一种商品以及金融商品。

2. 新国际碳市场机制对碳货币的影响

结合《巴黎协定》国际碳市场机制,应该分析的一个问题就是碳货币本位是否有可能出现。首先,超主权碳货币的可能性。《巴黎协定》创建的"ITMOs"是否有着成为国际碳货币本位的潜力。ITMOs 的属性异常诡异,它是《巴黎协定》时代缔约方通过国际碳市场履行自主承诺的唯一"碳信用",但本质上又是国家所签发的主权碳信用,只不过要经过统一的核算规则进行转化。依据第 6 条第 2 款规则手册,ITMOs 并不由国际机构签发,而是经国际机构核准后由缔约方自主签发,国际机构的核准主要是从环境完整性、可持续发展、人权保护等方面进行综合评估,而并非考察其是否符合缔约方减排承诺或全球排放管制目标。因而,ITMOs 并不是超主权的"碳信用",是对主权碳信用参与国际转让的统一核算体系。《巴黎协定》国际碳市场机制最大的特点是总量管制阙如,这也决定了超主权的碳货币不复存在。从国家层面来看,国家自主贡献仍旧代表着缔约方的减排约束,国家依据减排约束仍旧可以签发碳信用,意味着主权碳货币仍旧可能。缔约方通过参与国际转让而促进碳信用统一化,为主权碳货币的趋同化,以及最终的全球中央银行发行统一碳货币奠定基础,实现学界提出的"主权碳货币"向"超主权碳货币"的演变。[①] 但这一路径的关键在于全球减排协议的达成,即碳货币赖以存在的全球排放管制。《巴黎协定》国家自主贡献已然打破了全球排放管制,国家不再承担实质上的减排义务,因此,超主权碳货币难以形成。其次,碳—主权货币。《巴黎协定》的减缓成果国际转让对碳市场机制连接的推动将为主权货币碳货币化带来可能。碳市场机制连接中,一些国家签发的碳信用将逐渐在更大的区域内流通,而相应的主权货币也更为广泛地作为计价和结算货币,典型的如欧盟碳排放交易体系对其他碳市场机制不断地蚕食鲸吞,随之而来的便是欧元影响力的稳固和上升,美元也会随着美国地区碳市场机制的连接进一步稳固其结算和储备货币的地位。这固然会带来传统国际货币体系的固化,但也会为其他主权货币的国际化创造契机,如中国碳市场的建立,如果在未来积极推动碳市场机制的连接,可

[①] 参见徐文舸:《"碳货币方案":国际货币发行机制的一种新构想》,载《国际金融》2010 年第 10 期。

以通过将人民币锚定碳排放权形成"碳—人民币"的货币政策,从而推动人民币的国际化。当然,这并不容易实现,需要满足诸多条件,首先,我国碳定价政策的稳定性和可预测性,不稳定的碳定价政策会影响投资者信心,也会抑制主权货币的市场流动性。其次,其他国家是否愿意接受中国的碳定价政策、碳市场标准以及碳排放权为锚定物的人民币,而这又取决于我国在国际碳市场领域的实力,包括国内制度建设的能力以及对外的规则话语权和影响力。最后,人民币在碳市场中具有足够的流动性,中国应广泛地同其他国家开展碳市场机制的合作,扩大人民币在碳交易以及碳金融衍生品结算中的使用范围,提高人民币的国际地位。

第六章 《巴黎协定》国际碳市场机制对中国碳市场的意义、挑战与应对

中国的碳排放量自 2006 年超越美国后,一直居世界排放榜首。[①] 2013 年中国碳排放量占世界排放总量的 1/4,[②] 2019 年这一数据上升至 27%,超过美国、欧盟、印度排放的总和。[③] 中国碳排放的全球占有量决定了其在控制全球温室气体排放上举足轻重的地位,当然也意味着中国担负着巨大的减排压力。

中国一直以来视气候变化为发展问题,在推动全面脱贫,着力改善人民物质生活水平的同时,中国力所能及地贡献全球减排,积极参与国际气候治理。2020 年中国提出"双碳"目标,即碳排放力争 2030 年前实现碳达峰,努力争取 2060 年前实现碳中和。"双碳"目标被纳入 2021 年 10 月中国更新的国家自主贡献中,[④]标志着中国正式对国际社会承

[①] See Liu Hongqiao et al., *The Carbon Brief Profile*:*China*, Carbon Brief (Nov. 30, 2023), https://interactive.carbonbrief.org/the-carbon-brief-profile-china/.

[②] See Zhu Liu, *China's Carbon Emission Report 2016*:*Regional Carbon Emissions and the Implication for China's Low Carbon Development*, Harvard Kenndey School Belfer Center for Science and International Affairs, 2016, p.1.

[③] See *Report*:*China Emissions Exceed all Developed Nations Combined*, BBC(May 6,2021), https://www.bbc.com/news/world-asia-57018837.

[④] 参见《中国落实国家自主贡献成效和新目标新举措》,载联合国气候变化框架公约官网 2021 年 10 月 28 日,https://unfccc.int/sites/default/files/NDC/2022-06/中国落实国家自主贡献成效和新目标新举措.pdf。

诺了温室气体排放峰值和净零排放的具体时间表。

在"双碳"目标的背景下,中国于2021年7月正式启动筹备4年之久的全国碳市场,再次彰显中国对内实现经济社会系统性变革,对外兑现国家自主贡献承诺的决心。中国碳市场机制始于对清洁发展机制的参与和部署,而后经自愿减排交易机制和区域总量交易机制的实践发展,最终奠定了全国碳市场。目前,中国国家碳市场机制总体上呈现以"总量交易机制"为主,"自愿减排交易机制"为辅,区域碳市场和全国碳市场并存的态势。国内碳市场的制度还不完善,运行也存在风险,党的二十大报告明确提出健全碳排放权市场交易制度,推进"双碳"目标,国内碳市场的制度完善成为当前的"双碳"工作之一。《巴黎协定》国际碳市场机制对时下中国碳市场机制的建设产生了战略和制度层面的挑战。同时,中国碳市场机制也因为国际碳市场机制的变化而获得战略机遇,面对风险与机遇并存的《巴黎协定》时代,中国的战略选择和制度应对值得分析。

第一节　中国参与《巴黎协定》国际碳市场机制的意义与挑战

《巴黎协定》开启了全球气候治理新征程,国家义务模式的创新、国际碳市场机制的变化,任何缔约方都将受其影响而在战略和行动上有所调整。中国对外反复声明其坚定遵守和履行《巴黎协定》,捍卫国际气候治理体系,因而,中国对《巴黎协定》产生的任何国家利益影响都应提前预见并有所准备。《巴黎协定》国际碳市场机制的创建为中国带来战略机遇,最显著的便是推动国内低碳发展战略,调整全经济各部门的能源结构转变,以及中国通过积极参与国际碳市场机制提升其在国际气候治理体系中的地位和话语权。相应地,中国在紧抓战略机遇的同时,会遭遇何种挑战,需要分析和思考。

一、中国参与《巴黎协定》国际碳市场机制的战略意义

后京都时代,中国一直是清洁发展机制的积极参与方,通过参与清洁发展机制,中国在低碳技术应用、可再生能源发展等方面受益良多,并开展了国内碳交易试点,逐步创建和完善了国内碳市场机制。那么,参与《巴黎协定》国际碳

市场机制会对中国产生何种意义,中国是否应该参与该机制。

(一)中国参与《巴黎协定》国际碳市场机制的选择

中国是否参与《巴黎协定》国际碳市场机制取决于中国在《巴黎协定》时代应对气候变化的现实需要,以及新机制对中国参与国际气候治理的利弊影响。

从应对气候变化的对内现实需要来看,在全经济各部门贯彻落实低碳发展战略,改变传统高污染、高耗能、高排放的生产模式,为2030年前碳达峰创造条件,是当下中国应对气候变化的现实需要。2021年国务院发布《关于2030年前碳达峰行动方案》确立了"十四五"和"十五五"期间的碳强度和能源强度目标,为实现这些目标,我国建立起碳达峰碳中和"1+N"政策体系,明确在能源、工业、交通运输、城乡建设、农业农村、减污降碳等重点领域,以及煤炭、石油、天然气、钢铁、有色金属、石化化工、建材等重点行业逐步建立和完善双碳目标的实施方案,并推动建立科技、财政和统计核算的保障措施。参与《巴黎协定》国际碳市场机制首先有助于激励经济各部门的政策创新,目前,国家层面关于双碳目标仅仅有了顶层设计,具体的实施方案和举措仍然有待各个领域和行业去摸索尝试,参与国际碳市场机制有助于激励各领域和行业积极地探索致力于减排的政策和措施。《巴黎协定》建立了全新的国际碳市场机制,积极参与机制,融入国际碳市场,可以吸引更多的国际资源和技术支持,推动低碳技术转让与创新,进而,为我国各个重点领域和行业的低碳转型提供资金和技术的支撑和保障。

从应对气候变化的对外现实需求来看,在我国经济增长以及温室气体排放均不断攀升的背景下,要求调整中国的国际减排责任的呼声也不断高涨。从排放影响来讲,自中国超越美国成为全球最大的排放国后,各国就不断地提出重新定位中国在全球气候治理体系下的身份和责任,不仅西方发达国家,还包括小岛屿国家、最不发达国家等气候变化脆弱的国家以及其他一部分发展中国家都要求中国承担起与其他发展中国家"有区别"的减排责任。从能力方面来讲,中国自改革开放以来,经济迅速增长,奠定全球第一大出口国和第二大进口国地位,经济总量和增长速度同不少发达经济体相比肩,因此,中国被认为具备更充分的应对气候变化的能力,应当在国际气候治理体系下发挥更显著的作用。自党的十八大以来,中国倡导并奉行人类命运共同体理念,强调人类社会整体利益的重要性,因此,中国正视自身对全球气候变化的影响和责任,近年来中国政府主动调整减缓气候变化的行动和策略,承诺排放峰值目标、碳强度以及能源消费指标。这一系列承诺纳入国家自主贡献反映出中国在《巴黎协定》下减排义务的变化,即中国从不受约束的自愿减排义务转向受约束的有限减排义务,2030 年碳达峰后,中国还将步入绝对减排义务时代。基于履行减排义务的需求,中国应当有限地参与《巴黎协定》国际碳市场机制,随着中国减排目标的提高,减排空间趋向紧缩,减排成本持续攀升,中国可以通过参与国际碳市场机制来灵活地履行国家自主贡献。

(二) 中国参与《巴黎协定》国际碳市场机制的战略意义

参与《巴黎协定》国际碳市场机制对内有利于中国全面推进长期低碳发展战略,对外有利于中国争夺碳定价权,保障本国碳交易的经济利益,以及塑造中国在国际气候治理体系中引领者的角色。

1. 推动低碳发展战略

低碳转型和发展是气候治理的长效手段,是实现《巴黎协定》长期目标的关键。《巴黎协定》明确将制定与通报国家低碳排放发展战略作为缔约方的一项义务,①《巴黎协定》第 6 条规则手册也将制定国家长期低碳发展战略作为缔约方参与国际碳市场机制的条件。② 因此,《巴黎协定》旨在推动国家规划和实施低碳转型的战略和行动,引导国家发掘本国低碳转型的潜力和能力。中国高度依赖传统化石燃料的粗放型经济增长造成温室气体排放不断攀升,加剧资源紧缺和环境污染,经济发展与生态环境的矛盾日益突出。中国对内面对着转变经济发展模式与改善环境污染的棘手任务,对外在国际气候谈判中压力与日俱增,在严峻的内外形势下,中国迫切地需要规划和实施低碳转型,转变经济发展模式。2021 年中国向《联合国气候变化框架公约》组织提交了《中国本世纪中叶长期温室气体低排放发展战略》,强调《巴黎协定》代表了全球绿色低碳转型的大方向,全面落实《联合国气候变化框架公约》和《巴黎协定》的各项规定是实施低排放发展的政治基础。国际碳市场机制能够促进绿色融资与低碳技术的全球流动,从而推动各国的低碳发展战略。在《京都议定书》时代,正是由于

---

① 参见《巴黎协定》第 4 条第 19 款。
② 《巴黎协定》第 6 条第 2 款和第 4 款规则手册均在参与条件中明确,"缔约方对机制的参与应当有助于实施本国国家自主贡献,如果缔约方提交了长期低碳发展战略,参与机制也应当有助于长期低碳发展战略的实施"。

中国对清洁发展机制的积极参与,有效地发掘了我国在能源等领域的低碳发展潜力,并奠定了我国国家碳市场的制度基础,《巴黎协定》国际碳市场机制将推动更加广泛的减缓行动,并致力于整合各国碳市场,因此,中国应当对新的国际碳市场机制保持积极态度,在制度和组织层面及早筹备,为参与国际碳市场机制做好准备。

中国承诺2060年前实现碳中和,根据学界对我国目前碳排放的现实情况的分析和判断,我国实现二氧化碳的净零排放将主要依靠减排,而且主要是能源系统的净零排放。[1] 为实现"双碳"目标,我国推出"1 + N"政策体系,在全经济各部门部署宏观政策,其中能源结构的优化是首要重点。以发电行业为例,我国发电行业有着非常可观的清洁能源发展潜力。2015年中国的华能集团、大唐集团、国电集团、华电集团的清洁能源装机占比为22.3%—26.9%,大幅低于同期的杜克能源、意昂集团、东京电力的装机水平(31.4%—33.7%),远低于法国电力(86%)这几大全球主要发电集团。[2] 发电行业是煤炭消耗最大的行业,2007年国内发电行业的煤炭比重为83%,正是由于清洁能源的使用,这一比重在2015年下降至72%。[3] 目前,水电、风电、太阳能等是用于电力生产的可再生能源,但相比煤电,占比极小。中国国家自主贡献提出"2030年非化石能源一次能源消费比重达到20%"的承诺,发电行业将发挥关键作用。据美国能源信息署预测,中国要实现这一目标,发电行业的太阳能发电量需要自2015年起年均增加7%,风力发电量年均增加5%,天然气发电量年均增加6.5%。[4] 国家碳市场机制覆盖发电行业,主要是通过市场机制的激励作用调整发电集团的煤电比重,增加清洁能源的利用。接下来,全国碳市场还计划将钢铁等行业纳入总量管控,以市场机制进一步强化能源结构的优化。此外,中国已于2024年1月启动全国温室气体自愿减排交易市场,对总量管控以外的

---

[1] 参见何建坤:《碳达峰碳中和目标导向下能源和经济的低碳转型》,载《环境经济研究》2021年第1期。

[2] 参见陈曦、郭伟等:《大型发电集团如何迎接碳市场》,载中国碳市场网2018年1月12日,http://www.tanjiaoyi.com/article-23659-1.html。

[3] See Ye Qi & Nicholas Stern et al. , *China's Post-Coal Growth*, Nature Geoscience, Vol. 9, p. 564 – 566(2016).

[4] See *Chinese Coal-Fired Electricity Generation Expected to Flatten as Mix Shifts to Renewables*, U. S. EIA(Sept. 27,2017), https://www.eia.gov/todayinenergy/detail.php? id = 33092.

法人和组织实施减排活动形成激励,2023年生态环境部通过的首批方法学就包含2项新能源领域的方法学。2022年国家发展改革委和能源局发布《关于完善能源绿色低碳转型体制机制和政策措施的意见》,提出充分利用国际要素助力国内能源绿色低碳发展,完善相关政策支持,吸引和引导外资投入清洁低碳能源产业领域。因此,国家应当建立政策法规的依据,引导和鼓励外资准入国内能源部门的减排活动,加强国内企业与国外知名能源企业、研究机构的广泛合作,共享能源转型的经验与能源部门自愿减排活动的方法技术和标准,既能促进国内低碳转型,又有助于全国温室气体自愿减排交易市场的制度完善。

2. 碳市场经济利益保障

中国循序渐进地深入碳市场机制的对外合作对维护国家和企业在国际碳市场中的经济利益有积极作用,也有助于中国争夺国际碳市场中的定价权。市场机制被纳入气候协定,国家由纯粹的主权者转变为市场的行动者,[①]开辟了国家利益扩张的新领域。那些在碳市场领域占有先机的国家牢牢掌握碳定价权,发展中国家只能沦为遭受利益盘剥的"碳殖民地"。

中国是清洁发展机制项目的最大投资国,也是核证减排量(CERs)的最大供应国,虽然在低碳投资方面收益很多,但在国际碳市场中长期受西方大国支配,[②]中国在碳信用的交易方面受制于西方国家的碳定价权,大量出售廉价的核证减排量,导致潜在的利益受损。《京都议定书》时期,中国承担自愿减排义务,国家缺乏储备碳资产的战略意识,企业也因为未承担减排责任缺乏对碳信用的市场价值的认知。对于企业而言,通过参与清洁发展机制可以带来经济效益,并能获得技术和资金支持;对于国家而言,减排项目所得税收可用于改善国内环境,推动低碳转型。于是,企业廉价地出售碳信用,在大多数情况下,来自中国CDM项目的核证减排量的售价低于生产成本,很多项目缺乏国家政策扶持难以实施,[③]因此,中国CDM项目被海外投资者视为获取廉价碳信用的主要渠道。同时,中国国家碳市场机制缺位导致信息资讯匮乏、公开磋商渠道闭塞、

---

① 参见林春元:《气候变迁:全球行政法的演变、形貌与影响》,台北,台大出版中心2017年版,第104页。

② 参见崔金星:《中国碳交易法律促导机制研究》,载《中国人口·资源与环境》2012年第8期。

③ See Glenn Hodes & Sami Kamel eds., *Equal Exchange: Determining a Fair Price for Carbon*, UNEP,2007,p.73.

碳价信号不能反映,国内企业在国际碳市场中常常不能公平分享 CDM 项目的经济利益。① 中国作为全球最大的核证减排量卖方,大量出售廉价碳信用,成为国际碳市场上"待宰的羔羊"。中国现阶段尚未承诺绝对减排义务,未来排放峰值到来,在国际压力下,绝对减排义务难以避免。长远地考虑,国内企业在减排项目和碳信用交易上的粗放模式将使中国在 2030 年后的绝对减排义务时代面临履约困难。发达国家在大量低成本、高减排量的项目领域占得先机,一旦国内对碳减排有所需求,留给国内企业灵活履约的将只是高成本、低减排量的项目领域。②

现阶段,中国应当有限地参与《巴黎协定》国际碳市场机制,循序渐进地深入碳市场机制的对外合作。首先,中国与《巴黎协定》其他缔约方实施双边的减缓成果转让,有助于推动国内碳信用"走出去",提高国内碳信用在国际层面的流动性,争夺国际碳市场份额,争取国际碳定价权。其次,减缓成果国际转让机制有助于推动市场机制的连接,中国可以借助"一带一路"倡议与气候南南合作平台深入碳市场机制的合作,随着中国与"一带一路"沿线的其他缔约方在减缓成果国际转让上深入合作,可以考虑推动碳市场机制的规则衔接、碳排放权的互认,进而,促进碳市场的双边连接,以及建构区域性的碳市场机制。更大规模的碳市场会进一步提升本国碳排放权在区域乃至国际层面的流动性,有助于提升我国的碳定价权。

3. 国际气候治理引领者的角色塑造

党的十九大报告提出,中国"引导应对气候变化国际合作,成为全球生态文明建设的重要参与者、贡献者、引领者",2023 年 7 月,习近平总书记在全国生态环境保护大会上强调,要实现由全球环境治理的参与者到引领者的重大转变。《巴黎协定》时代中国拥有塑造自身成为国际气候治理引领者的机遇,而国家碳市场机制是实现这一目标的重要抓手。一直以来,中国是国际气候治理的"被动承受者",在国际气候治理中,中国的权利义务被动地受发达国家行为的影响。一方面,中国受益于发达国家在国际气候治理体系下"公共物品"的

---

① 参见王卉彤:《应对全球气候变化的金融创新》,中国财政经济出版社 2008 年版,第 202 页。
② 《我国碳交易资源开发太粗放"国外吃肉留下汤"》,载中国新闻网 2009 年 9 月 9 日,http://www.chinanews.com/cj/news/2009/09-09/1856800.shtml。

供给,清洁发展机制创造了中国低碳转型所需的资金与技术,这也源于《京都议定书》建立的"双轨制"义务模式,发展中国家不受绝对减排义务约束,而且,其所承担的"自愿减排义务"也以发达国家的技术转让和资金支持为条件,中国作为最大的发展中国家也就成为主要受益的国家。另一方面,中国一直以来在国际气候治理体系下被迫承受发达国家的规则话语权。国际气候谈判中,中国很少单独提案,绝大多数情况下,中国是通过诸如"G77+中国""金砖国家集团""立场相近发展中国家"等谈判联盟集体发声。而且,中国提交的缔约方提案一般内容较为简单,对国际制度和规则创建的影响力非常有限。这一点在《巴黎协定》国际碳市场机制的缔约方提案中体现得尤为明显,中国的提案在内容上甚至不如阿拉伯国家和东南亚国家,以至于从中很难判断中国的国家利益诉求。中国是全球第一大排放国,等到碳达峰之后,世界各国将期待中国在减排上的积极作为,中国若无规则影响力,只怕在发达国家强势的规则话语权之下将进一步遭受不公平待遇。这一点在国际碳市场机制中更为关键,碳市场作为国际气候谈判中技术密集度最高的议题之一,一国若无专业的技术人员和成熟的制度经验,在国际谈判的过程中多半只能观望,而且,在国际制度和规则创建之后的实施与合作中也要受制于人。

中国塑造自身在国际气候治理中的引领者角色有如下内涵,首先,引领者并非领导者,前者突出积极行动和正面影响,能够主动履约并引导其他国家行动,有能力协调和开展国际合作,并担负一定的公共物品供给的责任。而后者更多体现着权力的渗透、垄断和掌控。这种权力的渗透和掌控是通过公共物品的垄断和强势的规则话语权所塑造,二者共同构成领导者的软硬实力。其次,国际气候治理的引领者一定是主动贡献、积极作为的,但这样的贡献和作为并不单单强调减排的贡献和作为,并不是只有承诺和履行了绝对减排义务才担得起引领者。国家在国际气候治理中有其他诸多方面的作为和贡献,诸如气候资金的提供、低碳转型的投资等有形的贡献,以及规则和意识的输出、多边合作的协调和开展等无形的贡献。因而,中国发挥引领者作用并非以承担绝对减排义务为前提,相反,中国可以在符合国家利益的很多方面实现对国家参与国际气候合作的引导,如推动清洁能源的投资与合作,特别是以"投资+援助"的模式与非洲国家的气候合作本身便符合中国低碳发展战略。

欧盟与美国一直以来通过减排、资金和技术等公共物品供给和规则话语权维持着领导者地位。美国在特朗普政府时期短暂地退出了《巴黎协定》,又在拜登政府上台后重返《巴黎协定》,虽然其对外的气候政策缺乏稳定性,但是,美国国内的次国家行为体和非政府组织应对气候变化行动一直都非常活跃,其在国际气候治理体系中的制度话语权也比较强势,加之,美国常常通过伞形集团国家的盟友巩固其话语权和影响力,[1]因而,即便美国退出全球气候协定,也并不因此丧失气候治理的领导地位。欧盟方面,随着人口占比、经济总量以及排放量的下降,并受到英国脱欧的影响,其似乎在全球气候治理领域降格为中等规模的气候力量,位居美国和中国之后,[2]但是,自《联合国气候变化框架公约》通过伊始,欧盟就一直深入参与国际气候治理体系,对现有的国际制度和规则有着比美国更深远的影响,欧盟始终坚持发达国家应当承担绝对减排义务,在减排方面展现出雄心壮志,欧盟理事会主席夏尔·米歇尔提出要让欧洲在2050年成为全球首个实现气候中和的大陆,无论如何,欧盟一直都稳坐国际气候治理的领导者地位。

中国的经济总量与碳排放量的全球占比逐年攀升,但难以成为气候治理的领导者,而且,谋求领导地位也不符合中国国家利益和意愿,中国气候变化事务特别代表解振华提出,"美国仍应在国际气候治理中发挥领导力,对发展中国家每年1000亿气候资金的承诺仍需要美国的参与和支持"[3],在气候治理公共物品的供给方面,国际社会还需要欧盟和美国发挥关键作用。此外,中美在投资贸易、知识产权等多个领域利益存在战略冲突和制度差异,这在现阶段和未来较长的时期都将是常态,而双方在气候变化领域可以有很大的战略和制度合作的空间,而且将在一定程度上缓和中美冲突。在国际气候治理领域,中国发挥引领者作用极为务实。自《巴黎协定》通过以来,中国对外提出"双碳"目标,不断与其他国家签署气候合作备忘录,广泛开展与国际组织的合作,积极推进南南气候合作,加强对最不发达国家、小岛屿国家以及非洲的发展中国家的气

---

[1] 参见张永香、巢清尘等:《美国退出〈巴黎协定〉对全球气候治理的影响》,载《气候变化研究进展》2017年第5期。

[2] See Sebastian Oberthür & Claire Dupont, *The European Union's International Climate Leadership: Towards a Grand Climate Strategy*? , Journal of European Public Policy, Vol. 28:7, p. 1095 – 1114 (2021).

[3] Simon Denyer, *If the U. S. Withdraws, China Wonders Whether it is Ready to Lead the World*, The Washington Post (Nov. 21, 2016), https://www.washingtonpost.com/news/worldviews/wp/2016/11/21/if-the-us-withdraws-china-wonders-if-it-is-ready-to-lead-the-world/? noredirect = on&utm_term = . 8fa1bdae4b3a.

候资金与技术的援助,推动"一带一路"绿色发展,对内中国制定中长期温室气体排放控制战略,创建国家碳市场机制,在双碳目标的引领下推动经济社会全面低碳转型。

中国通过碳市场机制的建设与合作有利于塑造气候治理引领者的角色,首先,中国利用碳市场机制约束国内温室气体减排,努力实现排放峰值等国家自主贡献目标,在国际层面树立积极履约的形象。其次,《巴黎协定》掀起了全球低碳战略的风潮,中国以碳市场机制推动低碳转型会为全球低碳战略合作打开新窗口,这表现在,一方面,中国建设国家碳市场机制会对其他发展中国家形成示范,碳市场不再是 OECD 成员国驱动的政策工具,[1]激励更多的发展中国家筹建和实施碳市场机制,推动本国低碳转型。另一方面,中国碳市场机制为多元形式的国际气候合作创造了契机,中国可以通过碳市场机制的合作串联清洁能源开发、低碳技术、碳捕获与封存、气候资金、能力建设等领域的合作,中国在相关领域的合作亦可提升中国在国际气候治理下相关议题谈判中的影响力。再次,开展与实施碳市场机制也提供了培育技术和专业团队的机会,只有实实在在地实施碳市场机制,才能在实践中自下而上地反映出利益诉求和利弊影响,对外才能够提出有益于国家利益保障的国际规则和制度,有利于提高中国在国际谈判中的规则话语权。最后,中国应当强化与欧盟的碳市场机制的合作,欧盟是碳市场机制的领跑者,中欧双边合作将使得国内碳市场机制的建设驶入"快车道",而且,加强与国际气候领导者的合作与联系也有助于提升中国在国际气候治理中的影响力。总之,中国争取国际碳市场机制的规则话语权势在必行,这源于,市场交易本就是"优胜劣汰"的机制,劣质的"碳商品"终会被淘汰,而"碳商品"的优劣除了受国家管制的影响,还取决于国际碳市场的规则设置和定价权力。当前,发达国家在碳市场领域掌握着成熟的技术和经验,因此,为了保障中国在国际碳市场中免受不平等待遇,避免在国际碳市场的第二波热潮中再次沦为碳殖民地,除了完善国内碳市场机制之外,就是努力寻求国际规则话语权的提升。

---

[1] See Jeff Swartz, *China's National Emissions Trading System*, *Implications for Carbon Markets and Trade*, ICSTD,2016,p.21.

二、中国参与《巴黎协定》国际碳市场机制的挑战

中国参与《巴黎协定》国际碳市场机制面临着内外部的战略风险,以及制度与能力的挑战。

(一)中国参与《巴黎协定》国际碳市场机制的战略挑战

首先,中国参与《巴黎协定》可持续发展机制的风险在于可能会对国内的实质减排带来消极影响。一旦选择对接国际碳市场机制,经济理性的思维可能会促使投资者寻求海外低碳投资空间,也会促使国内排放主体通过购买碳信用履行减排义务,从而抑制企业寻求低碳技术创新的积极性,不利于国内的实质减排。其次,可持续发展机制的参与还可能产生投资者—东道国纠纷,危害本国投资者利益,低碳投资具有良好的环境效益,但"走出去"的低碳投资却险象环生,不仅面临着与其他经济类投资一样的传统风险,还会因为低碳投资本身效益周期较长,环境风险不可预见而存在很大的不稳定性,必然带来更大概率的投资争端风险。而且,不良投资还会影响中国推动"一带一路"绿色发展的声誉。因此,可持续发展机制对中国来讲可谓喜忧参半,创造了机遇的同时必然带来风险,关键在于建立充分完善的限制和监管,包括对外出的投资主体的资质审查,建立相应的争端解决法律机制。最后,中国参与《巴黎协定》可持续发展机制同样可能遭遇经济利益受损的风险,发达国家的投资者抢占中国低碳投资空间,中国再次沦为国际碳市场链条的最底端。《巴黎协定》时代,低碳发展潮流势不可当,碳排放权在低碳风潮中已经潜移默化地成为一种稀缺性的减排资源,中国若无成熟的战略思考和充分制度准备贸然闯入国际碳市场,也可能会造成国内减排空间被消耗和浪费,致使中国在未来绝对减排义务时代需高价向发达国家回购碳排放权,[①]侵害中国在国际气候治理体系下的长远利益。

(二)中国参与《巴黎协定》国际碳市场机制的制度挑战

《巴黎协定》国际碳市场机制虽然是一种灵活性的合作机制,但对参与缔约方的能力建设有着较高的要求,特别是《巴黎协定》国际碳市场机制相比"京都三机制"体现出很浓厚的"去中心化"色彩,意味着更加强调国家层面的监管

---

① 参见纪玉山、赵洪亮:《维护中国发展权视角下的国际碳博弈——兼议经济增长与气候变化问题之争》,载《社会科学辑刊》2011年第6期。

和治理,因此,中国参与新机制也面临着制度和能力的挑战。

1. 中国参与可持续发展机制的制度挑战

《巴黎协定》可持续发展机制与传统的清洁发展机制相类似,中国虽然曾在清洁发展机制的参与中积累了诸多经验,实践中也问题重重,而且,可持续发展机制对参与方提出了更为复杂的要求,也更加强调参与方的治理能力。首先,可持续发展机制的法律依据。中国参与可持续发展机制首先应当解决法律依据的问题,先前清洁发展机制因为缺乏法律依据,只有国家发展改革委、科技部、外交部、财政部联合发布的《清洁发展机制项目运行管理办法》作为唯一的法律依据,作为一项部门规章,在缺乏上位法的情况下,对与清洁发展机制项目相关的诸多行政许可事项是无法规定的。[1] 可持续发展机制同样面临这一问题,国家应当尽快颁布《应对气候变化法》,确立可持续发展机制项目运行的上位法依据,或在《可再生能源法》《清洁生产促进法》等相关法律中明确法律依据。其次,可持续发展机制的法律制度。第一,投资主体资格。《京都议定书》时代,中国对清洁发展机制项目在投资主体上有所限定,明确只有中国境内的中资、中资控股企业可以开展清洁发展机制项目,[2]在实践中其实造成了项目开发的障碍,[3]那么,在可持续发展机制项目实施上,考虑能否在投资主体资格上做出变通规定,允许外资企业以及海外中资企业来华投资低碳减排项目。第二,减排项目评估与审批制度。第 6 条第 4 款规则手册明确减排项目应当符合低碳发展战略的要求,应当有助于实现国家自主贡献。2011 年修订的《清洁发展机制项目运行管理办法》第 3 条明确在中国开展清洁发展机制应当符合中国的可持续发展战略、政策……,但原则性规定下再无具体的评价标准。现如今,围绕减排项目符合低碳发展战略应该建立怎样的评价标准与程序是接下来需要思考的问题。就减排项目是否实现国家自主贡献而言,可以考虑引入温室气体排放影响评估制度,作为审批的前置程序,明确项目的审批部门,理顺审批权责。第三,减排项目的监督制度。为保障可持续发展机制的环境完整性,建立

---

[1] 参见王明远:《中国清洁发展机制监管(CDM)的法律分析——虚假的法治主义与真实的政府干预主义》,载《金融服务法评论》2011 年第 1 期。

[2] 《清洁发展机制项目运行管理办法》(2011 年修订)第 10 条。

[3] 参见陈淑芬:《中国清洁发展机制(CDM)的法律规制不足及其完善》,中国法学会能源法研究会 2010 年年会论文。

减排项目的事中事后监督,明确环境完整性标准,完善监督程序,确立监督主体和排放主体的责任,避免排放数据造假。第四,环境与社会保障制度。第 6 条第 4 款规则手册强调可持续发展机制的实施应当保障人权,特别是弱势群体的权利,监管机构也建立了环境与社会保障体系,为此,国内实施可持续发展机制也应当建立减排项目的磋商和申诉机制,保障利益相关方参与决策,预防和化解项目实施中的纠纷。第五,核证减排量的定价和调控制度。我国对清洁发展机制下的核证减排量适用政府指导价,影响了市场调节功能,[①]在可持续发展机制项目中,考虑是否需要对核证减排量引入市场定价机制,如果采用市场定价,为避免价格波动导致减排项目恶性竞争应该建立价格调控机制。第六,透明度制度。可持续发展机制项目的运行应当强化信息公开,包括对减排项目的投资主体、项目明细、核证减排量、价格等信息公开,保障利益相关方的知情权。

2. 中国参与减缓成果国际转让机制的制度挑战

减缓成果国际转让机制对中国来讲是全新的制度,因而对中国的参与形成更大的制度挑战。中国参与减缓成果国际转让应当确立法律依据,颁布有关减缓成果国际转让的部门规章,明确规定下述法律问题:第一,明确 ITMOs 的法律性质,即 ITMOs 是一种商品,还是国家所有,全民享有的财产权利,需要明确界定,这关乎减缓成果国际转让的限制、税费征收、注销等法律问题。第二,建立 ITMOs 的管理体制。包括 ITMOs 的授权机构、授权条件和程序,ITMOs 转让的监管主体和法律责任。第三,建立 ITMOs 转让的透明度制度,保障 ITMOs 的签发、转让、使用、注销等信息记录和公开。第四,建立 ITMOs 的核算制度。按照第 6 条第 2 款规则手册中相应调整的要求,确立 ITMOs 的核算制度,包括根据国家自主贡献中的非温室气体指标建立"特定指标注册账户",规定相应的核算方法和程序。第五,ITMOs 转让的登记结算体系。减缓成果国际转让需要参与缔约方建立国家登记结算制度和系统,记录"ITMOs"持有和交易的账户信息,包括"ITMOs"的签发、持有、转让、受让和注销等变更活动。而且,登记结算制度与系统应按照第 6 条第 2 款规则手册的标准,保证能够与国际登

---

① 参见张敏、李凯等:《论我国〈清洁发展机制项目运行管理办法〉的不足与完善》,载《西北工业大学学报(社会科学版)》2013 年第 3 期。

记系统和交易日志进行数据交换。目前，全国碳市场建立了注册登记系统，负责碳排放权的确权登记、交易结算、分配履约等职责。中国若参与减缓成果国际转让，全国碳市场注册登记系统需要具备与国际登记结算系统交换数据的能力，这将要求全国碳市场注册登记系统在核算标准上与国际技术标准一致。

3. 对中国碳市场机制的制度挑战

《巴黎协定》反复强调避免双重核算，对国际碳市场机制的环境完整性有着更高的要求，这也要求国家提高碳市场机制的监测、核算与管理能力。中国参与国际碳市场机制要以国内碳市场机制的制度完善为前提，因此，中国碳市场机制的构建与制度完善面临着制度和基础设施的挑战。国家碳市场机制虽已运行，但制度和能力建设都存在不足，实践中反映出的问题也层出不穷，包括数据不真实、信息不透明、权力滥用、管制不到位、监管不力等问题，因此，国家碳市场机制的制度完善和法律保障是中国参与国际碳市场机制的最大挑战。

第二节　应对《巴黎协定》国际碳市场机制挑战的思路

应对《巴黎协定》国际碳市场机制的挑战应着手于中国碳市场机制的制度完善和国际合作两方面。在国内制度方面，参与《巴黎协定》国际碳市场机制对中国碳市场机制的制度建设形成挑战。例如，环境完整性和透明度，中国应在国内碳市场机制的完善上步步为营，保障国家碳市场机制的稳健运行。在国际合作方面，中国应积极寻求碳市场机制的能力建设合作，提升国内企业的交易能力和管理主体的监管水平，同时，中国应循序渐进地对接《巴黎协定》国际碳市场机制，并主动探索碳市场机制的区域连接。

一、《巴黎协定》挑战下国内碳市场机制的运行风险与制度保障

中国碳市场机制历经五年的试点摸索仍旧问题重重，2021年启动的全国统一碳市场也存在诸多风险。中国唯有在国内碳市场的制度充分完善的前提下，才能寻求对接国际及区域碳市场机制。

（一）国内碳市场机制的运行风险

中国碳市场机制存在管制无力、透明度不充分、监管机制不完善三大运行

风险。

1. 管制无力的风险

碳市场机制体现着浓厚的管制色彩,碳排放权源于国家制定和提交的减排目标,碳信用源于国家或国际组织制定的减排规则和标准,因此,碳市场机制的交易客体总体上基于排放管制而生。企业对碳排放的消费需求产生了碳交易,而这种消费需求源于国家和国际组织对碳排放的管制。碳排放管制不存,碳交易难以为继,碳排放管制疏松,碳交易市场萧条。因此,碳市场机制下碳排放权和碳信用的流动性首先取决于政府排放管制的适度从紧。中国自2009年以来一直确立的是"碳强度"目标,即单位GDP的碳排放,与碳排放总量目标不同,后者是指生产中的碳排放总量,这一目标形式在中国2030年碳达峰之前难以改变。对于国家碳市场机制而言,碳强度目标也就是总量管制目标,排放主体的配额亦将依据碳强度目标来核算分配。依据碳强度目标分配排放配额将存在调适的空间,企业获得配额数量可以依据其生产规模予以调整。相比之下,依据碳排放总量目标的排放配额数量确定,不易出现过量分配的情形。而且,排放总量目标代表着比现有排放水平更低的排放值,故而又被称为绝对减排目标。而碳强度目标下,单位GDP排放强度在下降,但整体排放量却仍在上升,对排放主体而言,显然后者约束力更强。如此,在一个排放管制相对疏松,排放配额容易过量分配的国家碳市场机制中,排放主体对碳排放的消费需求也相对较小,进而使得碳交易的积极性不够。又或者,排放主体因掌握过剩配额而多卖少买,[①]难以保障碳市场中碳排放权的流动性。

2. 碳市场机制的透明度不充分

碳市场机制不仅具有浓厚的行政管制色彩,而且具有较强的专业性和技术性,并高度依赖信息交换,因此,相比一般的交易市场,碳市场对透明度有着更高的要求,充分的信息披露是保障碳市场有效运行和防止操纵的关键因素,也有助于增强交易主体的信任和市场的稳定性。碳市场机制的透明度主要包括政府与企业的信息披露,其中,企业应当披露的信息包括排放数据、减排计划、碳资产以及重大变动等信息。企业信息披露是碳市场信息链条的开端。首先,

---

① See Alex Y. Lo, *Challenges to the Development of Carbon Markets*, Climate Policy, Vol. 16:1, p. 109 – 124(2016).

对政府而言,企业排放数据的通报是政府科学合理地确立管制目标、分配配额的基础,决定着政府能否通过市场机制有效地约束排放以及实现成本效益。同时,碳市场中,真实的排放数据是反映有效碳价格的先决条件,试点交易运行中的碳价波动大、市场价格发现功能受阻,碳价走势难以预期等现象很大程度归因于碳市场机制缺乏透明度。① 其次,对企业和投资者而言,排放数据、碳资产等信息互通是相互之间建立稳定心理预期的前提,投资者要根据排放数据信息进行气候风险评估,进而决定是否投资,因此,碳信息披露已成为投资决策的关键环节。最后,对公众而言,由于碳测量存在较高的技术门槛,公众依靠自身可能难以获得,因此企业的信息披露更加关键。2020 年《碳排放权交易管理办法(试行)》第 25 条要求重点排放单位应当编制年度温室气体排放报告,并在每年 3 月 31 日之前报生产经营所在地的生态环境厅,相关信息应当定期公开。在全国碳市场运行的第一个履约期,纳入第一履约期的重点排放单位共计 2162 家,其中 1815 家企业通过环境信息平台公布了排放信息,但仍有 347 家企业并未披露,占比为 16%,同时,已披露的企业中,82% 的企业按照要求同时披露了 2019 年和 2020 年的排放信息,一些企业公布的排放数据不完整、不准确,甚至不真实。② 一般而言,企业基于商业利益的考虑不愿披露排放数据,③或者技术能力不足不能披露,一些企业为满足考核或绩效需求勉强披露,但存在瞒报、谎报排放数据的情形,④这些情形均构成国家碳市场稳健运行的隐患。

碳市场机制的透明度还包括政府部门和交易机构的信息披露,政府部门是碳市场的监管主体,也是碳排放和交易活动的信息枢纽,应当强化信息公开。政府应当披露的信息包括受管制的温室气体种类、行业范围、重点排放单位等基本管制信息,以及配额清缴情况、核查机构资质与名单、碳排放交易机构资质与名单等相关交易信息。国内个别碳排放交易的试点城市曾出现了不公布年

---

① 参见公众环境研究中心:《全国碳市场:呼唤企业排放信息披露》,载公众环境研究中心官网 2017 年 12 月 13 日,https://wwwoa.ipe.org.cn//Upload/2017122209195 70449.pdf。
② 参见公众环境研究中心:《全国碳市场首个履约期企业信息公开的进展与不足》,载公众环境研究中心官网 2022 年 6 月 15 日,https://wwwoa.ipe.org.cn/Upload/20220 6150407007137.pdf。
③ 参见赵晓娜:《企业主动披露碳排放数据意愿不强,碳披露标准仍待制度化》,载中国新闻网 2013 年 5 月 24 日,https://www.chinanews.com/cj/2013/05 - 24/4852019.shtml。
④ 参见刘亮:《碳排放有用的大数据在哪里?》,载中国碳市场网 2017 年 11 月 20 日,http://www.tanjiaoyi.com/article-23132-1.html。

度配额总量,或不公布重点企业名单的情形,这都会导致交易的不可预期性,影响投资者的信心。碳排放注册机构和交易机构也要公布配额登记、交易、结算的相关信息。2020年《碳排放权交易管理办法(试行)》并未明确碳排放交易机制的信息公开,反而将碳排放交易的相关信息交由重点排放单位自行披露,[①]但是,这种方式存在企业信息造假的情形,为避免这种情形的出现,交易相关信息应当由碳排放交易机构公开。

3. 碳市场监管机制不完善风险

碳排放权是一种虚拟商品,虚拟商品的交易本身就存在法律监管的难度,况且,碳交易的各环节涉及多方主体,任何一方的违规违法操作都可能带来交易的风险,因此,碳市场面临着异常复杂的监管风险,从风险来源来看,包括交易主体违法行为的风险、中介服务机构违规操作的风险以及政府监管失灵的风险。

第一,交易主体的违法行为。交易主体主要是作为碳排放权买卖方的控排企业,以及碳金融衍生品的投资者。交易主体惯有的欺诈、操纵、贿赂等违法行为引发的交易风险屡见不鲜,常见的违法行为包括:虚假信息与配额诈骗、碳庞氏骗局、碳贿赂、"旋转木马"、网络钓鱼、价格操纵等。虚假信息与配额诈骗,即企业瞒报、谎报排放数据,或者篡改排放检测报告,俗称"洗碳",目的都是骗取排放配额,即"空手套白狼"。虚假信息会导致配额或碳信用过剩,碳价失实,碳市场的减排初衷付诸东流。碳庞氏,即碳市场中的"庞氏骗局",以"拆东墙补西墙",吸引投资者不断加入,欺诈牟利。碳贿赂是交易主体通过收买、串通执法主体、服务机构来伪造信息、违法操作牟利。"旋转木马",即欧盟碳排放交易体系下曾出现过的税收诈骗,一方买入免增值税的配额加税后出售另一方,从中赚取税费差价,因而被称为"旋转木马"。网络钓鱼,是以网络病毒攻击碳市场管理机构系统,盗窃配额,2010年德国碳市场系统遭此人祸,被盗25万马克配额,价值300万欧元。总而言之,碳市场不仅会有传统商品交易市场下的各种违法交易行为,其高度依赖信息技术与网络安全还会滋生新型违法和犯罪行为。全国碳市场自运行以来交易主体的违法行为主要是瞒报、谎报排放数据、篡改排放检测报告以及未按要求履约的行为,《碳排放权交易管理办法

---

① 参见《碳排放权交易管理办法(试行)》第10条。

(试行)》第 39 条明确对这种违法行为处于责令限期改正和 1 万—3 万元的罚款,但由于处罚金额较低,违法行为屡禁不止。

第二,服务机构违规操作的风险。碳市场由于专业性较强对大多数企业有着较高的准入门槛,因而,碳市场还涉及各色各样的中介服务机构,如碳交易所、核查机构、碳资产管理公司、碳经纪公司、投资咨询公司等。这些服务机构多以营利为目的,活跃于碳交易的各个环节,是碳市场机制风险的潜在来源。如,碳市场试点曾出现的核查机构乱象,由于试点能力建设不足,核查人员匮乏,第三方核查机构资质条件不统一、不明确,一些地方将不相关的机构纳入核查队伍。甚至一些碳资产管理公司也承担核查工作,造成其在碳市场中"既是运动员又是裁判员"的乱象。[①] 为此,国家发展改革委办公厅曾以规范性文件明确,"核查机构与人员的监管,制定管理办法,明确资质条件,避免可能的利益冲突"[②]。但是,全国碳市场运行以来,第三方机构的违法行为问题层出不穷,2022 年生态环境部公布的第一批排放数据造假典型案例主要是控排企业串通第三方机构弄虚作假的情形,包括咨询服务公司指导控排企业篡改排放检测报告;核查机构履职不到位,核查程序不合规,导致核查报告不真实、不准确;检测机构弄虚作假。目前,《碳排放权交易管理办法(试行)》对第三方机构违法行为的处罚均缺乏明确规定,实践中,一般至多是将相关机构纳入失信名单,因此,处罚较轻导致屡禁不止。此外,碳交易所工作人员为谋取不正当利益的违规操作,以及与企业串通的滥用职权行为也会扰乱正常的交易秩序,如碳交易所工作人员的内幕交易,碳价操纵等行为,将会引发一系列金融监管的风险。

第三,政府监管失灵的风险。碳市场机制中主要的监管主体是政府部门,而且因牵涉环境、能源、金融等多个部门,在管理上常常需要多部门协同监管。2024 年《碳排放权交易管理暂行条例》第 4 条明确生态环境部作为碳市场机制的主要监管主体,同时,国务院的有关部门也要按照职责分工,负责碳市场机制的其他相关活动的监管。该条表明,明确的职责分工是多部门协同监管的基础,是避免出现监管重叠或责任真空的关键,但是,职责分工也是一个难点,各

[①] 参见危昱萍:《碳排放核查市场火热 核查机构存在利益冲突》,载 21 财经网 2016 年 4 月 7 日,https://m.21jingji.com/article/20160407/3520d8cb8ae9ab5d80d1e1e59af273f6.html。

[②] 《国家发展改革委办公厅关于切实做好全国碳排放权交易市场启动重点工作的通知》(发改办气候〔2016〕57 号)。

部门间利益诉求的差异和冲突构成职责分工的障碍,部门间沟通和协调成本高,以及信息壁垒都使得协同监管在实践中极难实现。加强多部门协同监管根本上还是需要遵循从实践到理论的思路,即依靠各部门之间相互磨合与持续沟通,特别是在碳市场机制运行的初期,各部门需要时间去理解政策的复杂性,并调整各自的管理方式和程序,建立信息共享机制,创新部门间合作模式,不断试错改错,才能逐渐达成共识,形成默契,进而明确职责分工,减少监管重叠和责任推诿的情形。

(二)国内碳市场机制的法律保障

1. 碳市场机制的透明度保障

碳市场机制的透明度主要包括企业与政府的碳信息披露,信息披露的真实性与时效性,是有效碳价信号与市场监管的基础与前提。《"十三五"控制温室气体排放工作方案》早就明确"建立温室气体排放信息披露制度",强调政府与企业信息披露的规范和激励。

(1)企业的信息披露。为保障企业的信息披露,应当确立国家碳市场机制重点管控单位的信息披露的法律义务,以及企业怠于履行披露义务或违反信息披露要求的法律责任。首先,就法律义务而言,2020年《碳排放权交易管理办法(试行)》第25条第3款明确重点排放单位编制的年度排放报告应当定期公开,但涉及国家秘密和商业秘密的除外。该条款在披露信息的范围和公开时间上均不明确,"商业秘密"的例外情形可能会被企业当作不披露的挡箭牌。2024年《碳排放权交易管理暂行条例》第11条第3款明确重点排放单位应当按照国家有关规定,向社会公开其年度排放报告中的排放量、排放设施、统计核算方法等信息。就国家规定而言,2020年《碳排放权交易管理办法(试行)》第35条明确重点排放单位还应公开有关全国碳排放权交易及相关活动信息。2022年生态环境部办公厅通过的《企业温室气体排放核算与报告指南(发电设施)》规定重点排放单位公开的信息包括基本信息、机组和生产设施信息、元素碳含量和低位发热量的确定方式和方法标准、碳排放总量、生产经营变化情况、受委托编制温室气体排放年度报告的第三方机构信息、受委托提供煤质分析报告的检测机构信息。

其次,就法律责任而言,包括未履行或未按照要求履行信息披露义务的法律责任和虚报、瞒报排放信息的法律责任。就前者而言,2024年《碳排放权交易管理暂行条例》第 21 条规定重点排放单位未按照规定向社会公开年度排放报告中的排放量、排放设施、统计核算方法等信息,由生态环境主管部门责令改正,并处 5 万元以上 50 万元以下罚款。就后者而言,2020 年《碳排放权交易管理办法(试行)》第 39 条规定重点排放单位虚报、瞒报温室气体排放报告,或者拒绝履行温室气体排放报告义务的,由生态环境主管部门责任限期改正,处 1 万元以上 3 万元以下罚款。2024 年《碳排放权交易管理暂行条例》第 22 条规定重点排放单位在年度排放报告编制过程中篡改、伪造数据资料,使用虚假的数据资料或者实施其他弄虚作假行为的,没收违法所得,并处违法所得 5 倍以上 10 倍以下的罚款,同时,对负责的个人,处 5 万元以上 20 万元以下的罚款,相比之下,2024 年《碳排放权交易管理暂行条例》明显加大了处罚力度,确保了排放信息的质量。

企业的碳信息披露在立法层面尽管已经较为明确具体,但实践层面还有待跟进。在企业碳信息披露的实践层面,政府可以发挥引导和约束的作用。首先,就约束而言,要加强对企业所披露的信息进行核查与复核,以提高排放数据的准确性和真实性。对此,各试点近年来进行了一些先行先试,如北京碳交易试点对企业报送的排放数据要进行核查和抽查,委托第三方机构进行核查,并组织第四方核查机构对核查报告进行抽查,特殊情形还需要进行复核。[①] 再如,广东试点的做法是由省、市发展改革委组织科研院所不定期复查、抽查排放报告,包括书面审查与现场查验。2023 年生态环境部在总结试点经验的基础上建立了"国家—省—市"三级联审机制保障碳排放的数据质量。具体而言,重点排放单位报送的碳排放数据,由国务院生态环境部负责大数据筛查与定期抽查,省生态环境厅负责技术审核,市生态环境局负责现场抽查。具体而言,生态环境部通过大数据所筛查出的异常数据,会要求重点排放单位所在的省生态环境厅以及指定的第三方机构进一步核查,必要情况下会要求市生态环境局进行现场核查,如此,国家、省、市生态环境主管部门在审查核实碳排放数据方面形成联动机制,以此确保碳排放的数据质量。其次,就引导而言,政府可以通过政策支持和优惠待遇来调动企业披露信息的积极性,[②] 同时,对能力建设不足

[①] 《关于做好 2017 年碳排放权交易试点有关工作的通知》(京发改[2016]2146 号)。
[②] 参见田丹宇:《企业温室气体排放信息披露制度研究》,载《行政管理改革》2021 年第 10 期。

的企业应当进行引导和帮扶,事实上,碳市场运行初期,一些小企业怠于履行碳披露可能是由于技术和能力有限,对此,政府应当鼓励和引导企业进行能力建设,组织和开展能力建设的培训,鼓励企业与科研院所合作提升能力建设等。另外,应鼓励有能力的排放单位开展温室气体排放的自行监测与报告,建立排放的实时监测与信息公开平台。2013年原环保部颁布《国家重点监控企业自行监测及信息公开办法(试行)》,鼓励和规范企业对大气污染物、水污染物、噪声排放的监测与披露,但温室气体排放尚未纳入其中。自行监测与报告有助于培养和提升企业信息披露的能力,而实时监测也有利于社会监督。

(2)政府的信息披露。政府部门是碳市场机制中各种错综复杂信息的枢纽,也是监督企业,保护公共利益的重要主体。政府的信息披露更能决定碳市场机制透明度的深度和质量,也是社会监督得以发挥作用的关键所在。2020年《碳排放权交易管理办法(试行)》与2024年《碳排放权交易管理暂行条例》规定的信息公开主要包括:碳市场覆盖的温室气体种类和行业范围[①]、重点排放单位的确定条件和名录[②]、重点排放单位年度排放报告的核查结果[③]。从实践来看,信息公开仍旧达不到预期效果,2023年生态环境部建立了"全国碳市场信息网",其重要作用就是信息公开,所公开的信息包括重点排放单位信息、核查机构信息、履约信息,但是,全国碳市场信息网所公开的信息内容并不具体和全面。例如,重点排放单位应当公开的碳排放总量等信息均未公开,履约信息只包括相关排放单位是否完成履约的结论,具体的配额清缴数据并未公开,重点排放单位也仅公布了名录,不包括确定条件。因此,政府信息公开的基础设施保障还有待完善。

2. 碳市场机制的监管体系

对交易主体的监管应当贯穿碳交易的整个环节,包括事前的排放信息披露的监管,即是否存在排放信息瞒报、造假情形;事中的交易行为监管,即交易主体是否存在欺诈、串通等危害市场秩序的行为;事后的履约的监管,即企业是否如期清缴配额。

[①] 《碳排放权交易管理办法(试行)》第4条。
[②] 《碳排放权交易管理办法(试行)》第9条。
[③] 《碳排放权交易管理暂行条例》第12条。

首先,对企业碳信息披露的监管要制定统一的信息披露标准,统一的标准有助于减少企业信息披露的成本,更关键的是能够降低政府部门监管的难度。2021年由中国标准化研究院牵头起草的《组织碳排放管理信息披露指南(草案)》就是致力于以统一的标准指导和规范碳信息披露活动,加强政府部门对碳信息披露的监管。其次,对碳信息披露的监管还可以依靠社会力量,政府通过及时公布企业报送的碳排放信息,一方面可以强化透明度,接受公众和媒体的监督;另一方面,通过信息公开借助公众和媒体的力量间接地监督企业的信息披露行为。

对碳交易活动的事中监管以及对控排主体履约的事后监管主要依靠生态环境主管部门。2020年《碳排放权交易管理办法(试行)》明确碳排放权交易的监管主体是各级生态环境主管部门,包括国务院生态环境部、省级生态环境厅以及设区的市生态环境局。2024年《碳排放权交易管理暂行条例》明确了更多的监管主体,建立了更为复杂的监管体系。就监管框架和范围而言,主要包括三个方面,首先,全过程监管。国务院生态环境部建立全国碳排放权交易市场管理平台,以此强化对碳排放配额分配、清缴以及重点排放单位排放情况的全过程监管。[①] 其次,垂直监管。在重点排放单位名录、碳排放交易活动的监管上采用"垂直监管",即上级生态环境主管部门对下级生态环境主管部门的直接监管。[②] 此外,在碳排放配额分配与清缴、温室气体排放报告与核查方面,由省级生态环境厅在设区的市生态环境局的配合下开展监督,并受国务院生态环境部的统一监管。[③] 其中,设区的市的生态环境局享有比较灵活的监管权,按照"双随机、一公开"的方式,[④]随时随机地开展监管活动,频次不定、对象不定。最后,多部门协同监管。国务院生态环境部会同国家市场监督管理总局、中国人民银行、国家金融监督管理总局对全国碳排放权注册登记机构和全国碳排放权交易机构进行监管。[⑤] 生态环境主管部门和其他监管部门在职权范围内监管重点排放单位等交易主体、技术服务机构。[⑥] 地方人民政府有关部门与

---

① 《碳排放权交易管理暂行条例》第16条。
② 《碳排放权交易管理办法(试行)》第30条。
③ 《碳排放权交易管理办法(试行)》第6条第2项、第3款。
④ 《碳排放权交易管理办法(试行)》第31条第2款。
⑤ 《碳排放权交易管理暂行条例》第5条第3款。
⑥ 《碳排放权交易管理暂行条例》第17条。

地方生态环境主管部门按照职责分工负责本行政区域内碳排放权交易及相关活动的监管。[①] 总体上,对碳交易的事中事后监管兼采垂直监管和多部门协同监管的方式,垂直监管有助于改善此前平行监管下环境保护主管部门因人事和财政受制于本级政府而监管不彻底的困局,但垂直监管下,生态环境主管部门应当享有必要的监管权,包括监管所需的必要行为措施。2024年《碳排放权交易管理暂行条例》第17条第2款规定生态环境主管部门和其他负有监督管理职责的部门进行现场检查,可以采取查阅、复制相关资料,查询、检查相关信息系统等措施。多部门协同监管有助于促进监管的全面性和专业性,增强政策协调和执行力,提高监管效率,但多部门协同监管需要各部门加强信息共享和执法协作。

对中介服务机构的监管首先应该严把中介服务机构以及服务人员的准入关,制定统一的准入条件,避免不合格的机构和人员以次充好,投机牟利。同时,生态环境主管部门对服务机构的事中事后监管也不能松懈。对中介服务机构的监管还需依靠分管的监管部门,如证监会对中介机构违规操作的监管,国家金融监督管理总局对碳金融衍生品发行机构、产品品质的监督。因此,生态环境主管部门应当加强与证监会和国家金融监督管理总局的协同监管。此外,行业协会也要对中介服务机构在公权力之外发挥评价和约束作用。如,英国于2008年建立的"伦敦气候变化行业协会",囊括会计、金融、保险等行业的碳中介机构,加强伦敦碳市场的中介服务机构的规范性。[②] 值得强调的是,不管是政府部门还是行业协会对中介服务机构的监管应当以尊重其独立性为前提,不得擅权和不当干预,避免中介服务机构的工作流于形式。以核查为例,在国内碳交易试点中,国家统计局和发展改革委管理的数据系统接收企业报告的生产量、能源类型、活动数据、发热量、经济数据均由有关部门自行核对,第三方机构的核查不被重视,[③]鉴于政府在信息技术等专业领域能力有限,权力溢出反而阻碍信息披露的真实有效,而且,政府轻视或干涉核查机构的工作将直接加大

[①] 《碳排放权交易管理暂行条例》第4条第2款。

[②] 参见孟浩、陈颖健:《英国能源与 CO_2 排放现状、应对气候变化的对策及启示》,载《中国软科学》2010 年第 6 期。

[③] See Xuelan Zeng & Maosheng Duan et al.,*Data-Related Challenges and Solutions in Building China's National Carbon Emissions Trading Scheme*,Climate Policy,Vol. 18:1,p. 90 – 105(2018)。

权力与利益交换的风险,滋生腐败。当然,保障核查机构独立性的前提就是核查的质量问题,当前,全国碳市场集中出现的核查机构履职不到位,以及串通企业信息造假的情形反映出核查质量不高。对此,应当强化对核查的监督,明确核查机构的责任,适当加强对违法违规核查行为的惩罚力度。2023年《最高人民法院和最高人民检察院关于办理环境污染刑事案件适用法律若干问题的解释》明确温室气体排放检验检测、排放报告编制或核查的中介组织的人员故意提供虚假证明文件,违法所得30万元以上或2年内因提供虚假证明文件受过2次以上行政处罚,又再次提供的,构成《刑法》第229条规定的提供虚假证明文件罪。这也体现了国家对排放信息造假的"零容忍"。

对执法主体的监管,应当在立法中明确执法主体违法行为的法律责任之外,还应建立碳市场的社会监管,弥补碳市场机制中政府的职能失灵。[①] 任何碳市场的利益相关方或其他环保组织、媒体以及公众,有权利检举、揭发碳市场执法主体的违法行为。为此,碳市场机制的透明度是社会监管的基础,在立法上确立公众检举、揭发执法机构不法行为的权利,并建立控诉平台和渠道。2020年《碳排放权交易管理办法(试行)》不仅明确了包括公众、新闻媒体在内的社会监督,[②]而且还引入了监察机关的监督,就生态环境主管部门的工作人员违法行为进行监督和处理。[③] 监察监督的引入对于碳市场的政府监管是非常有利的,即有利于避免碳交易市场滋生权力寻租和腐败行为。

二、应对《巴黎协定》国际碳市场机制挑战的国际合作思路

在完善国内碳市场制度的基础上,中国应当审慎地考虑国际合作。现阶段,全国碳市场在运行的过程中不断调整和完善,需要积极寻求能力建设的合作,并加强碳市场的制度合作。碳市场机制的能力建设合作包括基础设施、机构能力、人员专业化等方面的合作以及数据交换、信息共享、平台共建等合作,促进碳市场机制的专业化建设。制度层面的合作包括机制的运行和管理、风险防控等方面的制度互鉴、协调和衔接,保障碳市场机制的稳健运行,并促进机制

[①] 参见李挚萍:《碳交易市场的监管机制研究》,载《江苏大学学报(社会科学版)》2012年第1期。
[②] 《碳排放权交易管理办法(试行)》第35条。
[③] 《碳排放权交易管理办法(试行)》第37条。

的连接。全国碳市场应当持续加强能力建设,2021年以来,生态环境部陆续通过了碳排放权的登记、交易和结算的规则,为碳市场机制运行的各环节提供保障,那么,相应的组织机构、人员队伍、信息化以及执法等能力和水平应当逐步健全,跟得上配套制度完善的步伐。对于碳市场机制连接,中国需谨慎思考连接的必要性与连接的利弊。碳市场机制连接首要的内容便是对接《巴黎协定》国际碳市场机制,以及碳市场机制的双边连接。碳市场机制连接涉及连接条件、对象与风险等问题,对中国而言,连接碳市场机制需以国内碳市场机制完备为前提,谋定而后动。

(一)中国碳市场机制的能力建设合作

中国虽然有近五年的碳交易试点的实践,但在全国统一碳市场创建的时期,仍在人力和技术方面存在很大的缺口和不足,在信息化水平方面也大步落后于发达国家,这不仅妨碍国家碳市场机制的运行,也构成中国参与《巴黎协定》国际碳市场机制以及连接其他国家和区域碳市场机制的障碍。因此,能力建设合作既有助于改善国内碳市场机制建设的能力不足,也有助于促进国内碳市场机制与其他国家和区域碳市场机制在制度层面的协调,从而为对外连接创造条件。

1. 中欧碳市场机制的能力建设合作

欧盟和美国在世界范围内分别是强制性碳市场机制和自愿性碳市场机制的典范,以其创建和实施碳市场机制的先期优势,奠定了其在国际层面碳市场机制的规则输出者地位,常常成为发展中国家设计和创建碳市场机制的借鉴和学习对象。中国碳市场机制是以强制性碳市场机制为主,自愿性碳市场机制补充的模式,在能力建设方面,中国应侧重于与欧盟碳市场机制开展合作。对于欧盟而言,面对中国与美国在全球气候治理上截然不同的态度和行动,更加期望中国能积极参与全球减排行动,融入全球低碳发展进程,而且,中国创建了全球最大的碳市场,在推动低碳转型方面具有很大潜力。中欧碳市场机制合作较早,自2014年以来,中国与欧盟签署了为期三年的碳市场机制合作项目,主要为中国国内的7个碳交易试点提供技术和能力支持。[1] 2017年国家碳市场机

---

[1] See *EU-China Cooperation on Emission Trading in China: Achievements and Lessons*, European External Action Service(Oct. 20,2016), https://www.eeas.europa.eu/node/15469_en.

制启动之际,中欧再次签署了一个价值约 1000 万欧元的碳市场合作项目,指导中国碳市场机制的能力建设。[①] 2018 年 7 月中欧领导人会晤发表《中欧领导人气候变化和清洁能源联合声明》,明确双方将在"推动《联合国气候变化框架公约》进程"以及"低碳转型和可持续发展"的双边和多边合作上共同拓展,[②] 而碳市场便是气候与能源双边合作的重点领域。因此,2018 年我国生态环境部与欧盟委员会还专门签署了《关于加强碳排放交易合作的谅解备忘录》,建立中欧碳排放交易能力建设的合作机制,明确双方通过联合举办研讨会、培训班和其他方式提升中国和欧盟的碳排放交易的能力建设。中国碳市场机制深受欧盟影响,长期的技术和能力支持也促进了中国与欧盟碳排放交易体系的制度协调,为中国未来连接欧盟碳排放交易体系做准备。除此之外,中国一直以来还积极寻求与欧盟成员国的能力建设的双边合作。例如,2012 年以来,国家发展改革委与德国国际合作机构连续开展了关于"排放交易体系能力建设"与"履行国家自主贡献"的两个合作项目,[③] 一方面,通过碳市场机制专家交流和对话,对如何在国民经济和社会发展规划的框架内更好地实施有力的气候政策提供建议和支持。另一方面,通过培训和研讨的方式,对中国碳市场的服务机构、企业和其他私人实体的能力建设提供指导。

总体而言,中国与欧盟在碳市场机制领域已经有了合作机制,应当依靠双边合作机制持续推动中国碳市场机制的能力建设,并以碳市场机制合作为抓手拓展相关领域的气候合作。中欧碳市场机制的能力建设合作对双方都会有所裨益,欧盟通过支持中国碳市场机制建设的同时也在推动全球减缓,中国碳市场机制的稳健运行,将提升中国气候政策与行动的强度和效率,进而有助于推动中国分担全球气候治理的责任,与欧盟共同引领全球低碳转型。中欧碳市场机制的能力建设合作应当探索形式和层次更加多元化的合作。在层次上,既深化高层的对话与合作,加强碳市场机制顶层设计、政策立法的相互影响和协调,

---

① See *EU Welcomes Launch of China's Carbon Market*, European External Action Service (Dec. 19, 2017), https://www.eeas.europa.eu/node/37637_en.

② 参见《中欧领导人气候变化和清洁能源联合声明》,载人民网 2018 年 7 月 17 日,http://politics.people.com.cn/n1/2018/0717/c1001-30150825.html.

③ See *German-Chinese Cooperation on Emissions Trading, Market Mechanisms and Mitigation of Industry-Related N_2O Emissions*, International Climate Initiative (Oct. 2014), https://www.international-climate-initiative.com/PROJECT451-1.

又积极开展专家和学者的交流和沟通,加大碳市场机制科学研究的交流与研讨,更要为服务机构、企业等碳市场参与主体的信息共享、经验交流建立平台。在形式上,应推动"中欧碳市场对话与合作项目"升级成为常态化的合作机制,定期开展能力和技术培训与指导,拓展能力建设的合作议题,在温室气体排放监测、核查与报告,碳排放权注册、登记与结算,核证减排项目开发与设计等方面以培训、考察、模拟交易等方法指导国内碳交易的从业人员。

2. 中美碳市场机制的能力建设合作

受中美关系的竞争与对抗,以及美国联邦政府气候政策的不可持续性,中美气候合作时断时续,在美国特朗普政府时期,中美贸易战对双方的气候合作产生了很大的影响。拜登上台后,中美气候合作虽然表面上回归常态,但是仍然缺乏稳定性。2021年11月,中美在格拉斯哥气候大会期间达成《关于在21世纪20年代强化气候行动的格拉斯哥联合宣言》,双方同意建立"21世纪20年代强化气候行动工作组",推动双边气候合作。然而,2022年8月美国国会众议长佩洛西窜访中国台湾地区,严重违反一个中国原则和中美三个联合公报规定,侵犯了中国主权和领土完整,因此,中国宣布暂停中美气候变化商谈。2023年11月中美元首会晤,双方达成《关于加强合作应对气候危机的阳光之乡声明》,决定正式启动"21世纪20年代强化气候行动工作组",并在2024年5月和9月围绕具体的气候行动召开了2次会议。但是,2024年11月特朗普重新当选美国总统,其在就任后可能再次改变美国气候与能源政策的方向,因此,中美气候合作整体上不稳定,具体的功能性合作也很难开展,未来的发展也难以预测。中美气候合作的根本障碍在于美国将中国视为"国际秩序挑战者",[①]拒绝接受中国与美国共同参与和构建国际气候治理的秩序,因此,中美气候合作的开展和深入依赖于美国对中国看法的改变,将中国视为全球气候治理的建设者、贡献者,而非挑战者或威胁,更依赖于中美关系整体上的良性发展。

相比之下,中美地方政府的气候合作更加可行,美国加利福尼亚州与中国的气候合作是中美气候合作的典范。这一"次地区"合作模式早在2013年就已确立,加利福尼亚州前州长杰里·布朗与时任国家发展改革委副主任的解振

---

① 参见谢来辉:《中美气候博弈中的权力与责任》,载《国外理论动态》2023年第1期。

华签署气候合作谅解备忘录,碳市场机制的设计和实施便是其中关键的领域之一。① 在美国退出《巴黎协定》之后,美国国内应对气候变化相对积极的个别州政府更加积极地寻求与中国开展气候合作。例如,2022 年生态环境部与美国加州签署合作备忘录,继而,国内部分省份也逐渐尝试开展"省州合作";又如,海南省、江苏省相继与美国加州签署气候合作备忘录,推动低碳能源、双碳领域的合作。2023 年《关于加强合作应对气候危机的阳光之乡声明》也将地方政府的气候合作置于非常重要的地位,强调中美双方将推动地方政府、企业、智库和其他相关方的合作。2024 年 5 月中美地方气候行动高级别活动在美国加州伯克利召开,州长凯文·纽森表示,"无论华盛顿特区发生什么,加州都不会动摇,我们是中国和全球其他国家稳定且值得信赖的合作伙伴"。② 在碳市场机制方面,美国国内有不少次地区均有参与和实施,除加利福尼亚之外,华盛顿州也创建有碳市场机制,以及美国区域温室气体倡议覆盖佛蒙特州等九个次地区,目前,新泽西州和弗吉尼亚州也在考虑加入,中国可以寻求与这些次地区开展碳市场机制的能力建设合作。中美双方在碳市场机制上虽存在较大差异,但双方面临着共同的问题,可以围绕这些问题开展能力建设的合作。首先,中美碳市场机制均存在碳泄漏的问题。美国缺乏统一碳市场机制,区域碳市场机制存在的最大问题就是碳泄漏,中国虽然已创建了全国统一碳市场,但排放配额仍然由地方生态环境部门主导,也会由于地方分配标准不一而存在碳泄漏的问题,如何解决碳排放的跨区域转移是中美碳市场机制的共同难题。其次,中美碳市场机制在未来均面临着对外连接的问题,美国已有成功连接的实践,双方可以围绕碳市场机制连接中的能力建设问题开展合作。因此,中美碳市场机制的能力建设合作可以在地方政府层面开展,以二者面对的共同难题为合作的议题,拓展双边气候合作。

3. 中国与亚洲发展中国家的能力建设合作

中国还应当与其他发展中国家加强碳市场机制的能力建设合作,特别是亚洲区域的发展中国家。中国探索与亚洲区域发展中国家的碳市场机制合作有

---

① See *Governor Brown Expands Partnership with China to Combat Climate Change*, State of California(Sept. 13,2013), https://www.gov.ca.gov/2013/09/13/news18205/.
② 中美地方气候行动高级别活动举行,载中国循环经济协会网 2024 年 6 月 4 日,https://www.chinacace.org/news/uiew? id = 15525。

着深层次的战略意义,即为未来碳市场机制的区域连接做准备。随着碳市场机制在全球范围的传播和复制,不少发展中国家也逐渐创建或计划创建碳市场机制,其中,亚洲区域的发展中国家对此非常积极,诸如,哈萨克斯坦已创建有国家碳市场机制,泰国2014年创建了自愿碳市场机制,印度尼西亚2023年年初启动第一阶段的燃煤电厂的强制性碳交易,越南也于2022年制定了建立国内碳市场机制的计划,印度计划在2026年建立覆盖11个行业的碳市场机制,巴基斯坦和马来西亚也在考虑创建碳市场机制。亚洲区域的发展中国家在近些年才开始计划、筹备和实施碳市场机制,已经启动了碳市场机制的国家也是刚刚起步,因此,相比欧美国家,亚洲各国在碳市场机制的建设上更为同频,在能力建设方面都处于初级阶段,更加应该加强合作,取长补短。中国可以与哈萨克斯坦等已经建立了碳市场机制的国家开展能力建设的对话和交流,加强碳排放权注册、登记、结算等方面的信息共享,也可以建立碳市场机制的合作平台,鼓励参与碳市场的多方主体积极合作,加强经验交流,取长补短,也为未来的政策协调创造条件。同时,中国也可以与正在筹备和计划实施碳市场机制的亚洲区域发展中国家开展能力建设合作,加强人员交流、政策对话,为中国探索区域碳市场机制的连接做准备。

4. 中国参与能力建设的多边合作

中国还可以积极寻求碳市场机制能力建设的多边合作。目前,较为成熟的碳市场机制的多边合作平台有"国际碳行动伙伴关系"(International Carbon Action Partnership, ICAP)[①]、"市场准备伙伴计划"(Partnership for Market Readiness, PMR)[②]和"国际排放交易协会"(International Emissions Trading Association, IETA)[③]。其中,前两者是政府建立的合作平台,后者是跨国公司创建的非营利性商业组织。ICAP的成员主要是西欧国家和北美的城市,致力于国家间和次国家间的碳市场合作和对话,包括技术对话、能力建设和知识共享。PMR依托世界银行为会员国设计和实施碳市场机制提供资助和支持,会

[①] 国际碳行动伙伴关系是由超过15个政府首脑于2007年建立的国际论坛,致力于碳排放交易体系的经验交流。

[②] 市场准备伙伴计划是由包括欧盟在内的30个国家和区域建立的排放交易经验交流和赞助的国际论坛。

[③] 国际排放交易协会是一个非营利的商业组织,成立于1999年,服务于从事碳市场的商业组织和机构。

员国包括中国等 19 个发展中国家作为参与国,欧盟等 13 个发达国家和区域组织作为出资方,以及加利福尼亚州、魁北克等 9 个地区和城市作为技术伙伴。参与国和出资国组成了"伙伴关系大会"(PA),作为 PMR 的决策机构。世界银行充当秘书处,指导 PMR 大会的日常工作、组织会议、提供技术支持等。ICAP 面向所有已建立碳市场机制的国家和政府部门,目前参与的亚洲国家有日本、韩国和哈萨克斯坦,但也只是观察国身份,中国也可以寻求以观察国的身份加入组织,或者与 ICAP 建立非官方层面的联系,保持对发达国家碳市场机制的前沿信息和动态的了解。PMR 是发展中国家用以寻求碳市场机制的资助和支持的平台,拥有决策机构、技术团队和世界银行作为强大的资金后盾。但中国目前与 PMR 的合作仅限于信息共享,即共享有关碳交易的成交量、碳价走势、交易政策等信息。中国应当积极参与 PMR,寻求对国家碳市场机制的能力和技术支持。国际排放交易协会虽然是跨国公司创建的平台,但其与碳交易链条中的各行各业建立了广泛联系,组织成员横跨银行业、交易所、电力和能源产业、经销商、核查机构、咨询公司、律所、媒体等行业,掌握着庞大的信息和资讯。而且,由于商业组织强大的推动力,IETA 在专业研究、技术支持和信息共享方面逐渐超越官方机构。国际气候谈判中,IETA 关于碳市场机制的提案也非常有深度,对国际谈判有着不可忽视的影响。中国国内碳市场的中介服务机构、交易所、电力和能源企业应当积极地与 IETA 建立合作关系,参与相关活动,影响和引导碳市场参与主体的行为和活动,"自下而上"地完善和改进国家碳市场机制的能力建设。

(二)中国碳市场机制连接的思路

碳市场机制连接可以促进市场流动性、防范碳泄漏,对国内和国际减排均能产生积极作用,因而,中国需要积极看待碳市场机制的连接。但是,碳市场机制连接以能力建设完备和风险保障充分的国家碳市场机制为前提,还需要对所连接的碳市场机制进行制度的协调和标准的衔接,并且,连接碳市场机制也不可避免会产生国内政治和经济层面的风险,因此,中国也应当谨慎地谋划碳市场机制的连接。

目前,全国统一碳市场仍处于启动实施阶段,能力建设和制度建设均不够完备,监管、执法以及信息披露的水平也尚待提升。同时,中国碳市场机制仍处于"区域试点交易机制"和"全国统一碳市场机制"并存和过渡的阶段,全国统一碳市场也只涵盖发电行业,因此,短期内,中国碳市场机制仍将以整合和完善全国统一碳市场为根本任务。《国家应对气候变化方案(2014—2020)》提出在完善国内碳市场机制创建的同时,积极研究对外连接的可行性,在条件成熟的情况下,开展相应的双边和多边合作机制,因此,对外连接可以说是中国碳市场机制建设的长期目标和任务。此外,《巴黎协定》时代,全球范围内的各国家、区域碳市场机制必然会更加积极地寻求连接,在欧美国家和区域碳市场机制连接已有成功实践可资借鉴的背景下,中国碳市场机制的对外连接非常值得关注。

1. 碳市场机制连接的准备阶段

碳市场机制的连接是一个旷日持久的过程,在正式连接之前,国家要全面评估连接的效益和风险,连接本身还需要国家之间的谈判,而在这些活动之前,更重要的是国家要为连接做好充分的准备工作,除完善本国制度、提升信息化和管理水平以及专业化的人才队伍之外,国家应当积极开展对外的政策对话,研究连接的必要及可行性。中国应努力完善国内碳市场机制的制度规范,积极开展碳市场机制连接的研究。对内,中国应当认真研究《巴黎协定》国际碳市场机制在环境完整性和避免双重核算上的规则、方法和要求,《巴黎协定》确立了"环境完整性"和"避免双重核算"作为减缓成果国际转让机制的基础原则,第6条第2款规则手册进一步明确了缔约方参与机制所要遵循的具体要求和技术标准,如,国家自主贡献的量化、相应调整的方法、透明度的要求等,这些将成为缔约方参与减缓成果国际转让机制的条件,也将成为未来碳市场机制连接的最低标准。中国全面实施和遵循《巴黎协定》以及规则手册的要求,就是为碳市场机制的连接做制度规范层面的准备工作。对外,中国应在能力建设合作的基础上进一步摸索制度性合作。碳市场机制能力建设合作是一项功能性合作,而碳市场机制连接则是一项制度性合作,相比之下,后者更深入关联和影响一国的政治、经济和法律政策。但功能性合作能够推动制度性合作,例如,一个碳市场机制在登记结算系统上受益于另一碳市场机制的技术支持,必然在配套的方法、规则、技术标准和程序方面受到该碳市场机制的影响。中国在能力建设合作的同时,应积极参与和开展政策对话,深入多边合作机制的政策对话,研究和学习相关国家关于碳市场机制连接的成果和经验,在此基础上具体化中国碳市场机制连接的利益诉求和现实问题,进而通过国内制度完善和多种形式的对外合作提出可行的思路和方案。

2. 碳市场机制的间接连接

中国可以通过参与《巴黎协定》国际碳市场机制与其他参与方形成间接连接。首先,中国可以尝试参与《巴黎协定》可持续发展机制。基于此前中国参与清洁发展机制所积累的经验,中国参与可持续发展机制不存在太大的障碍。中国在可持续发展机制下可以有更灵活的合作策略,这表现在,中国可以鼓励和引导国内投资者在可持续发展机制下投资本国低碳和清洁能源的项目,获得的核证减排量可以用以抵消国家自主贡献,也可做战略储备。中国也可以以东道国的身份寻求与发达国家开展减排项目的合作,支持中国的低碳转型。中国还可以以投资国身份参与其他发展中国家的低碳投资,中国与其他缔约方在可持续发展机制下的合作应当按照《巴黎协定》第6条第4款规则手册严把项目审批关,避免国内企业与核查机构伪造基准线,以粗制滥造的减排项目肆意挥霍国内减排资源。其次,全国统一碳市场和可持续发展机制的连接。在全国统一碳市场与我国参与可持续发展机制的各项制度建立健全之后,可以考虑将全国统一碳市场对接可持续发展机制,或者将部分行业作为试点与可持续发展机制对接,投资者通过可持续发展机制获得的核证减排量可以在全国统一碳市场中流通,从而与其他可持续发展机制的参与方形成碳市场机制的间接连接。最后,在全国统一碳市场运行稳定,且风险防控有保障的情况下,中国可以向《巴黎协定》国际碳市场的主管机构申请设立"ITMOs"账户,参与《巴黎协定》第6条第2款机制。来自全国统一碳市场的碳排放权以及碳信用可以在转化为"ITMOs"之后,进行国际转让,那么,中国将与其他接受和承认ITMOs的国家和区域碳市场机制形成间接连接。

3. 碳市场机制的直接连接

碳市场机制的直接连接是《联合国气候变化框架公约》体系之外的合作,基于国家间的政治安排,通过碳排放权互认、交易制度的衔接、监管与执法的协调,实现碳市场机制的连通。直接连接要求两个碳市场机制在监测体系、核查与报告制度体系、配额交易的限制、碳价的上/下限等方面进行衔接,而且,直接连接需要两国政府在漫长的谈判中不断磋商和协调,并需要建立国内法规和政策的依据。对中国而言,国内的研究和准备与国际的对话和磋商活动可及早开展。国内研究包括对直接连接的必要性、可行性、连接对象、连接计划等问题的研究。准备则主要是完善国内碳市场机制,满足直接连接在国际层面通行的制度要求和规范标准。与此同时,中国可以尽早参与碳市场机制的多边合作,并与有意向连接碳市场的国家和地区开展政策对话和磋商,通过对话和磋商逐步加强制度的协调,进而有针对性地完善国内碳市场机制。

中国碳市场机制的排放管制强度和监管执法力度较为疏松和薄弱,这将构成直接连接的障碍,一些国家和地区对拟连接的碳市场机制在监管和执法水平方面具有明确的要求。例如,加拿大魁北克碳市场机制要求连接对象在交易监管和执法上应至少不低于魁北克碳市场机制的标准。[1] 同时,连接发达地区的碳市场机制通常还需要满足特定碳排放管控强度的条件,如目前已建立碳市场机制连接的"欧盟与瑞士"[2]和"加利福尼亚—魁北克—安大略"[3]均奉行绝对减排的总量控制。事实上,碳市场机制的管控力度达到一定程度才会产生连接的需要,因为,唯有更严格的排放管制才会激发企业寻找更低成本的减排,若管制太弱,企业并无减排压力,也就不会寻求海外交易。中国直至2030年碳达峰前都将采用碳强度总量管制,在此之前,至少与发达国家和地区碳市场机制的连接可能都难以提上日程。

碳市场机制形成的是虚拟商品的交易市场,遵循着一般商品交易的规律,交易主体对成本效益的追求,交易市场对价格稳定性和商品流动性的预期和要求,都会产生交易市场扩张、交易机制连接的需求。然而,碳市场机制连接却更依赖于政治安排,因为缺乏碳排放权的互认,交易制度的衔接,一种碳排放权根本无法在其他碳市场中流通,无论其具有多么可观的经济效益。因此,市场主体的行为和预期虽然会对交易市场的扩张产生影响,但碳市场机制的连接却更明显地体现为一种人为设计和建构的秩序。政府连接碳市场机制会考虑其所能带来的政治和经济的成本和效益,如,连接是否有助于更经济的减排,连接是否会带来额外的风险管控成本,连接是否有助于本国低碳发展战略,以及对其他政治和经济战略目标的影响。新西兰曾计划与欧盟连接碳市场机制,但后

---

[1] See *Discussion of Findings Required by Government Code Section* 12894,California Air Resource Board(Jan. 2013) , https://www. arb. ca. gov/regact/2012/capandtrade12/2nd15dayatta6. pdf.

[2] *Agreement Between the European Union and the Swiss Confederation on the Linking of Their Greenhouse Gas Emissions Trading Systems*,Official Journal of the European Union Legislation 322,Dec. 7,2012,p. 3 – 26.

[3] *Linkage Readiness Report*,State of California Air Resources Board,2017,p. 3.

来,因为欧盟碳排放交易体系实施配额进口限制,导致碳价高于国际平均水平,此时,如果新西兰与欧盟连接碳市场机制,将违背其低成本减排的初衷,因此,新西兰后来又转向澳大利亚寻求连接。① 中国寻求直接连接需要综合考虑国家的气候治理和政治经济战略。中国建立国家碳市场机制以促进低碳转型为目的,自然不应连接碳价过高的碳市场机制,那样会使得国内的低碳投资力量被牵引至海外,违背国家低碳发展战略的目的。

直接连接还包括"碳市场俱乐部"这种类型,即碳市场机制的多边连接。为避免先进的碳市场机制强强联合,形成碳市场俱乐部,彻底边缘化中国,碳市场机制的多边连接也是中国应该考虑的战略选择。但在国内碳市场机制尚不成熟、规则话语权羸弱的情况下,贸然进入碳市场俱乐部不可避免会沦为规则的被动承受者,受碳市场强国的话语权牵制。因而,多边合作必须以中国碳市场机制实力足够强大为前提。在此之外,中国仍可以积极参与多边合作,对有潜力的碳市场俱乐部保持关注。一方面,中国可以寻求以观察国的身份参与西方国家未来可能形成的"碳市场俱乐部",如七国集团下创建的"碳市场平台"与云集众多碳市场强国的"碳价领导联盟",这不仅对中国碳市场机制的完善有所裨益,也有助于化解多边谈判中各方的利益冲突。另一方面,中国也可以与已建立碳市场机制的其他发展中国家共同开展碳价论坛等非正式对话,为发展中国家相互之间的多边碳市场机制合作或连接创造条件。

---

① See André Aasrud & Richard Baron et al. , *Sectoral Market Mechanisms: Issues for Negotiation and Domestic Implementation*, COM/ENV/EPOC/IEA/SLT(2009)5, OECD/IEA, 2009, p. 28.

后　记

　　本书以《巴黎协定》国际碳市场机制为切入点,分析其理论基础、历史演变、结构和形态、争议和困境、影响和挑战,最终落脚于中国的应对策略。在理论层面,本书通过对环境产权类型的梳理,分析碳排放权的属性。同时,以生态现代化的视角分析碳市场机制的理论构成。碳市场机制诞生于国际气候治理体系有着前因后果,其在后《京都议定书》时代饱受争议,因而,本书梳理了国际碳市场机制的理论争议和实践困境,这也是理解在国际碳市场机制议题的谈判中缔约各方争议焦灼的前提。《巴黎协定》以国家自主贡献代替了"双轨制"减排义务模式,对国际气候治理体系的变革意义深远,对国际碳市场机制在结构和形态方面也产生了很大的影响。《巴黎协定》国际碳市场机制对全球减缓、碳市场机制连接以及碳货币的发展意义特殊。对中国而言,在《巴黎协定》国际碳市场机制创建的背景下,全国统一碳市场面临着对内制度完善、对外合作的挑战。通过研究,本书对上述问题得出以下结论。

　　第一,碳排放权是产权学派的一种理论假定和创设,将大气环境容量这一全人类共用物转化为国家所有的自然资源,并赋予排放主体对这种资源有限的使用权,实现经济活动中碳排放负外部性的内部化。碳排放权存在的基础是碳排放的管制,政府被赋予排放管制权,排放主体获得排放权。碳排放权的立法目的是实现碳排放的管制,依据目的论的解释方法，碳排放权不宜被界定为一种物权或财产权，其是一种行政许可，具有公权属性。

第二，生态现代化理论主张以技术创新推动现代化的生态化，提出环境保护的结构性变革，倡导国家在环境治理中的角色转变，建立一种环境流动的治理模式。生态现代化的理论主张为转变现代经济结构、化解气候危机提出了更加可行的方案，即利用经济诱因机制诱导市场行为体改变行为模式，协调政府管制与市场机制的作用，建立碳流动的网络化治理体系，将排放成本在产业链条中传递，从生产端到消费端，排放成本与减排所能带来的创新和效益会对产业和能源结构、技术创新产生激励，推动经济结构的整体性转变。

第三，在气候谈判中，国际碳市场机制是为了给发达国家确立绝对减排义务而由发展中国家一再妥协的产物。国际碳市场机制在实践中问题层出不穷，包括碳泄漏、虚假减排、劣质碳信用、交易欺诈、资源浪费、环境不可持续、人权侵犯，以及高昂的交易费用等，这些问题使国际碳市场机制实现有效减缓、经济性减排，以及可持续发展等价值均备受质疑和批判，直到2015年巴黎气候大会前后，国际碳市场的反对声音都难以消弭，致使国际碳市场机制议题成为《巴黎协定》谈判过程中最富有争议的问题之一。

第四，《巴黎协定》以国家自主贡献取代"双轨制"减排义务模式，"集体结果义务"转变为"个体行动义务"，代表着国际气候治理由"强制责任"转向"自主贡献"、"集团减排"转向"集体行动"、"目标协商"转向"减缓行动"，打开了全球低碳发展的窗口，国际碳市场机制发挥着推动全球低碳减缓行动的关键作用。

第五，《巴黎协定》以"减缓成果国际转让机制"与"可持续发展机制"组合形成了新的国际碳市场机制，前者是以统一核算体系和透明度为核心内容的国际碳市场机制，后者是与清洁发展机制一脉相承的国际核证减排机制。《巴黎协定》减排义务模式的转变，使得碳排放的国际管制不复存在，国际排放交易机制趋于消解。为了改善核证减排机制的灵活性弊端，在部门层面开展可持续发展机制成为一种备受推崇的模式。《巴黎协定》国际碳市场机制的影响包括三个层面：一是就实现全球减缓而言，其仍然存在无效减缓的隐患；二是减缓成果的国际转让为国家、区域碳市场机制的连接搭建了制度框架和规则桥梁，将促进碳市场机制的连接，为全球碳市场的形成开辟了一条"自下而上"的路径；

三是为主权货币借助国际碳市场实现"区域化"甚而"国际化"创造新机遇。

第六，中国碳市场机制历经自愿减排交易、区域试点交易，最终启动全国统一碳市场，为中国参与国际碳市场机制奠定了基础。中国积极地参与国际碳市场机制也具有深刻的战略意义，包括推动国内低碳转型、保障碳交易的经济利益、塑造中国引领国际气候治理的角色。然而，中国碳市场机制的法律制度疏漏产生的运行风险将制约其作用的发挥，也构成了中国参与国际碳市场机制的障碍。现阶段，中国对内应强化信息披露和透明度建设、完善监管机制、严格执法和惩罚、加强人员专业化和机构能力的建设。对外应积极寻求碳市场机制的能力建设合作，为参与《巴黎协定》国际碳市场机制以及碳市场机制的连接做准备。

气候变化因对生态与环境的危害与风险而在很大程度上被视为一系列威胁人类互相联系的环境问题之一。但正如英国社会学家吉登斯所言，全球变暖并不是形式更为传统的工业污染的简单延伸，它们在本质上是不同的。气候变化的趋势、成因与后果均依赖于科学分析与预测，本质上表现为一种风险。同时，气候变化有着比传统环境污染更为综合和系统性风险的面向，难以用环境问题的性质简单来概括。这一点从近些年学界涌现的"气候经济学""气候伦理""气候的政治""气候变化与人权"等讨论和思考中可以反映一二。气候变化早已超越环境问题，成为一项关联经济、社会、环境、伦理等领域的综合议题。相应地，应对气候变化就需要全局性的视野和系统性方法，在知识和经验上保持开放，在手段上更加多样，在主体上更为多元，碳市场机制本身就是多样手段的结合，激励着多元主体的参与，并在知识和经验上保持对科学和技术开放，实现着经济和社会的结构性转变。

党庶枫

2024 年 12 月 12 日于金城